锰、钐、铈掺杂氧化锌

基于第一性原理的磁光性能分析

关玉琴　杨爱荣　许镇潮　著

Mn, Sm, and Ce-Doped ZnO

A First-Principles Study of Magneto-Optical Properties

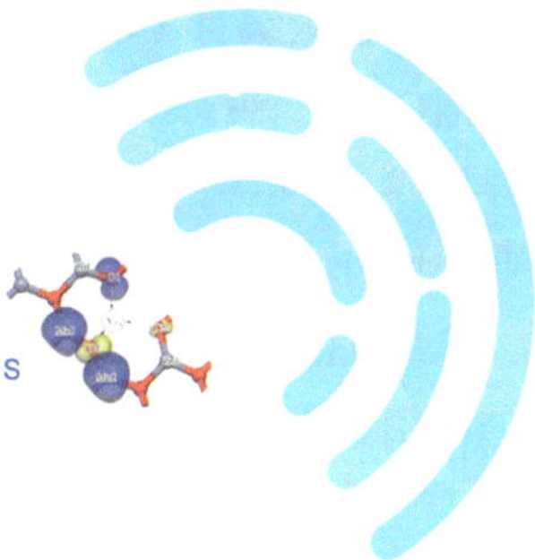

化学工业出版社

·北京·

内容简介

本书主要介绍了应变和缺陷态对 Mn、Sm、Ce 掺杂 ZnO 磁光性能的影响，利用第一性原理计算，探索其磁光性能调控的机理，包括过渡金属 Mn 掺杂和氧空位缺陷态的耦合作用对 ZnO 磁光性能的调控以及调控机理，稀土元素 Sm 掺杂、点缺陷以及应变耦合作用对 ZnO 磁光能性能的调控及调控机理，以及稀土元素 Ce 掺杂、点缺陷以及应变耦合作用对 ZnO 磁光性能的调控及调控机理。通过这三个调控机制研究 ZnO 磁光性能，不仅可以揭示点缺陷、掺杂和应变耦合作用对 ZnO 磁光性能调控机理以及相关实验现象，对长期困扰实验研究的缺陷问题也给出了合理解释。本书内容对于理解 ZnO 磁光性能的调控机理以及设计 ZnO 材料将有所帮助。

本书可供太阳能电池、自旋电子器件以及光催化等领域的研究人员参考使用，也可供从事材料计算的研究人员阅读使用。

图书在版编目（CIP）数据

锰、钐、铈掺杂氧化锌 ： 基于第一性原理的磁光性能分析 / 关玉琴，杨爱荣，许镇潮著. -- 北京 ： 化学工业出版社，2025. 8. -- ISBN 978-7-122-48574-8

Ⅰ. O436.4

中国国家版本馆 CIP 数据核字第 2025N97X89 号

责任编辑：韩霄翠
责任校对：李露洁
装帧设计：王晓宇

出版发行：化学工业出版社
（北京市东城区青年湖南街13号　邮政编码100011）
印　　装：北京建宏印刷有限公司
710mm×1000mm　1/16　印张13¾　字数250千字
2025年9月北京第1版第1次印刷

购书咨询：010-64518888
售后服务：010-64518899
网　　址：http://www.cip.com.cn
凡购买本书，如有缺损质量问题，本社销售中心负责调换。

定　　价：148.00元　

前言
PREFACE

在当今材料科学蓬勃发展的时代，半导体材料凭借其独特的物理化学性质，在光电器件、自旋电子学等领域展现出巨大的应用潜力。氧化锌（ZnO）作为一种宽禁带半导体，因具备优异的光学、电学和化学稳定性，成为科研工作者的重点研究对象。通过对其进行元素掺杂和缺陷工程调控，可进一步拓展 ZnO 的功能特性，而锰（Mn）、钐（Sm）、铈（Ce）等元素的引入，为 ZnO 在磁光领域的应用开辟了新的方向。而基于第一性原理的计算方法，能从原子和电子层面深入探究材料性能变化的本质，为实验研究和材料设计提供理论指导。

本书围绕锰、钐、铈掺杂氧化锌的磁光性能展开系统论述。第 1 章介绍了理论与计算方法，为后续章节的深入分析奠定基础。第 2 章聚焦本征点缺陷对 ZnO 磁光性能的影响，揭示缺陷在材料性能调控中的基础作用。第 3 章详细探讨了 Mn 掺杂与点缺陷、点缺陷价态对 ZnO 磁光电性能的协同影响，挖掘 Mn 元素掺杂带来的性能变化规律。第 4 章深入研究 Sm 掺杂、点缺陷、点缺陷价态及应力对 ZnO 磁光性能的复杂作用机制，展现多因素共同作用下材料性能的演变特征。第 5 章则着重分析 Ce 掺杂、点缺陷和应变对 ZnO 磁光性能的影响，探索 Ce 元素掺杂在材料性能优化方面的潜力。

本书的顺利完成，离不开各位作者的辛勤付出与通力合作。其中，第 1 ～ 3 章由内蒙古工业大学关玉琴完成，第 4 章由内蒙古职业建筑技术学院杨爱荣执笔，第 5 章由内蒙古工业大学许镇潮负责。本书在写作过程中得到了内蒙古工业大学侯清玉教授的支持，在此表示诚挚的感谢。

尽管我们在研究过程中竭尽全力，但由于研究的复杂性和学术水平的局限性，书中难免存在不足之处，恳请各位同行专家不吝赐教。

著者

2025 年 6 月

目录
CONTENTS

锰、钐、铈掺杂氧化锌
基于第一性原理的磁光性能分析

第 1 章

理论与计算方法

材料科学涉及金属材料、无机非金属材料、高分子材料和复合材料的研究、开发、生产和应用，在人类社会进步、生产力水平提高以及高新技术发展过程中扮演着非常重要的角色。迄今为止，电子材料、光电材料、磁性材料等已被广泛应用在信息技术、国防科技等领域。半导体材料作为电子材料的代表尤为引人注目。在生产实践的客观需求刺激下，科研人员开发出数以千计的半导体材料，并正在卓有成效地研究和开发具有特殊性能的半导体材料。其中，稀磁半导体材料因同时具有半导体的带隙和自旋极化载流子，在自旋电子器件、存储器、光发射器件以及传感器等领域中有着广阔的应用前景。在各类稀磁半导体材料中，ZnO 基稀磁半导体材料作为第三代半导体材料的代表，在理论预测与实验观测均确认其室温铁磁性之后，被认为是基于自旋电子学的典型稀磁半导体之一。

1.1 稀磁半导体

稀磁半导体材料指的是少量的磁性离子（3d 过渡金属和 4f 稀土金属）进入Ⅱ - Ⅵ族、Ⅳ - Ⅱ族、Ⅵ - Ⅴ族和Ⅲ - Ⅴ族等半导体材料中的部分阳离子格位而形成的自旋半导体材料。稀磁半导体材料因同时操控电子电荷和电子自旋两种自由度而把电和磁集于一体，具有自旋极化。图 1-1 给出了按磁性强弱定义的磁性半导体材料的示意图。其中，图 1-1（a）中含有磁性阵列，代表磁性半导体；图 1-1（b）中不含磁性离子，代表非半导体；图 1-1（c）中含有少数磁性离子，代表稀磁半导体。在非磁性半导体中掺入少量磁性原子（或离子）而产生自旋极化现象的材料都可以归属于稀磁半导体。即使存在磁性团簇，只要团簇间存在磁性相互作用而出现自旋极化，也都属于稀磁半导体。比如，少量非磁性离子替代化合物半导体中的阳离子或阴离子后形成稀磁半导体[1-3]。除了磁性和非磁性原子或离子掺杂外，半导体中存在的本征缺陷也会使半导体材料显示磁性。比如，氧化物半导体中的阴离子空位引起体系的室温铁磁性，阳离子空位引起半导体体系的室温铁磁性等。

与传统半导体材料相比，稀磁半导体由于引入了磁性离子而产生了以下几点变化：①稀磁半导体材料内部的载流子自旋和磁性离子自旋之间存在交换耦合作用，从而导致稀磁半导体材料在低温下呈现负磁阻效应；②载流子和局域磁性离子之间的自旋 - 轨道耦合引起反常霍尔效应；③载流子和磁性离子之间的 sp-d 交换相互作用引起巨磁光效应。正因为通过调节外部参数如磁场、电场等，可控制半导体层中的载流子浓度以及磁性离子间的磁耦合，稀磁半导体材料在制造磁控、光控的新型超晶格器件方面有着极高的应用价值。

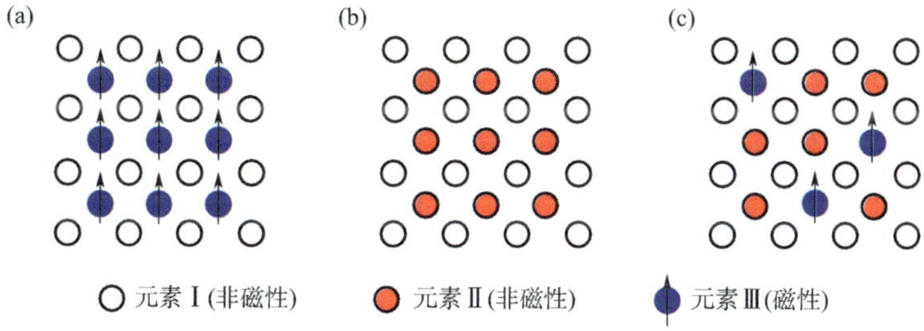

图 1-1　磁性强弱不同的半导体示意图

（a）磁性半导体；（b）非磁性半导体；（c）稀磁半导体

1.2　稀磁半导体的磁性来源

稀磁半导体的磁性特点是，磁性离子的局域磁矩和载流子之间存在相互作用，从而产生许多新性质和新效应。然而，稀磁半导体材料的铁磁性是通过磁性离子之间什么样的交换方式而实现的，这一问题一直没有统一的认识。根据目前研究进展，稀磁半导体磁性机理存在以下四种理论解释：载流子调节的 RKKY 理论、平均场理论、双交换作用理论以及束缚磁极化子理论。

1.2.1　RKKY 理论

1954 年 Ruderman 与 Kitter[4] 通过计算传导电子对原子核磁矩的超相互作用，建立了计算金属中原子的核磁矩之间的间接交换耦合模型。此模型特点是原子核磁耦合作用是通过自旋电子的媒介传导作用而实现的。在此基础上，1956 年 Kasuya[5] 研究 Mn-Cu 合金的核磁共振结构时指出，Mn 的 d 电子和传导电子之间的相互作用是 Mn 的 d 电子之间产生超交换作用的根本。1957 年 Yosida 研究 Mn-Cu 中的磁性关联时指出，合金体系中的 s-d 相互作用引起了传导电子极化，成功解释了含 Mn 合金的磁性机理。上述四个人的研究成果统称为 RKKY 理论。这一理论揭示了通过传导电子的媒介作用而产生的局域电子之间的磁交换耦合机制。如果每一个原子只有一个对磁性有贡献的电子，那么RKKY交换机制中的交换作用哈密顿量可表示为：

$$H = -2J(R_{12})\vec{S}_1 \cdot \vec{S}_2 \tag{1-1}$$

其中，$\vec{S}_1$ 和 $\vec{S}_2$ 为紧邻磁性离子的局域电子自旋；R_{12} 为磁性离子之间的距离；$J(R_{12})$ 为磁性离子之间的交换积分。

根据Miyazaki的理论研究[6]，由于局域电子和传导电子之间的磁耦合作用，传导电子自旋被极化，导致自旋向上和自旋向下的电子密度不再相同。因此，磁性离子所在的区域内，与局域电子自旋方向相同的传导电子的能量降低，方向相反的传导电子的能量升高。为了降低体系的能量，自旋方向相同的传导电子被吸引到此区域内，而自旋方向相反的传导电子被排斥此区域外，由此导致磁性离子周围的两种自旋的密度差增加，磁性增强，而且随着距离的增加而振荡衰减。然而，自旋密度差随距离的变化衰减是长程的，因此自旋极化的电子又与周围磁性离子的局域电子发生磁耦合交换作用，重复上述过程，从而实现自旋输运。对于稀土金属，4f电子为对磁性有贡献的局域电子，而最外层的6s电子是巡游电子。不同原子的4f电子之间的耦合作用引起6s电子的自旋极化，此电子影响4f电子的自旋极化方向而实现自旋输运。因此，RKKY交换机制也很好地解释了稀土金属的自发磁化。

1.2.2 平均场理论

1951年Zener[7]研究钙钛矿结构Mn化合物的磁性机理时发现，Mn化合物的导电和铁磁耦合都是由不同价态的Mn^{3+}和Mn^{4+}之间的双交换作用引起的，由此Zener提出了反映3d电子之间相互作用的Zener模型。到了2000年，Dietl[8]等人结合RKKY理论和Zener模型，提出了平均场理论，进一步发展了揭示稀磁半导体磁性机理的理论。平均场理论在过渡金属的d轨道电子的不完全局域性基础上又考虑了传导电子和局域电子相互作用的自旋轨道耦合作用和各向异性。Sato和Katayama-Yoshida利用平均场理论估算出不同掺杂浓度下过渡金属掺杂ZnO基和GaN基稀磁半导体的铁磁态的稳定性，结果如图1-2所示。平均场理论主张体系的磁交换作用的终极状态由空穴和局域磁性离子之间的铁磁和反铁磁交换作用的竞争而决定。因为空穴对体系的磁交换作用起到了积极作用，并且空穴浓度高达 $3.5\times10^{20}cm^{-3}$ 的掺杂体系居里温度才能在室温以上。因此，平均场理论成功解释了过渡金属掺杂的 p 型Ⅲ - Ⅴ族稀磁半导体的磁性机理。然而，平均场理论过度强调过渡金属掺杂而引入的空穴和空穴浓度对掺杂体系铁磁性的影响，很难解释过渡金属掺杂的Ⅱ - Ⅵ族稀磁半导体的室温铁磁性。

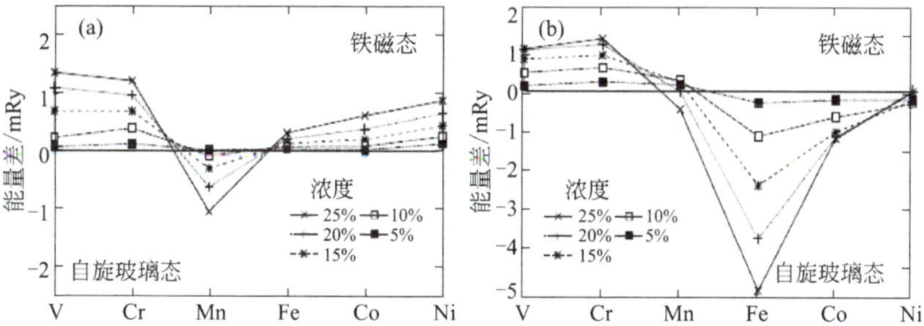

图 1-2　ZnO（a）和 GaN（b）基 DMS 中铁磁态的稳定性[9]

1.2.3　双交换作用理论

1950 年 Zener 提出过渡金属原子中的不满 d 轨道电子之间通过间接相互作用而产生磁性[10]。他认为过渡金属之间的磁性耦合来自于以下三种自旋耦合：

① 单个原子中的 d 轨道电子之间的自旋耦合作用，原子的自旋耦合能可表示为 $\alpha S_d^2/2$。其中，S_d 为原子沿磁化方向的平均净自旋。

② 传导电子和 d 轨道电子之间的直接自旋耦合作用，其耦合作用能表示为 $-\beta S_d S_c$，其中，S_c 为传导电子的净自旋。

③ 第三个自旋耦合能来自于传导电子之间的费米动能，每个原子的费米动能表示为 $\gamma S_c^2/2$。其中，γ 可以用费米分布顶端的动能 ε 和每个原子中的传导电子个数 n 来表示，即 $\gamma=2\varepsilon/3n$。

根据以上三种自旋耦合，总的自旋耦合能可表示为：

$$E_{spin}=\frac{1}{2}\alpha S_d^2-\beta S_d S_c+\frac{1}{2}\gamma S_c^2 \tag{1-2}$$

其中，$S_c=(\beta/\gamma)S_d$。

因此，自旋耦合能又可以表示为：

$$E_{\text{spin}} = \frac{1}{2}(\alpha - \beta^2 / \gamma)S_d^2 \tag{1-3}$$

由式（1-3）可知，系数 $\alpha - \beta^2 / \gamma$ 大于零时体系为铁磁性，而小于零时体系为反铁磁性。d 轨道电子之间自旋耦合的铁磁或反铁磁性与 d 轨道电子的填充情况密切相关。

首先，如果过渡金属的 d 轨道电子少于半满状态时，相邻过渡金属的 d 轨道电子产生跃迁。1951 年 Zener 研究 $LaMnO_3$ 的铁磁性机理时提出，体系中的两个 Mn 离子被一个 O 离子分开，而且由于洪德法则体系中的 Mn 离子以 Mn^{3+} 和 Mn^{4+} 的形式存在，并在晶体中形成 Mn^{4+}-O^{2-}-Mn^{3+} 键合。在晶体场的作用下，Mn 3d 发生能级劈裂，能带中形成两个反键态 e_g 和三个成键态 t_{2g}。Mn^{3+} 和 Mn^{4+} 之间的自旋耦合机理和能带结构如图 1-3 示。由图 1-3（a）可以看出相邻的两个 Mn 离子之间的电子转移，即一个电子从 Mn^{3+} 转移到 O^{2-}，同时一个电子由 O^{2-} 转移到 Mn^{4+} 上。电子的这种转移叫做双交换作用。简单地说，相邻的不同价态的过渡金属阳离子通过中间的阴离子媒介发生自旋耦合。而且，根据洪德法则，电子自旋方向一致时体系能量最低，结构最稳定。也可以看成是 O^{2-} 的电子形成巡游电子跃迁到 Mn 离子 d 轨道上，与 d 轨道的局域电子产生自旋耦合作用，即相邻的磁性离子以巡游电子为媒介产生双交换作用。

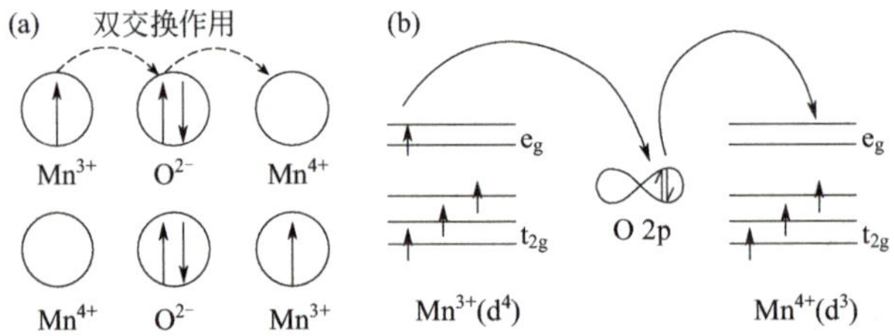

图 1-3 双交换作用简单示意图（a）及双交换作用能带结构图（b）[57]

其次，如果过渡金属 d 轨道处于半满状态，d 轨道电子无法产生跃迁。1950 年安德森[11] 以 MnO 为例，介绍了 d 轨道为半满的 Mn 离子之间的自旋耦合作用，并提出了间接交换作用或超交换作用理论模型。安德森在模型中假设相邻的两个磁性离子 Mn^{2+} 和位于中间的 O^{2-} 为一个研究整体，并且认为 O^{2-} 的 p 轨道的两个电子作为中间媒介也参与了 Mn^{2+} 之间的交换作用，过程如图 1-4（a）所示。O^{2-} 的 2p 轨道处于电子填满状态，净磁矩为零。因此，Mn^{2+} 之间不可能通过 O^{2-} 产生间接交换作用。但是，实验和理论研究发现 MnO 晶体存在激发态。当体系处于激发态时，O 离子 2p 轨道上的一个电子将会跃迁到与之相邻的 Mn^{2+} 的 d 轨道上，由此 O 离子 2p 轨道产生净磁矩。由于 O 离子的 2p 轨道的电子波函数类似哑铃形状，因此，与之相邻的另外一个 Mn^{2+} 产生直接交换作用，如图 1-4（b）所示。根据洪德法则，跃迁的电子保持原来自旋方向与 Mn 3d 电子配对，剩下的 O 2p 电子与另一侧的 Mn 3d 电子自旋方向相反，产生反铁磁耦合。

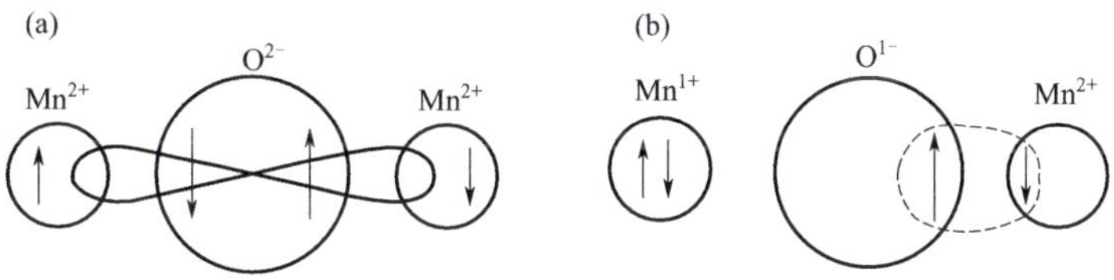

图 1-4　MnO 间接交换示意图

（a）基态；（b）激发态

1.2.4　束缚磁极化子（BMP）理论

平均场理论和双交换作用理论都强调载流子为媒介产生的交换作用，因此很难解释半绝缘稀磁半导体的铁磁性。针对此类低载流子浓度的 n 型氧化物稀磁半导体的铁磁性，Coey 等[12,13]提出束缚极化子理论。该理论认为施主 V_O 与周围的电子形成类氢电子轨道，该轨道上的电子与邻近的磁性离子之间产生相互作用进而形成束缚极化子。根据洪德法则，在束缚极化子作用范围内的磁性离子的自旋方向平行，相邻的束缚极化子的电子波函数之间重叠并相互作用，进而使体系产生长程铁磁性。根据 s-d 交换作用，束缚极化子和磁性离子之间的相互作用能 ΔE_{ex} 可以表示为：

$$\Delta E_{ex} = -J_{sd}\vec{S} \cdot \vec{s}\left|\psi(r)\right|^2 \Omega \tag{1-4}$$

式中，J_{sd} 为 s-d 交换作用积分；$\vec{S}$ 为体积为 $\Omega=(4/3)\pi r_c^2$ 的磁性离子的自旋（r_c 为磁性离子半径）；$\vec{s}$ 为施主电子自旋；$\psi(r)$ 为施主电子密度。

根据式（1-4），增加磁性离子周围的施主电子密度是增强交换相互作用的唯一途径。磁性离子掺杂的氧化物中，类氢轨道和 V_O 之间的交换作用形成自旋劈裂的杂质能带，如图 1-5 所示。Coey 指出掺杂磁性离子的 3d 态和自旋劈裂的杂质态在费米能级附近杂化作用的增强是提高 T_C 的关键问题。

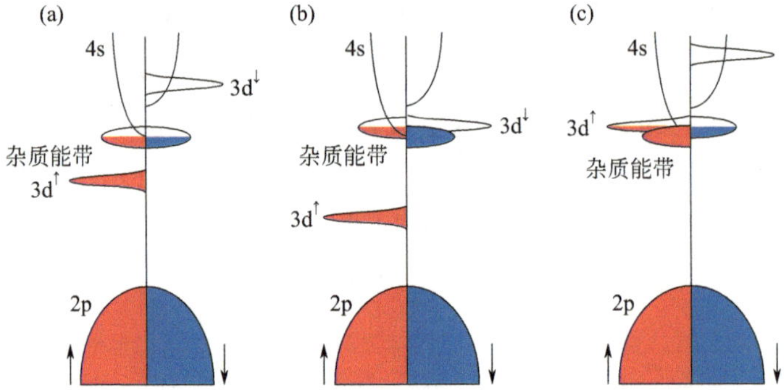

图 1-5 包含 3d 杂质带和自旋劈裂施主杂质带氧化物的能带结构示意图 [12]

（a）杂质带的劈裂很小且低 T_C 时的 3d 能级位置；（b）高 T_C 时自旋向下的 3d 能级位置；（c）高 T_C 时自旋向上的 3d 能级位置

1.3 稀磁半导体的吸收光谱

吸收光谱是研究半导体能带结构及其他有关性质的基本的光学方法之一。在可见光和紫外光区的吸收光谱与通过气体、液体、固体辐射通道的辐射吸收测量有关。能量和吸收的波长是由电子跃迁能级间的差异决定的。可以用如下方程表示：

$$\Delta E = E_2 - E_1 = \hbar\omega/\lambda \tag{1-5}$$

式中，E_1 和 E_2 分别为电子跃迁前后相应能级；ω 为吸收光的角频率；λ 为吸收光波长。

对于大多数分子而言，发生在紫外和可见光范围内的吸收波长对应于基态和第一激发态的任何振动能级之间的跃迁。另外，光波在介质中传播时的线性响应吸收特性可以用复数形式的介电函数 ε 来描述。即

$$\varepsilon(\omega) = \varepsilon_1(\omega) + \mathrm{i}\varepsilon_2(\omega) \tag{1-6}$$

其中，ε_1 和 ε_2 分别为介电函数的实部和虚部，可表示为：

$$\varepsilon_1(\omega) = n^2(\omega) - K^2(\omega) \tag{1-7}$$

$$\varepsilon_2(\omega) = 2n(\omega)K(\omega) \tag{1-8}$$

其中，$n(\omega)$ 和 $K(\omega)$ 为折射率和消光系数，可表示为：

$$n(\omega)=\frac{1}{\sqrt{2}}\left\{\left[\varepsilon_1^2(\omega)+\varepsilon_2^2(\omega)\right]^{\frac{1}{2}}+\varepsilon_1(\omega)\right\}^{\frac{1}{2}} \tag{1-9}$$

$$K(\omega)=\frac{1}{\sqrt{2}}\left\{\left[\varepsilon_1^2(\omega)+\varepsilon_2^2(\omega)\right]^{\frac{1}{2}}-\varepsilon_1(\omega)\right\}^{\frac{1}{2}} \tag{1-10}$$

吸收系数 $\alpha(\omega)$ 与折射率和消光系数的关系为：

$$\alpha(\omega)=\frac{2\omega K(\omega)}{c}=\frac{\omega}{n(\omega)c}\varepsilon_2(\omega) \tag{1-11}$$

式中，c 为常数，$c=\frac{\pi e^2}{\varepsilon_0 m_0^2}$，$e$ 和 m_0 代表电子电荷和质量。将式（1-9）和式（1-10）代入式（1-11）中可得：

$$\alpha(\omega)=\sqrt{2}\left[\sqrt{\varepsilon_1^2(\omega)+\varepsilon_2^2(\omega)}-\varepsilon_1(\omega)\right]^{\frac{1}{2}} \tag{1-12}$$

重掺杂对半导体的能带边缘状态有重要影响，从而对半导体吸收边附近的吸收特性产生重要影响。这些影响主要包括带尾效应、伯斯坦 - 莫斯（Burstein-Moss，简称 B-M）效应和能带重整化等。带尾效应的产生是杂质分布随机性的必然结果；B-M 效应是因能带中载流子的填充效应而产生的；而能带的重整化是因带电载流子的各种相互作用而产生的。人们通常认为理想半导体的导带和价带之间存在一个禁带，禁带中不允许存在电子。然而，因外电场、缺陷的形成以及掺杂破坏晶格周期性的原因，禁带中的价带顶或导带底附近存在一定量局域态。这从光吸收效应来看，能量 $\hbar\omega$ 小于禁带宽度 E_g 的光子也可以引起吸收跃迁，使吸收边向低能级方向移动，这种现象叫做带尾效应。

1.3.1 伯斯坦 - 莫斯（B-M）效应

实验表明，多数重掺杂半导体的吸收边都向高能方向移动，下面以 n 型半导体为例阐述此现象。重掺杂的 n 型半导体的电子气处于简并状态，费米能级进入导带内，费米能级以下的导带能级全部被电子所占据。此时的光吸收跃迁只能由价带向费米能级附近以及费米能级以上的导带空态跃迁。这种掺杂引起的光吸收边向高能移动的现象被称为B-M漂移或B-M效应。InSb和$Cd_xHg_{1-x}Te$等窄带直接带隙半导体因导带底的有效态密度和电子有效质量较小而容易发生费米能级深入导带的现象。图1-6为n型InSb的B-M效应以及电子填充情况。由图1-6（a）可知，随着载流子浓度的增加带隙变宽，光吸收边明显向高能方向移动。由图1-6（b）可知，导带底中由导带底到能量E_F-$4k_BT$为止的所有能级已被电子所占据。根据动量守恒定律，允许跃迁的最小能量为：

$$\hbar\omega_{\min} = E_{\mathrm{g}} + \frac{\hbar^2 k^2}{2m_{\mathrm{e}}^*} + \frac{\hbar^2 k^2}{2m_{\mathrm{h}}^*} = E_g + \left[1 + \frac{m_{\mathrm{e}}^*}{m_{\mathrm{h}}^*}\right]\frac{\hbar^2 k^2}{2m_{\mathrm{e}}^*} \tag{1-13}$$

由式（1-13）和图1-9（b）导出吸收边的能量为：

$$(E_{\mathrm{g}})_{\mathrm{obs}} = E_{\mathrm{g}} + \left[1 + \frac{m_{\mathrm{e}}^*}{m_{\mathrm{h}}^*}\right](E_{\mathrm{F}} - 4k_{\mathrm{B}}T) \tag{1-14}$$

而吸收系数为：

$$\alpha(\hbar\omega) = AN_{\mathrm{I}}(\hbar\omega - E_{\mathrm{g}}' - E_{\mathrm{F}})^2 \tag{1-15}$$

其中，A为常数；N_{I}为掺杂浓度；E_{g}'为等效带宽。

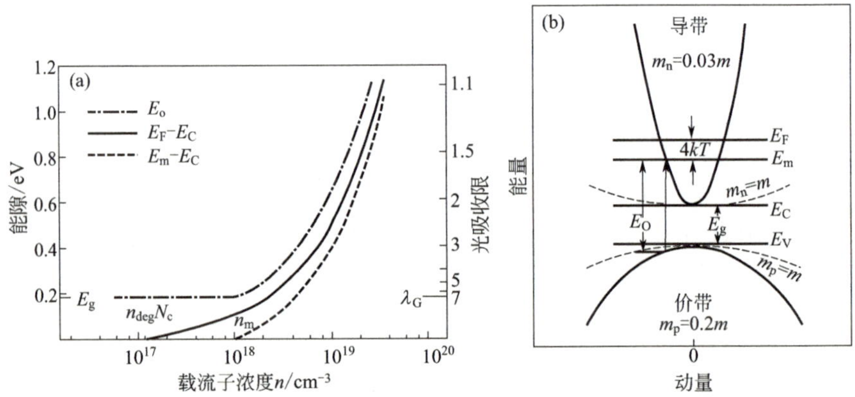

图1-6　n型InSb的费米能级（E_F）、导带最低未填充能级（E_C）和光学能隙（E_g）与载流子密度的关系（a）及InSb的能量随动量的变化图（b）[14]

1.3.2　带隙重整化效应

宽禁带半导体的激子效应比较明显，但在高泵浦功率激发下半导体中也存在大量的自由载流子，这些自由载流子会引起一个电场而导致激子之间的相互作用被屏蔽。随着激发强度的增强，被激发的电子 - 空穴对的密度增大，激子的能量降低而容易电离，出现相空间填充效应而向低能方向移动，此现象被称为带隙重整化效应或带隙变窄（band gap narrowing，BGN）效应。带隙重整化效应是一个多体问题，根据多体理论，自由载流子相互作用引起的带隙变窄量 ΔE_{BGN} 为：

$$\frac{\Delta E_{\mathrm{BGN}}}{R}=\frac{1.83\Lambda}{r_{\mathrm{s}}N_{\mathrm{b}}^{1/3}}+\frac{0.95}{r_{\mathrm{s}}^{3/4}}+\frac{\pi}{2r_{\mathrm{s}}^{3/4}N_{\mathrm{b}}}\left(1+\frac{m_{\mathrm{h}}^{*}}{m_{\mathrm{e}}^{*}}\right) \tag{1-16}$$

其中，$R=\frac{13.6m_{\mathrm{e}}}{\varepsilon^{2}}$；$r_{\mathrm{s}}=\frac{[3/(4\pi n_{\mathrm{e}})]^{1/3}}{0.53\varepsilon/m_{\mathrm{e}}}$。$\Lambda$ 为各向异性权重的校正因子，N_{b} 为等效能带极值的数量，对于 n 型半导体，$\Lambda=1$，$N_{\mathrm{b}}=1$；对于 p 型半导体，$\Lambda=0.75$，$N_{\mathrm{b}}=2$。ε 为体系的光学介电常数。

考虑到伯斯坦 - 莫斯（B-M）效应带隙变宽和多体效应带隙变窄，掺杂体系的带隙表示为：

$$E_{\mathrm{opt}}=E_{\mathrm{g}}+\Delta E_{\mathrm{BM}}-\Delta E_{\mathrm{BGN}} \tag{1-17}$$

由式（1-17）可知，掺杂体系的带隙变化由伯斯坦 - 莫斯（B-M）效应和多体效应带隙变窄的竞争而定。如果伯斯坦 - 莫斯（B-M）效应强于带隙变窄（BGN）效应，带隙变宽，反之则带隙变窄。图 1-7 为 n 型半导体的能带示意图。

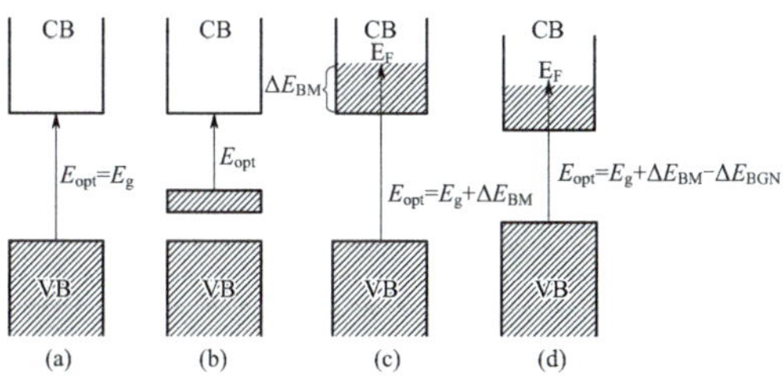

图 1-7　半导体能带示意图

（a）纯半导体的带隙；（b）带隙中存在杂质带的轻掺杂 n 型半导体的能带；（c）考虑 B-M 效应的重掺杂 n 型半导体的能带；（d）考虑了 B-M 效应和 BGN 效应的重掺杂 n 型半导体的能带

1.4 能带理论

凝聚态物质的物理性质取决于物质具体电子结构，即不同的电子结构导致物质的不同物理性质。而物质的电子结构体现在原子核和电子之间的相互作用以及基本运动规律。物质的电子结构的理论研究是运用量子力学原理以及几种近似处理方法计算薛定谔方程的过程。一块凝聚态物质中存在的相互作用的电子和原子核的数量高达 10^{24} 量级。如此庞大的粒子数量以及电子结构的复杂性导致精确计算薛定谔方程已超出人工计算的范围，甚至通过近似处理后也无法完成计算。磁性半导体材料的发展推动了信息计算技术的提升，从而使材料模拟计算得到了迅速发展。第一性原理就是众多材料模拟计算方法中较为普遍的一种方法。广义的第一性原理是指一切基于量子力学原理计算的统称。狭义的第一性原理是指在密度泛函理论基础上不借助任何经验参数，而仅用普朗克常数 $\hbar$ 、电子电荷 e 和电子质量 m_e 等基本物理常量求解薛定谔方程并获得材料基态的电子结构，由此理论预测材料各种性质。

实际遇到的体系往往是由电子和原子核等粒子组成的多粒子体系，而且粒子之间都存在着相互作用。考虑到粒子之间的相互作用，无外场时多电子体系哈密顿量可表示为：

$$H = H_{\mathrm{e}} + H_{\mathrm{N}} + H_{\mathrm{e\text{-}N}} \tag{1-18}$$

该式中的第一项为电子的动能 T_{e} 和电子相互作用势能 $V_{\mathrm{e\text{-}e}}$ 之和；第二项为原子核的动能 T_{N} 和原子核互相作用势能 $V_{\mathrm{N\text{-}N}}$ 之和；第三项为电子和原子核相互作用势能 $V_{\mathrm{e\text{-}N}}$ 。于是

$$H_{\mathrm{e}} = T_{\mathrm{e}} + V_{\mathrm{e\text{-}e}} = \sum_i \frac{p_i^2}{2m_{\mathrm{e}}} - \frac{1}{8\pi\varepsilon_0}\sum_{i\neq j}\frac{e^2}{\left|r_i - r_j\right|} \tag{1-19}$$

$$H_{\mathrm{N}} = T_{\mathrm{N}} + V_{\mathrm{N\text{-}N}} = \sum_i \frac{P_{\mathrm{N}i}^2}{2m_{\mathrm{N}i}} - \frac{1}{8\pi\varepsilon_0}\sum_{i\neq j}\frac{Z_{\mathrm{N}i}Z_{\mathrm{N}j}e^2}{\left|R_{\mathrm{N}i} - R_{\mathrm{N}j}\right|} \tag{1-20}$$

$$H_{\mathrm{e\text{-}N}} = V_{\mathrm{e\text{-}N}} = \frac{1}{4\pi\varepsilon_0}\sum_{i,j}\frac{Z_{\mathrm{N}}e^2}{\left|r_i - R_{\mathrm{N}j}\right|} \tag{1-21}$$

其中，r_i、 p_i 、m_{e}、e 和 ε_0 分别为电子的坐标、动量、质量、电荷以及

真空介电常数；R_N、P_N、m_N 和 Z_Ne 分别代表原子核的坐标、动量、质量以及电荷量；i 和 j 为原子序数。这里忽略了电子自旋的影响。通常动量 p_i 和 P_N 可表示为动量算符形式，即 $p_i \to i\hbar\nabla_i$ 和 $P_N \to i\hbar\nabla_N$。

式（1-19）～式（1-21）已包含了多电子体系的所有物理性质。然而，由于计算量之庞大，直接精确计算与之相应的薛定谔方程是不可能的。为了降低计算量，常采用近似和模型来简化这个问题。

1.4.1　绝热（Born-Oppenheimer）近似

绝热近似源于热力学绝热系统，而 Born 和 Oppenheimer 发展了这种系统的量子力学理论，因此绝热近似也被称作 Born-Oppenheimer 近似。固体中电子系统的总体电子的波函数取决于做热振动原子核的相对位置。原子核的相对位置取决于原子核和电子的质量 M_N 和 m_e，而 M_N 和 m_e 之比约等于 1836，即电子运动速度远大于原子核的运动速度，以至于电子与慢速的原子核之间的能量交换可以忽略。对于极慢速的原子核而言，快速运动电子的分布可近似地看成均匀分布。因此，把原子核和电子看成独立的两个子系统，体系的总的波函数等于原子核波函数和电子波函数的乘积。在绝热近似下，若忽略式（2-1）中的电子和离子耦合项，独立电子系统的哈密顿量可写为：

$$H_e = \sum_i \frac{p_i^2}{2m_e} - \frac{1}{8\pi\varepsilon_0}\sum_{i\neq j}\frac{e^2}{\left|r_i - r_j\right|} + \sum_i v(r_i) \tag{1-22}$$

其中，$v(r_i)$ 为所有原子核对第 i 个电子产生的平均势场。另一个独立系统即离子系统的哈密顿量可写为：

$$H_N = T_N + V_{N\text{-}N} = \sum_i \frac{P_N^2}{2m_{Ni}} - \frac{1}{8\pi\varepsilon_0}\sum_{i\neq j}\frac{Z_{Ni}Z_{Nj}e^2}{\left|R_{Nj} - R_{Ni}\right|} + \sum_i v(R_{Ni}) \tag{1-23}$$

式中，$v(R_{Ni})$ 为所有电子对第 i 个原子核产生的平均势场。

1.4.2　单电子（Hartree）近似

因为电子是带电物体，电子之间存在库仑相互作用。作进一步的近似可以把多电子体系中的相互作用问题简化成有效势场中的单电子问题。这个有效势场可以由系统中所有电子的自洽场来决定。

如果不考虑反对称性，N个电子组成的多电子体系的波函数可以写成单电子波函数的乘积：

$$\Psi(r_1,\cdots,r_N)=\prod_{i=1}^{N}\psi_i(r_i) \tag{1-24}$$

Hartree 对每一个单电子波函数用变分计算得到能量：

$$E=\frac{\langle\Psi|H|\Psi\rangle}{\langle\Psi|\Psi\rangle} \tag{1-25}$$

从式（1-24）可得到一组薛定谔方程：

$$\left[-\frac{\hbar^2}{2m}\nabla^2+v(r)+\frac{e^2}{4\pi\varepsilon_0}\sum_j{}'\int\frac{\psi_j^*(r')\psi_j(r')}{|r-r'|}\right]\psi_i(r)=\varepsilon_i\psi_i(r) \tag{1-26}$$

式（1-26）称为 Haetree 方程，其中的势能函数定义为有效势场：

$$v_{\text{eff}}=v(r)+\frac{e^2}{4\pi\varepsilon_0}\sum_j{}'\int\frac{\psi_j^*(r')\psi_j(r')}{|r-r'|} \tag{1-27}$$

式（1-26）代入（1-27）可得：

$$E=\sum_i\varepsilon_i-\frac{e^2}{8\pi\varepsilon_0}\sum_{i\neq j}e^2\int\frac{\psi_j^*(r')\psi_j(r')\psi_i^*(r')\psi_i(r')}{|r-r'|}\mathrm{d}r\mathrm{d}r' \tag{1-28}$$

通过自洽场近似计算式（1-26）后代入式（1-28），得到单电子体系的能量本征值。

1.4.3 Hartree-Fock 近似

考虑到电子的反对称性，把式（1-26）中的波函数用反对称波函数代替后可得到一组 Hartree-Fock 方程：

$$\begin{aligned}&\left[-\frac{\hbar^2}{2m}\nabla^2+v(r)+\frac{e^2}{4\pi\varepsilon_0}\sum_j{}'\int\frac{\psi_j^*(r')\psi_j(r')}{|r-r'|}\right]\psi_i(r)-\\&\left[\frac{e^2}{4\pi\varepsilon_0}\sum_j{}'\int\frac{\psi_j^*(r')\psi_j(r')}{|r-r'|}\right]\psi_j(r)=\varepsilon_i\psi_i(r)\end{aligned} \tag{1-29}$$

采用 Hartree-Fock 方程时，一般假定自旋向上和自旋向下电子波函数的空间部分是相同，即每个轨道被自旋相反的电子对所占据，并且反对称波函数为自旋单态。这种计算方法叫做约束 Hartree-Fock 近似方法。

1.5 密度泛函（DFT）理论

半经典量子理论是用波函数来描述体系的电子结构，而密度泛函理论是通过电子密度来描述体系基态的电子结构、预测体系的各种物理性质。密度泛函理论是研究多电子体系的方法之一。

1.5.1 Hohenberg-Kohn 定理

1927 年 Thomas 和 E. Ferm 在理论工作中指出，多电子体系基态的基本性质可以用电子密度 ρ 来描述，这意味着密度泛函理论基本思想的形成。1964 年，P. Hohenberg 和 W. Kohn 所提出的非均匀电子气理论为密度泛函理论的建立奠定了扎实的基础。该理论包含以下两个定理：

① 在外部势场 $v(r)$ 的作用下，由相互作用的束缚电子组成的体系的电子密度 $\rho(r)$ 唯一决定了此体系的外部势场；

② 体系的基态能量可以通过对电子密度 $\rho(r)$ 的变分来求极小值。

根据 Reyleigh-Ritz 变分原理，体系的基态能可表示为：

$$E = \min_{\Psi} \left\langle \Psi \middle| H \middle| \Psi \right\rangle \tag{1-30}$$

基于 Levy 约束试探条件，每一个试探波函数对应一个试探电子密度 $\rho(r)$。因此，式（1-30）中的能量最小值 E 通过以下两次变分求极值来获得，首先受约束的能量的极值被定义为：

$$E_v[\rho(r)] = \min_N \left\langle \Psi_\rho^N \middle| H \middle| \Psi_\rho^N \right\rangle = \int v(r)\rho(r)\mathrm{d}r + F[\rho(r)] \tag{1-31}$$

其中

$$F[\rho(r)] = \min_N \left[\Psi_\rho^N, (T+U)\Psi_\rho^N \right] \tag{1-32}$$

由式（1-32）可知，$F[\rho(r)]$ 是电子密度函数 $\rho(r)$ 的普适函数，无需明确势函数 $v(r)$。将式（1-31）对所有的 ρ 再次变分求极小值可得：

$$E = \min_{\rho(r)} E_v[\rho(r)] = \min_{\rho(r)} \left\{ \int v(r)\rho(r)\mathrm{d}r + F[\rho(r)] \right\} \tag{1-33}$$

这样，把对 $3N$ 维试探波函数 Ψ 变分求 $\langle\Psi|H|\Psi\rangle$ 的极小值问题转换成对三维试探电子密度函数求受到约束条件的势能函数 $E_v[\rho(r)]$ 的极值问题。

以上两个定理叫做 Hohenberg-Kohn 定理。由第一个定理可以看出，对于一个多粒子体系而言，电子密度函数 $\rho(r)$ 能够唯一确定体系的能量、波函数等的期待值。而由第二个定理可以看出，只要确定了体系基态的电子密度函数 $\rho(r)$，就能够确定变分能量的极小值，即基态能量。因此能量泛函数 $E(\rho)$ 对电子密度函数 $\rho(r)$ 的变分是计算体系基态能量的有效途径。

1.5.2 Kohn-Sham 方程

Hohenberg-Kohn 理论导出了一组有效的单电子薛定谔方程，而能量本征值中的 $F[\rho(r)]$ 可分为三部分：

$$F[\rho(r)]=T(\rho)+\frac{e^2}{8\pi\varepsilon_0}\int\frac{\rho(r)\rho(r')}{|r-r'|}\mathrm{d}r\mathrm{d}r'+E_{\mathrm{xc}}(\rho) \tag{1-34}$$

其中，第一项为动能，第二项为一般的库仑势能，第三项为交换 - 关联势。把式（1-34）代入式（1-33）后对总能量求变分，并运用增加电子数守恒的条件 $\int\delta\rho(r)\mathrm{d}r=0$，即

$$\int\delta\rho(r)\left[\frac{\delta T(n)}{\delta\rho(r)}+v(r)+\frac{e^2}{4\pi\varepsilon_0}\int\frac{\rho(r')}{|r-r'|}\mathrm{d}r'+\frac{\delta E_{\mathrm{xc}}(\rho)}{\delta\rho(r)}-\mu\right]\mathrm{d}r=0 \tag{1-35}$$

其中，μ 来源于拉格朗日乘子，相对于化学式而言是个常数。由式（1-35）可得

$$\mu=\frac{\delta T(n)}{\delta\rho(r)}+v(r)+\frac{e^2}{4\pi\varepsilon_0}\int\frac{\rho(r')}{|r-r'|}\mathrm{d}r'+\frac{\delta E_{\mathrm{xc}}(\rho)}{\delta\rho(r)} \tag{1-36}$$

除了动能项，其余三项势能定义为有效势场：

$$v_{\mathrm{eff}}(r)=v(r)+\frac{e^2}{4\pi\varepsilon_0}\int\frac{\rho(r')}{|r-r'|}\mathrm{d}r'+v_{\mathrm{xc}}(r) \tag{1-37}$$

其中，$v_{\mathrm{xc}}(r)=\delta E_{\mathrm{xc}}(\rho)/\delta\rho(r)$ 是交换 - 关联势。

假设由 N 个电子构成的系统有 N 个单电子函数，则

$$\rho(r)=\sum_{i=1}^{N}\left|\psi_i(r)\right|^2 \tag{1-38}$$

而动能可写成

$$T(\rho)=\frac{\hbar^2}{2m}\sum_{i=1}^{N}\int\psi_i^*(r)\cdot(-\nabla^2)\psi_i(r)\mathrm{d}r \tag{1-39}$$

因此，在等效势场中的单电子的薛定谔方程可写为：

$$\left[-\frac{\hbar^2}{2m}\nabla^2+v_{\mathrm{eff}}(r)\right]\psi_i(r)=\varepsilon_i\psi_i(r) \tag{1-40}$$

方程（1-37）～方程（1-39）首先由 Kohn 和沈吕九所导出，因此被称为 Kohn-Sham 方程。由式（1-40）的解中可以得到基态能：

$$E=\sum_{i=1}^{N}\varepsilon_i-\frac{e^2}{8\pi\varepsilon_0}\int\frac{\rho(r)\rho(r')}{|r-r'|}\mathrm{d}r\mathrm{d}r'+E_{\mathrm{xc}}(\rho)-\int\rho(r)v_{\mathrm{xc}}(r)\mathrm{d}r \tag{1-41}$$

这种通过电子密度泛函来求解系统基态能量的方法称为密度泛函理论（DFT）。由式（1-41）看出，密度泛函理论的实际应用完全依赖于对函数 $E_{\mathrm{xc}}(\rho)$ 的近似求解。近似求解函数 $E_{\mathrm{xc}}(\rho)$ 的常用方法有局域密度近似（local density approximation，LDA）和广义梯度近似（generalized gradient approximation，GGA）两种方法。

1.5.3 局域密度近似（LDA）

1996 年，Kohn 研究结果证明，多电子体系在 r 附近的定域静态物理特征依赖于 r 附近的粒子，而对远离 r 的势场变化不敏感。此种系统的电子密度变化比较缓慢，交换 - 关联势 $E_{\mathrm{xc}}(\rho)$ 可以近似地写成局域量 $e_{\mathrm{xc}}[\rho(r)]$ 的积分形式：

$$E_{\mathrm{xc}}(\rho)\approx E_{\mathrm{xc}}^{\mathrm{LDA}}(\rho)=\int e_{\mathrm{xc}}[\rho(r)]\rho(r)\mathrm{d}r \tag{1-42}$$

这种近似导致了

$$v_{\mathrm{xc}}[\rho(r)]\approx\frac{\mathrm{d}e_{\mathrm{xc}}[\rho(r)]}{\mathrm{d}[\rho(r)]}\equiv\mu_{\mathrm{xc}}[\rho(r)] \tag{1-43}$$

其中，$\mu_{\mathrm{xc}}[\rho(r)]$ 是密度为局域密度 $\rho(r)$ 时的均匀电子气的交换 - 关联化学势。

以半径为 $\lambda_{\mathrm{F}}(r)$［此处的费米波长 $\lambda_{\mathrm{F}}(r)=[3\pi^2\rho(r)]^{-1/3}$］的球形区域为例来讨论体系的交换 - 关联势。如果不考虑均匀电子气的交换 - 关联势，体系的局域量 $e_{\mathrm{xc}}[\rho(r)]$ 和势场 $v_{\mathrm{xc}}[\rho(r)]$ 分别可以写成：

$$e_{\mathrm{xc}}[\rho(r)]\approx\frac{3e^2}{2\pi}[3\pi^2\rho(r)]^{1/3}\rho(r) \tag{1-44}$$

$$v_{\mathrm{xc}}[\rho(r)]\approx-2e^2\left(3/\pi\right)^{1/3}\rho^{1/3}(r) \tag{1-45}$$

由以上分析可知，LDA 是针对均匀电子气系统的，并且电子密度只有在费米波长尺度上缓慢变化的情况才能使用。下面来讨论考虑电子关联时的交换 - 关联势。

假设电子对的交换 - 关联函数：

$$g(r,r')=\frac{1}{\rho(r)\rho(r')}\left\langle\varPsi\left|\sum_{i\neq j}\delta(r'-r_i)\,\delta(r-r_i)\right|\varPsi\right\rangle \tag{1-46}$$

其中，$\varPsi$ 为基态波函数。

$\varPsi$ 描述了 r 处存在电子在 r' 处找到电子的概率的变化，并给出了每一个电子的关联空穴。此时电子的关联函数部分地融入到了交换 - 关联势 $E_{\mathrm{xc}}(\rho)$ 中，即

$$E_{\mathrm{xc}}(\rho)=\frac{e^2}{8\pi\varepsilon_0}\int\rho(r)\frac{\tilde{g}(r,r')-1}{|r-r'|}\rho(r')\mathrm{d}r\mathrm{d}r' \tag{1-47}$$

这里的 $\tilde{g}(r,r')$ 和 $g(r,r')$ 满足以下关系：

$$\tilde{g}(r,r')=\int_0^1 g(r,r',\lambda)\mathrm{d}\lambda \tag{1-48}$$

其中，参数 λ 为修正库仑相互作用的虚构量。

1.5.4 广义梯度近似（GGA）

LDA 方法的构造基于均匀电子气体系，因此，对于电子密度急剧变化的体系不是很适用。对于电子非均匀分布的体系，Perdew 等人在 LDA 方法的基础上提出了 GGA 方法。GGA 方法在近似求解交换 - 关联函数时除了考虑电子密度 $\rho(r)$ 的影响外，还考虑了电子密度梯度 $\nabla\rho(r)$ 的影响。此时，交

换 - 关联势表示为：

$$E_{xc}(\rho) \approx E_{xc}^{GGA}(\rho) = \int e_{xc}[\rho(r), \nabla\rho(r)]\rho(r)dr \quad (1\text{-}49)$$

值得注意的是，LDA 和 GGA 方法理论上虽然考虑了多体问题，但是只适用于弱关联体系或中等关联体系，而不适用于包含 3d 和 4f 等强关联电子体系。由能带理论可知，同一个轨道上两个电子之间存在强烈的库仑排斥作用，从而提高了体系的能量。增加的这部分能量称为 Hubbard 能量，简称为 U。为了解决强关联电子的排斥作用，Anisimov 等[15]人引入了 LDA+U 方法。在 GGA 方法计算中也同样可以引入 U 值修正。但是，原子的 U 值依赖于实验数据，而且在不同体系中相同原子的 U 也不同，因此如果要很好的解决强关联体系需要经验积累。

1.5.5 杂化密度泛函

在处理电子交换 - 关联作用时，尤其是在电子强关联体系中，密度泛函理论计算不够精确。Hartree-Fork 方法虽然没有考虑电子的交换 - 关联势，但是能够给出精确结果。因此，王等人在密度泛函交换 - 关联势中引入部分 Hartree-Fork 交换，提高了计算精度。这样处理的结果，比用密度泛函理论计算的结果更加准确。杂化密度泛函的交换 - 关联势可表示为：

$$E_{xc}(\rho) = (1-\alpha)E_{xc}(\text{DFT}) + \alpha E_{xc}(\text{HF}) \quad (1\text{-}50)$$

其中，比例系数 α 的默认值为 25%，在不同体系中根据带隙的实验值 α 为可调的。杂化密度泛函最大的不足为计算过大，比起 LDA 和 GGA 要大很多。

1.6 应变理论

在实际情况中，晶体中的缺陷、样品与衬底之间晶格不匹配以及样品与衬底之间热膨胀系数的不同，都会使晶体产生应变。一般情况下，晶体受到的应变可以分为三类：单轴应变、双轴应变和三维应变，分别指晶体在一维方向、二维方向和三维方向上受到应变。其中三维应变只导致体系能级移动，而双轴应变会导致体系的能带分裂，从而改变晶体的光、电、磁性能，所以通常将单轴和双轴应变用于半导体器件。

在实验制备的过程中，薄膜的制备大多是利用外延生长等非平衡手段来获得，而外延生长环境下，薄膜的生长仅受到来自 a 轴和 b 轴方向的双轴应变的作用，并未受到 c 轴的各向相同的应变作用。此外，在二维应变情况（垂直方向进行弛豫）下，实验上制备的薄膜可以当作体结构来研究。因此，在本书中，只研究双轴应变对块体结构的掺杂 ZnO 体系的电子结构、光学性质和磁性的影响。

根据胡克定律，六方纤锌矿结构 ZnO 基半导体材料的应变张量与应力张量关系可以表示为[16]

$$\begin{pmatrix}\sigma_{xx}\\ \sigma_{yy}\\ \sigma_{zz}\\ \sigma_{xy}\\ \sigma_{xz}\\ \sigma_{yz}\end{pmatrix}=\begin{pmatrix}C_{11} & C_{12} & C_{13} & 0 & 0 & 0\\ C_{21} & C_{22} & C_{23} & 0 & 0 & 0\\ C_{31} & C_{32} & C_{33} & 0 & 0 & 0\\ 0 & 0 & 0 & C_{44} & 0 & 0\\ 0 & 0 & 0 & 0 & C_{55} & 0\\ 0 & 0 & 0 & 0 & 0 & C_{66}\end{pmatrix}\begin{pmatrix}\varepsilon_{xx}\\ \varepsilon_{yy}\\ \varepsilon_{zz}\\ \varepsilon_{xy}\\ \varepsilon_{xz}\\ \varepsilon_{yz}\end{pmatrix} \tag{1-51}$$

其中，C_{ij} 为弹性劲度系数。当体系受到双轴应变时，体系不存在剪切应变，则应变张量与应力张量关系可以化简为

$$\begin{pmatrix}\sigma_{xx}\\ \sigma_{yy}\\ \sigma_{zz}\end{pmatrix}=\begin{pmatrix}C_{11} & C_{12} & C_{13}\\ C_{21} & C_{22} & C_{23}\\ C_{31} & C_{32} & C_{33}\end{pmatrix}\begin{pmatrix}\varepsilon_{xx}\\ \varepsilon_{yy}\\ \varepsilon_{zz}\end{pmatrix} \tag{1-52}$$

当双轴应变沿垂直于 c 轴方向（即 a、b 方向）时，$\sigma_{zz}=0$，则应变张量 ε 可以表示为[17]

$$\begin{cases}\varepsilon'_{xx}=\varepsilon'_{yy}=\dfrac{a_{\mathrm{s}}-a_{\mathrm{e}}}{a_{\mathrm{e}}}\\ \varepsilon'_{zz}=\dfrac{2C_{13}}{C_{33}}\varepsilon'_{xx}\end{cases} \tag{1-53}$$

其中，a_{s} 为无应变条件下体系的晶格常数；a_{e} 应变条件下体系的晶格常数。

参考文献

[1] Yao Z, Gu S, Tang K, et al. Zinc vacancy related emission in homoepitaxial N-doped ZnO microrods [J]. Journal of Luminescence, 2015, 161: 293-299.

[2] Zhang B Y, Yao B, Li Y F, et al. Evidence of cation vacancy induced room temperature ferromagnetism in Li-N codoped ZnO thin films [J]. Applied Physics Letters, 2011, 99 (18): 182503.

[3] Ullah Awan S, Hasanain S K, Bertino M F, et al. Ferromagnetism in Li doped ZnO nanoparticles: The role of interstitial Li [J]. Journal of Applied Physics, 2012, 112 (10): 103924.

[4] Ruderman M A, Kittel C. Indirect exchange coupling of nuclear magnetic moments by conduction electrons [J]. Physical Review, 1954, 96 (1): 99-102.

[5] Kasuya T. A theory of metallic ferro- and antiferromagnetism on Zener's model [J]. Progress of theoretical Physics, 1956, 16 (1): 45-57.

[6] Miyazaki M, Sato K, Mitsui A, et al. Properties of Ga-doped ZnO films [J]. Journal of NON-Crystalline Solids, 1997, 218: 323-328.

[7] Zener C. Interaction between thed-Shells in the transition metals. II. Ferromagnetic compounds of manganese with perovskite structure [J]. Physical Review, 1951, 82 (3): 403-405.

[8] Dietl T, Ohno H, Matsukura F, et al. Zener model description of ferromagnetism in zinc-blende magnetic semiconductors [J]. Science, 2000, 287 (5455): 1019-1022.

[9] Sato K, Katayama-Yoshida H. First principles materials design for semiconductor spintronics [J]. Semiconductor Science and Technology, 2002, 17 (4): 367-376.

[10] Zener C. Interaction between the d shells in the transition metals [J]. Physical Review, 1951, 81 (3): 440-444.

[11] Anderson P W. Antiferromagnetism. Theory of superexchange interaction [J]. Physical Review, 1950, 79 (2): 350-356.

[12] Coey J M, Venkatesan M, Fitzgerald C. B. Donor impurity band exchange in dilute ferromagnetic oxides [J]. Nat Mater, 2005, 4 (2): 173-179.

[13] Coey J M D. High-temperature ferromagnetism in dilute magnetic oxides [J]. Journal of Applied Physics, 2005, 97 (10): 854.

[14] Wang W, Huang B, Ma X, et al. Efficient separation of photogenerated electron-hole pairs by the combination of a heterolayered structure and internal polar field in pyroelectric $BiOIO_3$ nanoplates [J]. Chemistry, 2013, 19 (44): 14777-14780.

[15] Anisimov V V, Zaanen J, Andersen O K. Band theory and Mott insulators: Hubbard U instead of Stoner *I* [J]. Phys Rev B Condens Matter, 1991, 44 (3): 943-954.

[16] Quan Z, Liu X, Qi Y, et al. Robust room temperature ferromagnetism and band gap tuning in nonmagnetic Mg doped ZnO films [J]. Applied Surface Science, 2017, 399 (31): 751-757.

[17] Devi V, Kumar M, Shukla D K, et al. Structural, optical and electronic structure studies of Al doped ZnO thin films [J]. Superlattices and Microstructures, 2015, 83: 431-438.

锰、钐、铈掺杂氧化锌
基于第一性原理的磁光性能分析

第 2 章 含本征点缺陷的 ZnO 磁光性能分析

本征缺陷是在 ZnO 制备和退火过程引入体系的不可避免的缺陷。实验报道显示，ZnO 众多缺陷中，V_O、V_{Zn}、O_i 和 Zn_i 缺陷存在的可能性更大。本征缺陷对 ZnO 磁性的影响主要集中在磁性来源问题。部分研究结果显示，ZnO 的磁性来源为受主缺陷 H^+、V_{Zn} 或 O_i 等[1-3]；而还有部分研究显示，ZnO 的磁性来源为施主缺陷 V_O 和 Zn_i 等[76,79]。本征点缺陷对 ZnO 带隙和吸收光谱的影响存在分歧。首先，不同实验条件下测得的本征 ZnO 的带隙不同[4,5]，迄今为止，对此尚未有合理的理论解释。其次，氧空位对 ZnO 中形成的杂质能级是浅施主能级还是深施主能级，仍存在着一定的分歧[6,7]。

在实验上，由于研究的本征点缺陷 ZnO 半导体一般都是薄膜，空间尺度较大，很难从微观尺度把握电子结构，其次，实验上精准控制点空位富有挑战性。而第一性原理能够从原子和电子层面解决本征点缺陷对 ZnO 半导体物性的影响。因此本章用第一性原理研究了本征点缺陷对 ZnO 电子结构、磁性以及吸收光谱的影响，并从理论上揭示了含本征点缺陷的 ZnO 的磁性来源和带隙变化原因。特别是氧空位对 ZnO 带隙和吸收光谱影响的研究发现，氧空位的杂质能级与费米能级重合，陷阱效应最显著，电子与空穴复合最慢，这有利于设计和制备新型含氧空位的本征 ZnO 光催化剂。

2.1 模型与计算方法

计算所用的理想模型是 ZnO 六方纤锌矿结构，属于 $P6_3mc$ 空间群，对称性为 C_{6v}^4。构建含 36 个 O 原子和 36 个 Zn 原子的纯 ZnO（2×3×3）超胞模型，如图 2-1（a）所示；构建含 36 个 O 原子和 36 个 Zn 原子，以及含一个间隙锌原子的 $Zn_{36}Zn_iO_{36}$ 模型，如图 2-1（b）所示；构建含 35 个 O 原子和 36 个 Zn 原子，以及含一个氧空位的 $Zn_{36}O_{35}$ 模型，如图 2-1（c）所示；构建含 36 个 O 原子和 35 个 Zn 原子，以及含一个 Zn 空位的 $Zn_{35}O_{36}$ 模型，如图 2-1（d）所示；构建含 36 个 O 原子和 36 个 Zn 原子，以及含一个间隙氧原子的 $Zn_{36}Zn_iO_{36}$ 模型，如图 2-1（e）所示。

采用 CASTEP（MS8.0）[8] 软件中自旋密度泛函理论（density functional theory，DFT）框架下的广义梯度近似（generalized gradient approximation，GGA）平面波超软赝势 $+U$ 的方法，用 Perdew-Burke-Ernzerhof（PBE）泛函描述。对截断能收敛性进行了计算测试，发现截断能取 380eV 较理想。布里渊区 k 点网格均选为 3×3×2 进行积分计算。自洽场精度

设为 5.0×10^{-6}eV/atom，原子间的相互作用力不大于 0.01eV/Å，内应力 ≤ 0.02GPa，公差偏移为 5.0×10^{-4}Å。为了进一步描述体系的磁性，在体系电子自旋极化状态下进一步优化了体系结构。因为 GGA 方法在计算 ZnO 带隙中过高地估计了 Zn 3d 电子的能量，Zn 3d 电子与 O 2p 电了相互作用增强，因此导致了价带变宽，带隙变窄。为了修正带隙，本章采用 GGA+U 的方法进行能带计算。选取 O、Zn 原子的价电子组态分别为：O $2s^22p^4$、Zn $3d^{10}4s^2$。经尝试后发现，Zn 的 d 态 U 值取为 10eV，O 的 p 态 U 值取为 7eV 较为理想。首先对所有模型进行几何结构优化计算，在此基础上，对电子结构和吸收光谱进行计算。实验结果表明 [9]，Co 掺杂的 ZnO 中的 V_O 浓度可以达到 $1\times10^{-21}cm^{-3}$。

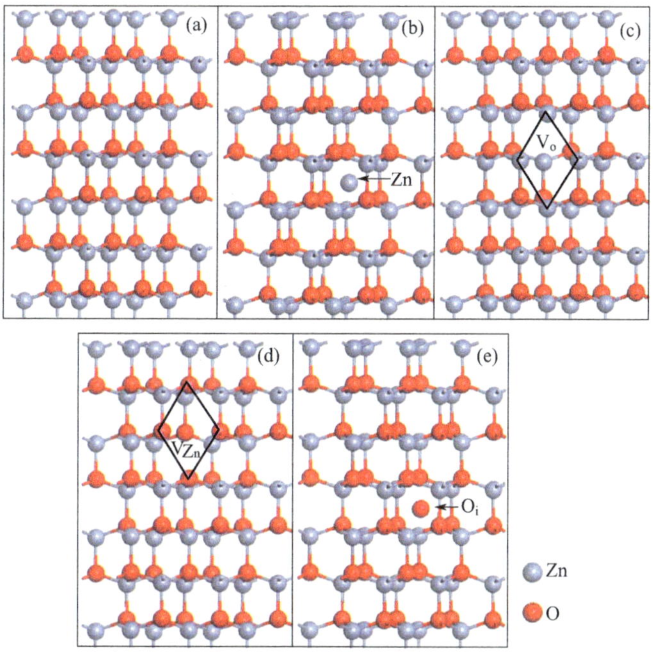

图 2-1　模型

(a) $Zn_{36}O_{36}$；(b) $Zn_{36}Zn_iO_{36}$；(c) $Zn_{36}O_{35}$；(d) $Zn_{35}O_{36}$；(e) $Zn_{36}O_iO_{36}$

2.2　含本征点缺陷 ZnO 的稳定性分析

纯 ZnO 和含单一缺陷（V_O，Zn_i，V_{Zn}，O_i）的 ZnO 超胞体系几何结构

优化后的晶格常数列于表 2-1。由表 2-1 可以看出，纯 ZnO 单胞的晶格常数 a、c 和 a/c 与实验值相符合。点缺陷形成能是用来分析点缺陷难易程度的物理量，点缺陷形成能的表达式为：

$$E_f(X^q)=E_{tot}(X^q)-E_{tot}(\mathrm{ZnO,bulk})-\sum_i n_i\mu_i+qE_F \tag{2-1}$$

其中，$E_f(X^q)$ 是点缺陷形成能；$E_{tot}(X^q)$ 是点缺陷体系总能量；$E_{tot}(\mathrm{ZnO,bulk})$ 为无点缺陷体系总能量；n_i 为超晶胞中增加或去除 i 原子个数（增加为正，去除为负）；μ_i 为 i 原子所对应的化学势，化学势依赖于材料制备过程中的实验条件；E_F 为体系的费米能级。在热平衡条件下，ZnO 中必须满足关系 $\mu_{Zn}+\mu_O=\mu_{ZnO}$，而且化学势必须满足边界条件 $\mu_O \leqslant \mu_{O_2}/2$ 和 $\mu_{Zn} \leqslant \mu_{Zn}(\mathrm{bulk})$。因此如果满足富氧条件时有 $\mu_O=\mu_{O_2}/2$，在富锌条件下，则有 $\mu_{Zn}=\mu_{Zn}(\mathrm{bulk})$，其它化学势可以由以上热平衡关系推算可得；在富氧条件下有 $\mu_{Zn}=E_{ZnO}(\mathrm{bulk})-E_{O_2}/2$，在富锌条件下有 $\mu_O=E_{ZnO}(\mathrm{bulk})-E_{Zn}(\mathrm{bulk})$。其中 E_{ZnO}、$E_{Zn}(\mathrm{bulk})$ 和 E_{O_2} 分别是块体 ZnO、Zn 和氧分子的总能。q 为体系总的电荷量，E_F 为掺杂体系的费米能级，在本章研究中 q=0。

计算得出 4 种形态本征缺陷的形成能，如表 2-1 所示。在富氧条件下，含 V_{Zn} 的 ZnO 的形成能相对最低，结构最稳定，含 O_i 的 ZnO 次之，其它形态缺陷的形成能相对较高。结果表明，富氧条件下，最有可能产生的缺陷为 V_{Zn} 和 O_i。同理，富锌条件下，含 V_O 的 ZnO 的形成能相对最低，结构最稳定，含 Zn_i 的 ZnO 的次之，说明在富锌条件下最有可能产生的缺陷为 V_O 和 Zn_i。这与文献［10］的计算结果相一致。

表 2-1　纯 ZnO 和含缺陷 ZnO 的折合晶格常数和形成能

模型	a/nm	c/nm	a/c	E_f/eV	
				富氧条件	富锌条件
$Zn_{36}O_{36}$[9]	0.327	0.526	0.622	—	—
$Zn_{36}O_{35}$	0.323	0.519	0.622	4.28	0.87
$Zn_{36}Zn_iO_{36}$	0.326	0.553	0.590	6.60	3.19
$Zn_{35}O_{36}$	0.326	0.529	0.616	2.00	5.41
$Zn_{36}O_iO_{36}$	0.327	0.532	0.615	2.73	6.15

计算得出，含单一缺陷 V_O、Zn_i、V_{Zn}、O_i 的 ZnO 超胞体系的键长、布居值和体积，如表 2-2 所示。从表 2-2 可以看出，除了含 V_O 超胞体积减小外，含其它本征缺陷的 ZnO 超胞的体积都增大。这是由于体系中 V_O 作为正电中心与近邻的 Zn 之间的排斥力小于 Zn 与 O 之间的吸引力，所以，体系的体积变小。这进一步从键长和布居值获得验证。

表 2-2 纯 ZnO 和含缺陷 ZnO 的键长、布居值以及体积

模型	键方向	键长	布居值	V/nm³
$Zn_{36}O_{36}$	Zn—O（// c）	1.986	0.44	0.048
	Zn—O（⊥ c）	1.978	0.39	
$Zn_{36}O_{35}$	Zn—O（// c）	1.986	0.44	0.047
	Zn—O（⊥ c）	1.965	0.40	
$Zn_{36}Zn_iO_{36}$	Zn—O（// c）	2.772	0.04	0.051
	Zn—O（⊥ c）	2.007	0.36	
$Zn_{35}O_{36}$	Zn—O（// c）	2.134	0.19	0.049
	Zn—O（⊥ c）	2.035	0.31	
$Zn_{36}O_iO_{36}$	Zn—O（// c）	2.008	0.38	0.050
	Zn—O（⊥ c）	1.985	0.36	

从表 2-2 可以看出，$Zn_{36}O_{35}$ 中的 V_O 周围的四个 Zn 原子沿垂直于 c 轴方向的 Zn—O 键的键长都变短，而布居值都变大，共价结合增强，体积变小相吻合。这与文献 [11] 的计算结果相一致。同理，$Zn_{35}O_{36}$ 中的 V_{Zn} 作为负电中心与近邻的 O 之间的排斥力大于 Zn 与 O 之间的吸引力，所以，$Zn_{35}O_{36}$ 的体积变大。这与表 2-2 中 V_{Zn} 周围的 Zn—O 键长变长，布居值减小相吻合。含 Zn_i 的 ZnO 中，Zn_i 原子失去电子形成正电中心与近邻的 Zn 之间的排斥力大于 Zn_i 与 O 之间的吸引力，所以体系的体积变大。这与 Zn_i 周围的 Zn—O 键长变长和布居值变小相吻合（见表 2-2）。同理，含 O_i 的 ZnO 中的 O_i 获得电子形成负电中心与近邻的 O 之间的排斥力大于 O_i 与 Zn 之间的吸引力，所以体系的体积变大。这与 O_i 周围的 Zn—O 键长变长和布居值变小相吻合（见表 2-2）。

2.3 含本征点缺陷 ZnO 的磁性分析

为了分析缺陷对 ZnO 的磁性的影响，计算了纯 ZnO 和含缺陷（V_O，Zn_i，V_{Zn}，O_i）ZnO的总磁矩和自旋极化的O和Zn的磁矩，结果列于表2-3。由表 2-3 可知，纯 ZnO 和含缺陷 ZnO 的总磁矩都等于零，但是 $Zn_{35}O_{36}$ 和 $Zn_{36}O_iO_{36}$ 模型的磁矩绝对值之和不等于零，说明这两个模型有磁性，而且是反铁磁性。由磁矩计算结果还可以看出，缺陷周围 O 的自旋极化远强于 Zn 的自旋极化，而且 O 和 Zn 的磁矩正负值基本各占一半，说明自旋方向相反。

表 2-3 纯 ZnO 和含缺陷 ZnO 的磁矩绝对值之和 $\Sigma|M|$、总磁矩 ΣM 和缺陷周围 O 和 Zn 的磁矩

模型	$\Sigma\|M\|$	ΣM	M_O/μ_B				M_{Zn}/μ_B			
			O1	O2	O3	O4	Zn1	Zn2	Zn3	Zn4
$Zn_{36}O_{36}$	0	0	0	0	0	0	0	0	0	0
$Zn_{36}O_{35}$	0	0	0	0	0	0	0	0	0	0
$Zn_{36}Zn_iO_{36}$	0	0	0	0	0	0	0	0	0	0
$Zn_{35}O_{36}$	2.1	0	1.03	−1.03	0	0	0.02	−0.02	0.01	−0.01
$Zn_{36}O_iO_{36}$	1.87	0	0.93	−0.92	0.02	−0.02	0.03	−0.02	−0.02	0.02

通常定义自旋极化率 P 为在费米面处多数载流子（$N\uparrow$）与少数载流子（$N\downarrow$）归一化的态密度之差，即

$$P=\frac{N\uparrow-N\downarrow}{N\uparrow+N\downarrow} \tag{2-2}$$

为了更直观地分析缺陷对 ZnO 磁性的影响，又计算了上述 5 个模型的总的自旋态密度，如图 2-2 所示。图 2-2（a）显示，上自旋和下自旋态密度对称，而且费米能级在价带顶，说明纯 ZnO 是没有磁性的半导体。图 2-2（b）和（c）显示，$Zn_{36}Zn_iO_{36}$ 和 $Zn_{36}O_{35}$ 上下自旋对称，而且 $Zn_{36}Zn_iO_{36}$ 的禁带中形成了杂质能级，$Zn_{36}O_{35}$ 的费米能级进入价带。这是因为 $Zn_{36}Zn_iO_{36}$ 中的 Zn_i 向体系提供电子，提供的电子与价带的 O^{2-} 排斥，而与导带的 Zn^{2+}

吸引，价带和导带同时下移。而 $Zn_{36}O_{35}$ 中的 O 空位向体系提供空穴，形成 p 型半导体。Zn_i 和 O 空位提供的电子和空穴都是配对的，因此不引起磁性。图 2-2（d）和（e）显示，$Zn_{35}O_{36}$ 和 $Zn_{36}O_iO_{36}$ 上下自旋不对称，说明这两个体系具有磁性。Zn 空向体系提供空穴而形成 p 型半导体，而 O_i 向体系提供电子，提供的电子与价带的 O^{2-} 排斥，与导带的 Zn^{2+} 吸引而在禁带中形成上下自旋非对称的杂质能级。但是，由表 2-3 可知，$Zn_{35}O_{36}$ 和 $Zn_{36}O_iO_{36}$ 的总磁矩等于零，这说明这两个体系处于反铁磁态。

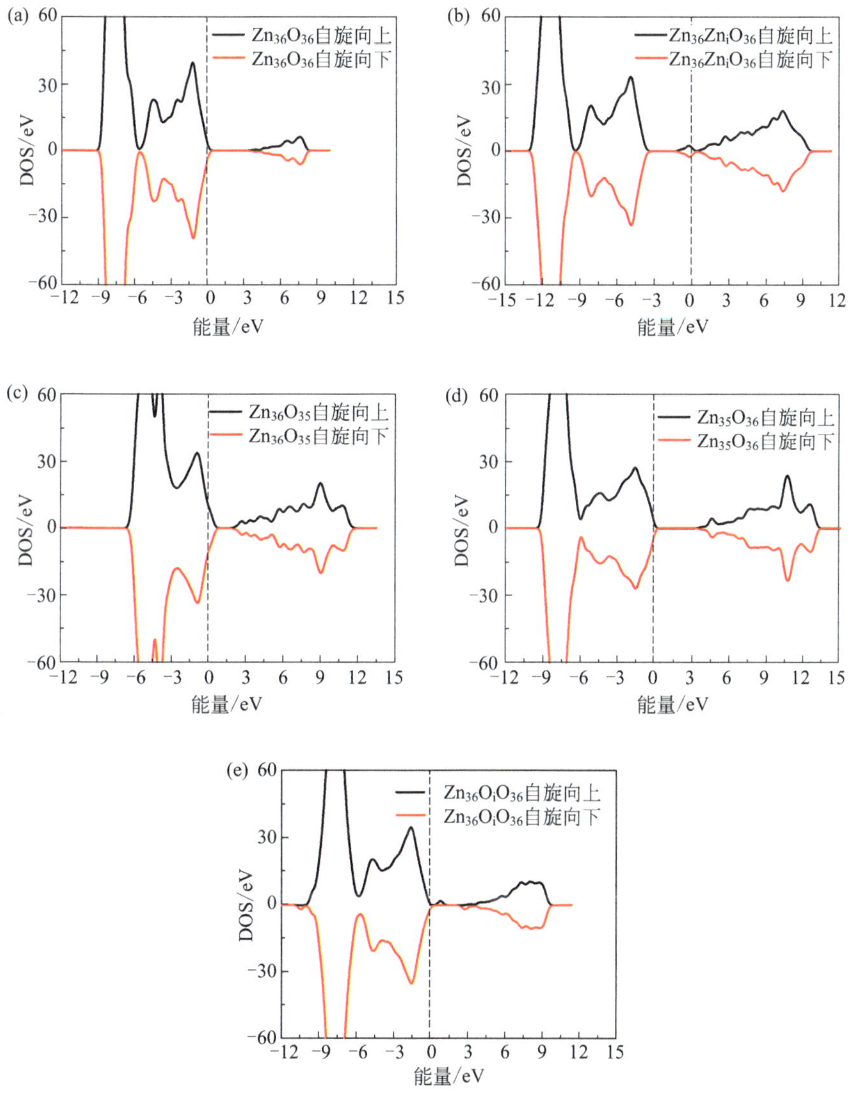

图 2-2　纯 ZnO 和含缺陷 ZnO 的自旋态密度图

根据 2.2.1 节的分析可知，V_O、Zn_i、V_{Zn}、O_i 四种缺陷中能够向体系提供未配对的空穴和电子的 V_{Zn} 和 O_i 对 ZnO 的磁性有影响。因此，下面计算了 $Zn_{35}O_{36}$ 和 $Zn_{36}O_iO_{36}$ 的自旋分波态密度，结果如图 2-3 所示。图 2-3（a）显示，导带中的 O 的自旋极化不对称，其它原子的自旋极化都是对称的，说明体系的磁性主要来源于导带中的 O 2p 的自旋极化，与 Zn 原子没有关系。由图 2-3（b）可知，$Zn_{36}O_iO_{36}$ 中 O 在禁带中形成了上下不对称的杂质能级，体系的磁性主要是由杂质能级总的 O 2p 的自旋极化引起的，导带底附近的 Zn 4s 对体系的磁性也有一定的影响，但是 Zn 4s 的自旋极化相对于 O 的自旋极化弱很多，对体系磁性的影响也很小。由图 2-3（a）和（b）还可以看出，两个体系的费米能级都进入了价带，说明 V_{Zn} 和 O_i 向体系提供空穴，这符合掺杂体系的缺陷理论。Peng 等[12]的研究结果也显示，受主掺杂的 d^0 半导体能以更小的空穴浓度增强铁磁性。在平衡的状态下，ZnO 的缺陷化学反应为

$$O_i^{\times} = O_i'' + 2h^{\bullet} \tag{2-3}$$

$$V_{Zn}^{\times} = V_{Zn}'' + 2h^{\bullet} \tag{2-4}$$

式（2-3）和式（2-4）显示，V_{Zn} 和 O_i 向体系提供空穴。因为 O 和 Zn 在 ZnO 体系中分别以负二价和正二价形式存在，即 V_{Zn} 和 O_i 都形成负电中心。因此一旦 O 过剩，为了保持电中性，V_{Zn} 和 O_i 捕获空穴，费米能级进入价带形成 p 型半导体。

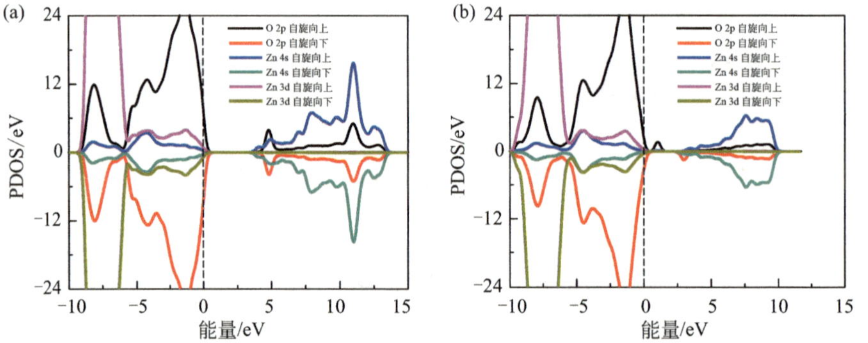

图 2-3　$Zn_{35}O_{36}$（a）及 $Zn_{36}O_iO_{36}$（b）的自旋分波态密度

为了更直观地分析含缺陷体系的磁性机理，计算了 $Zn_{35}O_{36}$ 和 $Zn_{36}O_iO_{36}$ 的净自旋密度，如图 2-4 所示。由图 2-4（a）可知，在 $Zn_{35}O_{36}$ 中，V_{Zn} 周

围的 O 离子自旋极化引起了体系的磁性，但是邻近的 O 离子的自旋极化方向相反，体系的净磁矩等于零。图 2-4（b）显示，$Zn_{36}O_iO_{36}$ 的磁性主要来自于 O_i 和 O_i 邻近的 O 和 Zn 的自旋极化，其中 Zn 的自旋极化很弱，可以忽略。而且相邻的 O 的自旋极化方向相反，导致体系净自旋为零。这些结果与表 2-3 的磁矩计算结果和自旋分波态密度结果相一致。

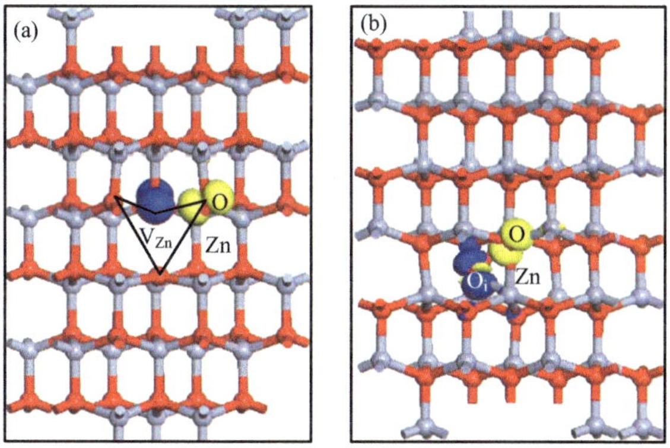

图 2-4 $Zn_{35}O_{36}$（a）及 $Zn_{36}O_iO_{36}$（b）的净自旋密度
（蓝色为上自旋，黄色为下自旋）

为了从电荷层面上分析 $Zn_{35}O_{36}$ 和 $Zn_{36}O_iO_{36}$ 的磁性机理，计算了两个体系的差分电荷密度，如图 2-5 所示。由图 2-5（a）和（b）的比较可以看出，含有 V_{Zn} 的 ZnO 中 V_{Zn} 周围的 O 原子的电荷重新排布，如图 2-5（a）中的 O1、O2 和 O3，而且 O 原子的电荷在 O 原子周围重新分布，没有电荷转移现象，但是 V_{Zn} 周围的 Zn 原子基本上没有变化。说明含 V_{Zn} 的 ZnO 体系的磁性主要取决于 V_{Zn} 周围的 O 原子的自旋极化，而 Zn 原子没有贡献。此结果与图 2-4（a）中的净自旋密度结果一致。图 2-5（c）和（d）的比较结果显示，含 O_i 的 ZnO 中的 O_i 与周围的原子的相互作用而导致 O_i 本身和周围的 O 和 Zn 原子的电荷重新分布（如图 2-5 中的 O2、O_i 和 Zn2）。其中 O2 原子的电荷在自身周围重新分布，没有电荷转移，而 O_i 和 Zn2 都失去电子向体系提供空穴。这一结果由图 2-3（b）的分波态密度结果也可以得到验证。图 2-3（b）显示，费米能级进入 O 2p 和 Zn 3d 的价带，说明 O_i 和 Zn2 失去电子，提供空穴。结果证明，含 O_i 的 ZnO 的磁性由 O_i 和周围的 O 原子和 Zn 的自旋极化引起，其中 O_i 以及周围 O 原子的贡献更加明显，而 O_i 周围的 Zn 原子的贡献比较小，这与图 2-4（b）中的净自旋密度结果一致。

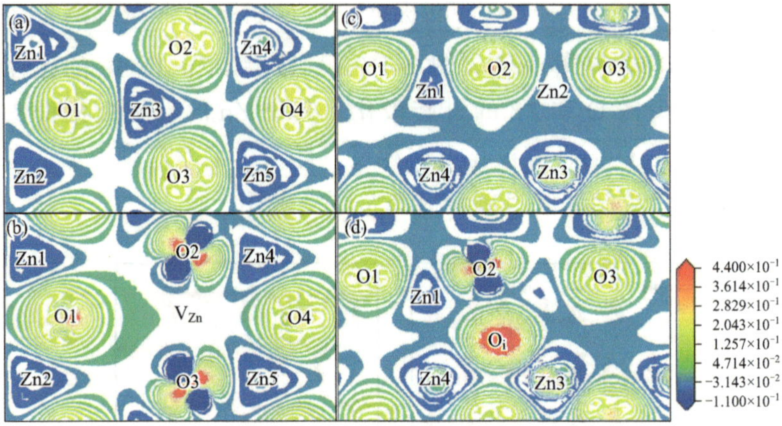

图 2-5　差分电荷密度

（a）纯 ZnO 和（b）含 V_{Zn} 的 ZnO（001）面的差分电荷密度；

（c）纯 ZnO 和（d）含 O_i 的 ZnO（011）面的差分电荷密度

2.4　含本征点缺陷 ZnO 的光学性质分析

分析体系的能带结构以及带隙是分析光学性质的方法之一。计算得出纯 ZnO 和分别含单一缺陷（Zn_i，V_O，V_{Zn}，O_i）ZnO 超胞体系的能带结构分布如图 2-6 所示。从图 2-6（a）纯 ZnO 能带结构分布可以看出，纯 ZnO 的费米能级在价带顶附近（图中费米能作为能量零点，以下类同），纯 ZnO 带隙宽度为 3.40eV。从图 2-6（b）可以看出，与纯 ZnO 带隙相比，$Zn_{36}Zn_iO_{36}$ 体系的带隙中产生杂质能带与导带相接，产生了带尾效应，带隙宽度变窄 2.40eV，吸收光谱红移。从图 2-6（c）可以看出，$Zn_{36}O_{35}$ 体系带隙宽度为 4.51eV，而且，在带隙中离导带底 2.20eV 处产生了深的杂质能级。光激发电子可以分级进行，从价带顶到杂质能级，然后，再从杂质能级到导带底，能实现 $Zn_{36}O_{35}$ 体系吸收光谱红移。根据缺陷理论可知：

$$O_O^{\times} = \frac{1}{2}O_2 + V_O^{\bullet\bullet} + 2e' \tag{2-5}$$

对于 $Zn_{36}O_{35}$，由于一个氧原子空位放出两个电子，所以，含氧空位 ZnO 体系均是 n 型半导体。这与实验结果 [13] 相符合。由于深杂质能级的位置位于禁带中心附近，电离能较大，所以都是深施主杂质能级。计算结果与文献 [7] 报道的实验结果相符合。从图 2-6（c）看出，虽然氧空位后体系的杂质能级为深施主能级，但是，费米能级与杂质能级有部分重叠现象。那么，在文献［6］中的含 V_O 的 ZnO 体系，为什么在导带中会引起自由电子增加呢？这可以从常规半导体理论给出合理的解释。根据半导体物理学理论可知，只有电子陷阱的情形下，杂质能级上的电子积累方程为：

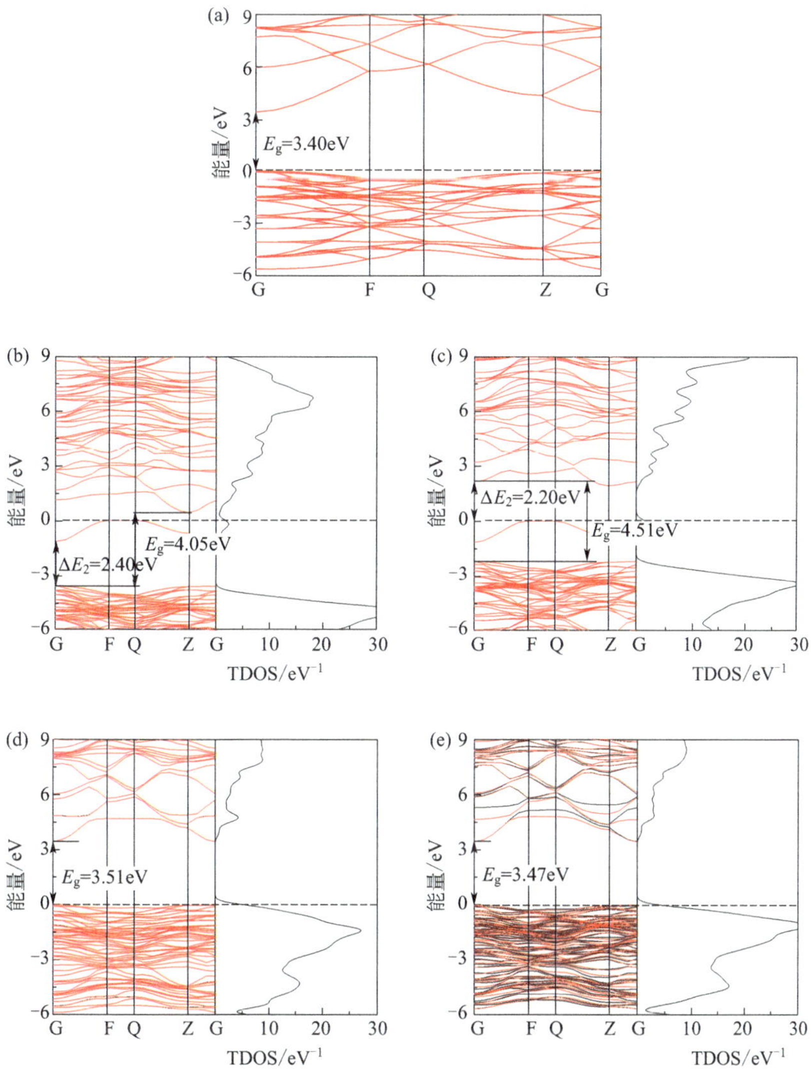

图 2-6 纯 ZnO 和含缺陷 ZnO 的能带结构分布

（a）$Zn_{36}O_{36}$；（b）$Zn_{36}Zn_iO_{36}$；（c）$Zn_{36}O_{35}$；
（d）$Zn_{35}O_{36}$；（e）$Zn_{36}O_{36}O_i$

$$\Delta n_t = \frac{N_t n_1}{(n_0 + n_1)^2} \Delta n \tag{2-6}$$

其中，Δn_t 是杂质能级上积累非平衡电子数；N_t 是复合中心浓度；n_1 是费米能级 E_F 与本征费米能级 E_i 重合时导带平衡电子浓度；n_0 是平衡电子浓度；Δn 是非平衡电子浓度。

为了求出 Δn_t 的最大值，先假设方程 n_1 为自变量，再求出 Δn_t 对 n_1 的一阶导数。当 Δn_t 对 n_1 的一阶导数等于零的时候，Δn_t 出现驻点并且 n_1 满足下列关系式：

$$n_1 = n_0 \tag{2-7}$$

把方程（2-7）$n_1=n_0$ 代入方程（2-2）中，得出杂质能级上电子积累 Δn_t 的最大值的表达式为：

$$(\Delta n_t)_{max} = \frac{N_t}{4n_0} \Delta n \tag{2-8}$$

式中，$(\Delta n_t)_{max}$ 表示杂质能级上积累的电子数的最大值。

杂质能级上的电子数最多时最有利于陷阱效应的形成（杂质能级上积累非平衡载流子的作用称为陷阱效应）。当然，一定的杂质能级能否成为陷阱，还决定于杂质能级的位置。最有利于陷阱效应的杂质能级位置由式（2-6）决定，它说明杂质能级与平衡时的费米能级重合时，最有利于陷阱效应。那么，从图 2-6（c）看出，虽然 V_O 在体系中的施主杂质能级为深施主能级，但是，费米能级与杂质能级有部分重叠现象，说明含 V_O 的 ZnO 杂质能级与费米能级重合，陷阱效应显著，电子与空穴复合最慢，这有利于设计和制备新型含 V_O 的 ZnO 的光催化剂。其次，在杂质能级上的部分电子受到热激发或光照射的条件下，电子激发到导带的概率将迅速提高，而且电子光催化活性增大。然而，参考文献［6］中的实验结果表明，由于 V_O 的存在，ZnO 体系导带中的自由电子数增加，由此猜测 V_O 在 ZnO 体系中形成了较浅的施主能级，这一结果有争议。本节中含 V_O 的 ZnO 能带结构的计算结果与文献［7］实验结果相吻合。从图 2-6（d）和（e）可以看出，体系 $Zn_{35}O_{36}$ 和 $Zn_{36}O_iO_{36}$ 带隙宽度分别为 3.51eV 和 3.47eV。但是，文献［4］中实验得出，本征 ZnO 带隙为 3.22eV，可能疏忽了 ZnO 中间隙锌（Zn_i）的存在。文献［5］中实验得出，本征 ZnO 带隙为 3.55eV，这可能疏忽了 ZnO 中 V_O、V_{Zn} 或 O_i 的存在。

体系的带隙与体系中原子之间的杂化作用的强弱密切相关。为了进一步分析不同缺陷对 ZnO 光学带隙的影响，下面分析了纯 ZnO 和含有 Zn_i、V_O、V_{Zn} 和 O_i 等缺陷的 ZnO 的分波态密度。计算得出纯 ZnO 和分别含一个缺陷（Zn_i，V_O，V_{Zn}，O_i）的 ZnO 超胞体系的分波态密度分布，如图 2-7 所示。从图 2-7（a）纯 ZnO 分波态密度分布可以看出，纯 ZnO 价带由 Zn 3p、Zn 3d 和 O 2p 组成，价带顶主要由 O 2p 态决定，导带由 Zn 4s、Zn 3p 和 O 2p 组成，导带底由 Zn 4s 态决定。从图 2-7（b）可以看出，价带顶主要由 O 2p 态决定，导带底由 Zn 4s 态决定。$Zn_{36}Zn_iO_{36}$ 体系的导带产生带尾效应，导带下移。价带顶的位置，由于 p-p 态相互作用使价带向低能方向移动，p-d 态排斥效应使价带向高能方向移动。反键 Zn 3d 和 O 2p 相互作用小于成键 Zn 3p 和 O 2p 相互作用，引起价带向低能方向移动，但是，导带比价带下移得多，所以带隙变窄。从图 2-7（c）可以看出，价带顶主要由 O 2p 态决定，导带底由 Zn 4s 态决定。与纯 ZnO 相比，$Zn_{36}O_{35}$ 体系中导带反键 Zn 4s 及 Zn 3p 和 O 2p 杂化耦合越增强，导带底向低能方向移动越增大。在价带顶，反键态 Zn 3d 和 O 2p 相互作用小于成键态的 Zn 3p 和 O 2p 相互作用，引起价带向低能方向移动，价带顶下移大于导带下移，所以带隙变宽。但是，电子从杂质能级和费米能级重叠处到导带底的宽度较小。光激发电子可以分级进行，实现 $Zn_{36}O_{35}$ 体系吸收光谱红移。这与上述能带结构分析结果相一致。从图 2-7（d）和（e）可以看出，价带顶主要由 O 2p 态决定，导带底由 Zn 4s 态决定。与纯 ZnO 相比，体系 $Zn_{35}O_{36}$ 和 $Zn_{36}O_iO_{36}$ 价带顶的反键 Zn 3d 和 O 2p 相互作用几乎与成键 Zn 3p 和 O 2p 相互作用相等，所以价带顶不变，但是体系 $Zn_{35}O_{36}$ 和 $Zn_{36}O_iO_{36}$ 的反键 Zn 4s 及 Zn 3p 和 O 2p 相互作用都大于纯 ZnO，导带上移，所以二者带隙都变宽。

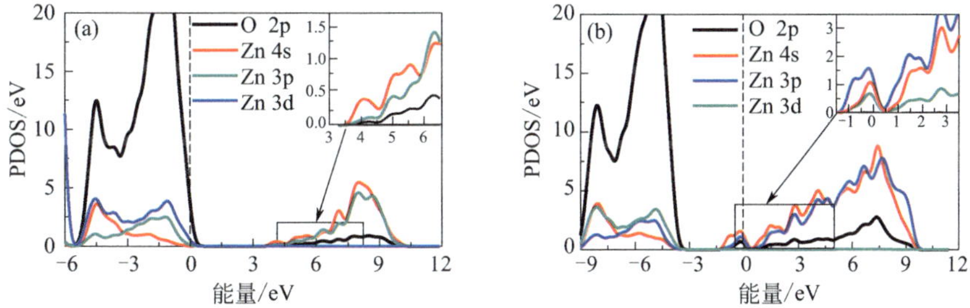

图 2-7

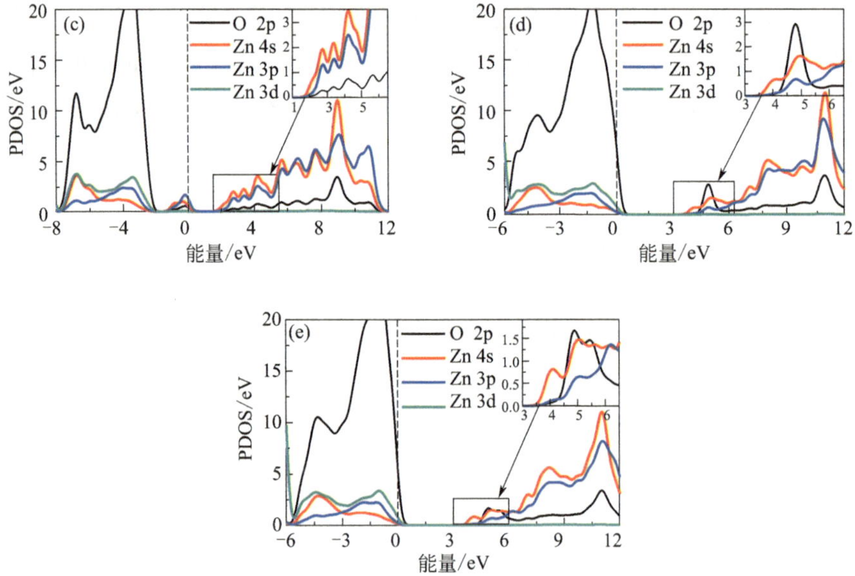

图 2-7 分波态密度分布

(a) $Zn_{36}O_{36}$；(b) $Zn_{36}Zn_iO_{36}$；(c) $Zn_{36}O_{35}$；(d) $Zn_{35}O_{36}$；(e) $Zn_{36}O_iO_{36}$

光学性质在线性响应范围内时，固体的宏观光学响应函数可以由和晶体电子结构密切相关的复介电函数 $\varepsilon(\omega)=\varepsilon_1(\omega)+\mathrm{i}\varepsilon_2(\omega)$ 来描述，其中 $\varepsilon_1(\omega)$ 为函数的实部，$\varepsilon_2(\omega)$ 为函数的虚部。$\varepsilon_2(\omega)$ 可以通过计算占据态和非占据态波函数的矩阵元得到，$\varepsilon_1(\omega)$ 可以利用 Kramers-Kroning 色散关系由 $\varepsilon_2(\omega)$ 求出。吸收系数 $\alpha(\omega)$ 可以由介电函数的实部 $\varepsilon_1(\omega)$ 及虚部 $\varepsilon_2(\omega)$ 推导得出，具体表达式如下：

$$\alpha(\omega)=\sqrt{2}\omega\left[\sqrt{\varepsilon_1^2(\omega)-\varepsilon_2^2(\omega)}-\varepsilon_1(\omega)\right]^{1/2} \tag{2-9}$$

$$\varepsilon_1(\omega)=1+\frac{2}{\pi}\rho_0\int\frac{\omega'\varepsilon_2(\omega)}{\omega'^2-\omega^2}\mathrm{d}\omega \tag{2-10}$$

$$\varepsilon_2=\frac{c}{\omega^2}\sum_{\mathrm{V,C}}\int_{\mathrm{BZ}}\frac{2}{(2\pi)^3}|M_{\mathrm{CV}}(k)|^2\cdot\delta(E_{\mathrm{C}}^k-E_{\mathrm{V}}^k-\hbar\omega)\mathrm{d}^3k \tag{2-11}$$

式中，下标 C、V 分别表示导带和价带；积分下限 BZ 表示对第一布里渊区进行积分；$\hbar$ 为普朗克常量；k 为倒格矢；C 为常数；ω 为角频率；ρ_0 为极化响应；$|M_{\mathrm{C,V}}(k)|^2$ 为动量矩阵元；E_{C}^k 和 E_{V}^k 分别为导带和价带的本征能量。

计算得出，$Zn_{36}O_{36}$、$Zn_{36}Zn_iO_{36}$、$Zn_{36}O_{35}$、$Zn_{35}O_{36}$、$Zn_{36}O_iO_{36}$ 和 $Zn_{36}O_{35}$ 体系的可见光吸收光谱分布如图 2-8 所示。

从图 2-8 中发现，与纯 $Zn_{36}O_{36}$ 体系相比，在本节限定的点缺陷量的条件下，$Zn_{36}Zn_iO_{36}$ 和 $Zn_{36}O_{35}$ 体系可见光吸收光谱分布都红移。这与实验结果[6]变化趋势相吻合（由于点缺陷量有偏差，点缺陷体系可见光吸收光谱分布有偏差）。$Zn_{36}O_iO_{36}$ 和 $Zn_{35}O_{36}$ 体系的可见光吸收光谱分布都蓝移。这一结果与能带结构分布和分波态密度分布分析结果相符合。

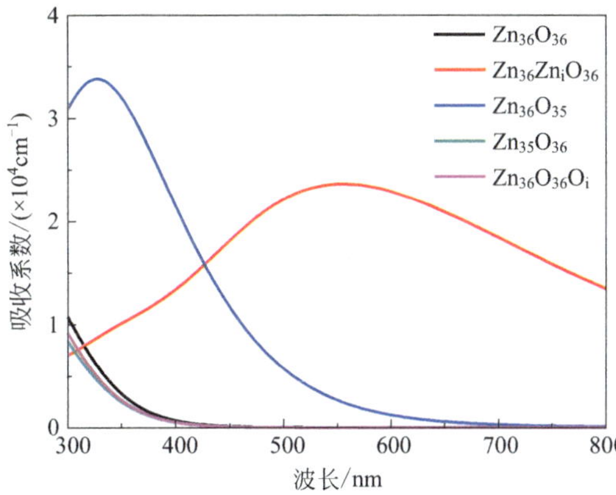

图 2-8　纯 ZnO 和含缺陷 ZnO 的吸收光谱

为了进一步分析体系的光学性质机理，结合形成能分析，计算了稳定性和光吸收强度较高的 $Zn_{36}O_{35}$ 和 $Zn_{35}O_{36}$ 两个体系的复介电函数的实部和虚部，并将两个体系的介电常数与 $Zn_{36}O_{36}$ 介电常数进行了比较，如图 2-9 所示。导带上的光电子寿命 τ_c 与光催化剂的介电常数 ε_1 成正比，说明体系的介电常数越大，导带中的光电子寿命越长，体系的光催化性能越好。图 2-9（a）显示，相对于 $Zn_{36}O_{36}$ 体系，$Zn_{36}O_{35}$ 和 $Zn_{35}O_{36}$ 两个体系的介电常数 ε_1 变大，说明 V_O 和 V_{Zn} 增强了体系极化，延长了导带中的光电子寿命，提高了体系的光催化活性。其中，$Zn_{36}O_{35}$ 体系的介电常数 ε_1 最大，说明 V_O 对体系的光催化活性的影响最大，这与体系的带隙分析结果一致。图 2-9（b）显示，$Zn_{36}O_{35}$ 的介电函数虚部在 0 ～ 10eV 能量范围内有三个介电峰，分别位于 3.48eV、5.45eV 和 9.34eV 位置。结合图 2-7（c）的分波态密度图可知，第一个介电峰为杂质带中的 Zn 3d 和 O 2p 向导带中的 O 2p 和 Zn 4s 跃迁所致。第二个介电峰为价带中的 O 2p 向杂质带中的 Zn 3d 跃迁所致。第三个介电峰为价带中的 O 2p 向导带中的 Zn 4s 跃迁所致。而 $Zn_{35}O_{36}$ 体系的介电函数在 0 ～ 10eV 能量范围内有两个介电峰，分别位于 5.72eV 和 9.33eV 位置。结合 2-7（d）所示的分波态密度图可知，第一个介电峰为价带中 Zn 3d 向导带底杂质带中 O 2p 跃迁所致，而第二个介电峰为价带中的 O 2p 向导带中的 Zn 4s 跃迁所致。

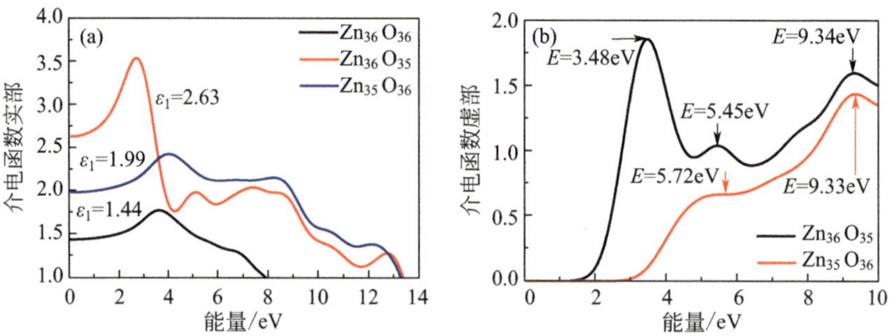

图 2-9　$Zn_{36}O_{35}$ 和 $Zn_{35}O_{36}$ 体系的复介电函数

（a）实部；（b）虚部

本章基于第一性原理计算了纯 ZnO 和本征点缺陷对 ZnO 电子结构和吸收光谱的影响。结果表明，富锌条件下，Zn_i 和 V_O 在 ZnO 中本征点缺陷的形成能相对较小；而富氧条件下，V_{Zn} 和 O_i 在 ZnO 中本征点缺陷的形成能相对较小。含 Zn_i 和 V_O 的 ZnO 没有磁性，而含 V_{Zn} 和 O_i 的 ZnO 中，V_{Zn} 和 O_i 向体系提供空穴，其周围 O 离子的 2p 电子转移，产生局域磁矩。但是，邻近的 O 离子的 2p 电子自旋极化方向相反，体系的磁序态为反铁磁态。$Zn_{36}Zn_iO_{36}$ 和 $Zn_{36}O_{35}$ 体系中，V_O 和 Zn_i 在带隙中产生杂质能级，而且杂质能级与费米能级部分重合，产生陷阱效应，有效阻止电子 - 空穴对的复合。电子跃迁分级完成，吸收光谱红移，有效提高光催化活性。而且，V_O 的杂质能级更深，陷阱效应更强，光学性质更优。$Zn_{35}O_{36}$ 和 $Zn_{36}O_iO_{36}$ 体系中，V_{Zn} 和 O_i 向体系提供空穴，费米能级进入价带，产生了 B-M 效应，带隙变宽，吸收光谱蓝移。

参考文献

[1] Lv J, Liu Y. Nature of the 550 nm emission and d0 ferromagnetism in ZnO nanocrystals revealed by H_2O_2 etching [J]. CrystEngComm, 2017, 19 (17) : 2288-2293.

[2] Ren H, Xiang G, Gu G, et al. Zinc vacancy-induced room-temperature ferromagnetism in undoped ZnO thin films [J]. Journal of Nanomaterials, 2012, 2012: 1-5.

[3] Brauer G, Anwand W, Skorupa W, et al. Defects in virgin and N^+-implanted ZnO single crystals studied by positron annihilation, Hall effect, and deep-level transient spectroscopy [J]. Physical Review B, 2006, 74 (4) : 045208.

[4] Lee M K, Tu H F. Ultraviolet emission blueshift of ZnO related to Zn [J]. Journal of Applied Physics, 2007, 101 (12) : 21-24.

[5] Ali R N, Naz H, Li J, et al. Band gap engineering of transition metal (Ni/Co) codoped in zinc oxide (ZnO) nanoparticles [J]. Journal of Alloys and Compounds, 2018, 744: 90-95.

[6] Halliburton L E, Giles N C, Garces N Y, et al. Production of native donors in ZnO by annealing at high temperature in Zn vapor [J]. Applied Physics Letters, 2005, 87 (17) : 1-3.

[7] Vlasenko L S, Watkins G D. Optical detection of electron paramagnetic resonance in room-temperature electron-irradiated ZnO [J]. Physical Review B, 2005, 71 (12) : 1-6.

[8] Segall M, Lindan P, Probert M, et al. First-principles simulation ideas, illustrations and the CASTEP code [J]. Journal of Physics: Condensed Mater, 2002, 14 (11) : 2717-2744.

[9] Hsu H S, Huang J C A, Huang Y H, et al. Evidence of oxygen vacancy enhanced room-temperature ferromagnetism in Co-doped ZnO [J]. Applied Physics Letters, 2006, 88 (24) : 242507.

[10] Janotti A, Van de Walle C G. Native point defects in ZnO [J]. Physical Review B, 2007, 76 (16) : 165202.

[11] Janotti A, Van de Walle C G. New insights into the role of native point defects in ZnO [J]. Journal of Crystal Growth, 2006, 287 (1) : 58-65.

[12] Peng H, Xiang H J, Wei S H, et al. Origin and enhancement of hole-induced ferromagnetism in first-row d_0 semiconductors [J]. Phys Rev Lett, 2009, 102 (1) : 017201.

[13] Shannon R D. Revised effective ionic radii and systematic studies of interatomic distances in halides and chalcogenides [J]. Acta Crystallographica Section A, 1976, 32 (5) : 751-767.

锰、钐、铈掺杂氧化锌
基于第一性原理的磁光性能分析

第 3 章

Mn 掺杂 ZnO 的磁光性能分析

3.1 含点空位的不同位置 Mn 掺杂 ZnO 磁光性能分析

Almeida 等[1]用固态反应法制备了 Mn 掺杂 ZnO 体系 $Zn_{0.97}Mn_{0.03}O:V_{Zn}/V_O$，其室温铁磁性研究结果显示，$V_{Zn}$ 增加了体系的铁磁性，而 V_O 对体系的铁磁性没有影响。Gao[2] 等研究了 Mn 掺杂 ZnO 体系的吸收光谱，结果显示，Mn 掺杂 ZnO 体系的室温铁磁性取决于 Mn 和 V_{Zn} 的共同作用。Liu 等[3]用溶液法制备了 Mn 掺杂 ZnO 体系，其 PL 光谱缺陷分析和铁磁性的第一性原理计算结果显示，V_O 对体系的铁磁性发挥着至关重要的作用。由 Ahmed 等[4]研究的 ZnO:Mn 的光致发光谱可得，Mn 掺杂可以影响 ZnO 中的氧空位，为可调谐光电子器件中的应用提供了可能。此外，Jin 等[5]在富氧条件下用 X 射线吸收和发射光谱实验以及 SIESTA 软件研究了 Mn 掺杂 ZnO 体系的磁性，结果显示，Mn 掺杂量（摩尔分数）为 3% 时，Mn 在体系中以取代 Zn 的形式（Mn_{Zn}）和间隙位形式（Mn_i）存在，体系的铁磁性取决于 Mn_{Zn} 和 Mn_i 相互交换作用（本章此后 Mn 指的是 Mn_{Zn} 和 Mn_i）。目前，关于 Mn_{Zn} 和 Mn_i 对 ZnO 磁光性能的研究不多，而且实验上很难准确地观察和测量掺杂磁性离子和缺陷的分布情况，以及不同掺杂方式的影响。因此，采用第一性原理研究 Mn_{Zn} 和 Mn_i 与 V_{Zn}/V_O 共存的 ZnO 体系的磁光性能机理具有重要意义。本章主要研究了 Mn 和 V_{Zn}/V_O 的分布、Mn-Mn 之间的距离和 Mn 的不同掺杂位置对 Mn 掺杂 ZnO（ZnO:Mn）磁性的影响。为了揭示 ZnO:Mn 的磁性来源和磁性机理以及光学性质变化机理，详细地研究了 Mn 掺杂位置、V_{Zn} 和 V_O 对 Mn_{Zn} 掺杂 ZnO（ZnO:Mn_{Zn}）和 Mn_i 掺杂 ZnO（ZnO:Mn_i）磁光性的影响。

3.1.1 模型与计算方法

选取 O、Zn、Mn 的价电子组态为 O $2s^22p^4$、Zn $3d^{10}4s^2$、Mn $3d^54s^2$，其他轨道电子视为芯电子进行计算。由于密度泛函理论是一个基态理论，传统的 GGA 方法对于多粒子体系的带隙计算值通常只有实验值的 30% 左右，所以，对所有体系采用 GGA+U 的方法修正电子结构。虽然 Zn 原子的 d 轨道含有 10 个电子，但是这些 d 电子并不能完全屏蔽其核电荷，因此无法把这些电子完全当作芯电子来处理。此外，ZnO 中 Zn 3d 和 O 2p 的能量间隔仅有 1 ～ 2eV，它们完全可以按配位体点群进行杂化，即 Zn 3d 电子参与成键。文献［6］中的 $U_{d,Zn}$ 和 $U_{p,O}$ 之差为 1.64eV，满足 ZnO 中 Zn 3d 和 O 2p 的能量间隔范围（1 ～ 2eV）。所以，本节根据文献［6］中的 $U_{d,Zn}$ 和 $U_{p,O}$ 值来调控 ZnO 带隙，即 $U_{d,Zn}$=9.5eV，$U_{p,O}$=7.86eV，而 Mn 的 $U_{d,Mn}$=6.9eV 是根据文献［7］的结果来定的。由于 ZnO 具有单极性结构，掺杂 Mn 和点缺陷的相对距离不同，掺杂体系稳定性不同。此外，文献实验研究表明，Mn 掺杂 ZnO 中，当 Mn 掺杂量（摩尔分数）达到 10% 时，仍没有引起晶体结构相变。本节 Mn 的最大掺杂量（摩尔分数）约为 5.6%，所以不会引起掺杂体系结构相变。

本节在纯 $Zn_{36}O_{36}$ 模型的基础上，分别构建了 11 种不同掺杂位置的含和不含 V_O/V_{Zn} 的 Mn_{Zn} 单掺杂 ZnO（ZnO:Mn_{Zn}）超胞模型和 Mn_i 单掺杂 ZnO（ZnO:Mn_i）超胞模型。在 11 种 ZnO:Mn_{Zn} 中，把不含 V_O/V_{Zn} 的 ZnO:Mn_{Zn}、含有 V_{Zn} 的 ZnO:Mn_{Zn} 和含有 V_O 的 ZnO:Mn_{Zn} 分别表示为 $Zn_{35}Mn_{Zn}O_{36}$、$Zn_{34}Mn_{Zn}O_{36}^{a1\sim a5}$ 和 $Zn_{35}Mn_{Zn}O_{35}^{b1\sim b5}$（其中 a1 ～ a5 为 V_{Zn} 的五个不同位置，b1 ～ b5 表示为 V_O 的五个不同位置），如图 3-1（a）所示。在 11 种 Mn_i 掺杂模型中，$Zn_{35}Mn_iO_{36}$、$Zn_{35}Mn_iO_{36}^{c1\sim c5}$ 和 $Zn_{36}Mn_iO_{35}^{d1\sim d5}$ 分别代表不含 V_O/V_{Zn} 的 ZnO:Mn_i、含有 V_{Zn} 的 ZnO:Mn_i 和含有 V_O 的 ZnO:Mn_i（其中 c1 ～ c5 为 V_{Zn} 的五个不同位置；d1 ～ d5 表示 V_O 的五个不同位置），如图 3-1（b）所示。为了判断掺杂体系是铁磁性（FM）还是反铁磁性（AFM），考虑掺杂量和稳定性问题，重新构建了 3 个 Mn 双掺杂 ZnO（ZnO:Mn_2）模型：Mn_{Zn} 双掺杂 ZnO（ZnO:Mn_{Zn2}），表示为 $Zn_{70}Mn_{Zn2}O_{72}$；包含两个 V_{Zn} 的 ZnO:Mn_{Zn2}，表示为 $Zn_{68}Mn_{Zn2}O_{72}$；包含两个 V_O 的 Mn_i 双掺杂 ZnO（ZnO:Mn_i），表示为 $Zn_{72}Mn_{i2}O_{70}$，如图 3-1（c）和（d）所示。e1 和 e2 分别表示 V_{Zn} 的两个位置，f1 和 f2 分别表示 V_O 的两个位置。以上 29 种模型分别进行几何结构优化计算，在几何优化基础上进行电子结构计算，最后对结果进行分析和讨论。

3.1.2 结构和稳定性分析

根据式（2-1），含一个 V_{Zn}/V_O 的 ZnO:Mn_{Zn} 的形成能可表示为：

$$E_f^{Mn}(Mn_{Zn}+V_{Zn}/V_O)=E_{ZnO:Mn_{Zn}+V_{Zn}/V_O}-E_{ZnO}-\mu_{Mn}+\mu_{Zn/O}+\mu_{Zn} \quad (3\text{-}1)$$

$$E_f^{Mn_{Zn}}(V_{Zn}/V_O)=E_{ZnO:Mn_{Zn}+V_{Zn}/V_O}-E_{ZnO:Mn_{Zn}}+\mu_{Zn/O} \quad (3\text{-}2)$$

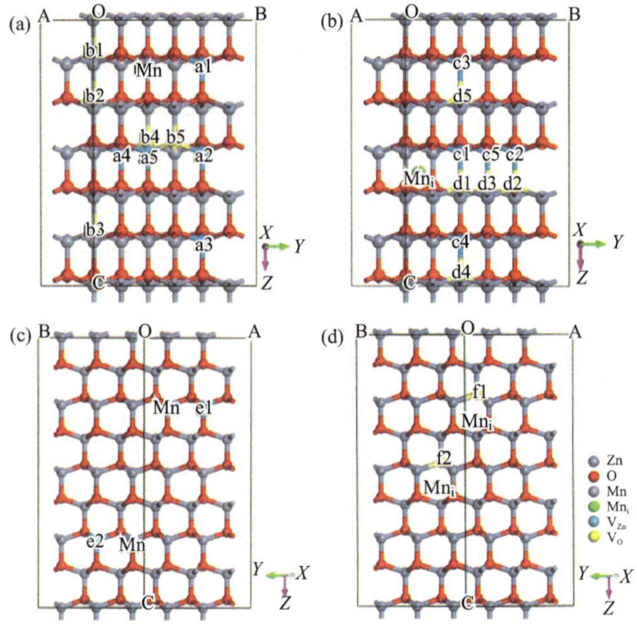

图 3-1 模型

（a）含或不含 V_{Zn}/V_O 的 $ZnO:Mn_{Zn}$；（b）含或不含 V_{Zn}/V_O 的 $ZnO:Mn_i$；（c）$Zn_{70}Mn_{Zn2}O_{72}$ 和 $Zn_{68}Mn_{Zn2}O_{72}$；（d）$Zn_{72}Mn_{i2}O_{70}$

含一个 V_{Zn}/V_O 的 $ZnO:Mn_i$ 的形成能可表示为：

$$E_f^{Mn_i}(Mn_i + V_{Zn}/V_O) = E_{ZnO:Mn_i+V_{Zn}/V_O} - E_{ZnO} + \mu_{Zn/O} - \mu_{Mn} \tag{3-3}$$

$$E_f^{Mn_i}(V_{Zn}/V_O) = E_{ZnO:Mn_i+V_{Zn}/V_O} - E_{ZnO:Mn_i} + \mu_{Zn/O} \tag{3-4}$$

其中，$E_{ZnO:Mn_{Zn}+V_{Zn}}$、$E_{ZnO:Mn_{Zn}+V_O}$、$E_{ZnO:Mn_i+V_{Zn}}$ 和 $E_{ZnO:Mn_i+V_O}$ 分别表示含 V_{Zn} 的 $ZnO:Mn_{Zn}$、含 V_O 的 $ZnO:Mn_{Zn}$、含 V_{Zn} 的 $ZnO:Mn_i$、含 V_O 的 $ZnO:Mn_i$ 的总能量；E_{ZnO}、$E_{ZnO:Mn_{Zn}}$ 和 $E_{ZnO:Mn_i}$ 分别表示与前四者大小相同的超胞的纯 ZnO、$ZnO:Mn_{Zn}$ 和 $ZnO:Mn_i$ 的总能量；μ_{Mn} 为 Mn 原子的化学势，用块体中一个 Mn 原子的基态能量来替代，即 $\mu_{Mn} = E_{Mn}(bulk)$；μ_{Zn} 和 μ_O 分别是 Zn 和 O 的化学势，在热平衡条件下满足 $\mu_{Zn} + \mu_O = \mu_{ZnO}$，而 $\mu_{ZnO} = E_{ZnO}(bulk)$。在富锌条件满足 $\mu_{Zn} = E_{Zn}(bulk)$ 和 $\mu_O = E_{ZnO}(bulk) - E_{Zn}(bulk)$，在富氧条件满足 $\mu_O = E_{O_2}/2(bulk)$ 和 $\mu_{Zn} = \mu_{ZnO}(bulk) - E_{O_2}/2$。$E_{ZnO}(bulk)$、$E_{Zn}(bulk)$ 和 E_{O_2} 分别是块体 ZnO、Zn 和 O_2 的总能量。

为了分析 Mn 单掺和单点空位 V_{Zn}/V_O 之间的距离对掺杂体系的结构和

磁性的影响，对 $Zn_{36}O_{36}$、$Zn_{35}Mn_{Zn}O_{36}$、$Zn_{34}Mn_{Zn}O_{36}^{a1\sim a5}$ 和 $Zn_{35}Mn_{Zn}O_{35}^{b1\sim b5}$ 等 12 种模型进行几何结构优化和总磁矩计算，折合晶格常数、体积、形成能、总磁矩和 Mn 与 V_{Zn}/V_O 之间的距离如表 3-1 所示。同理，对 $Zn_{36}Mn_iO_{36}$、$Zn_{35}Mn_iO_{36}^{c1\sim c5}$ 和 $Zn_{36}Mn_iO_{35}^{d1\sim d5}$ 11 种模型进行几何结构优化和总磁矩计算，折合晶格常数、体积、形成能、总磁矩和 Mn_i 与 V_{Zn}/V_O 之间的距离如表 3-2 所示。

由表 3-1 晶格常数计算可知，纯 $Zn_{36}O_{36}$ 折合晶格常数和体积：a=0.3289nm，c=0.5307nm，V=0.04974nm³。这与实验结果的晶格常数和体积 a=0.3268nm、c=0.5248nm 和 V=0.04854nm³ 相吻合。掺杂体系 $Zn_{35}MnO_{36}$ 的晶格常数为 a=0.3291nm，c=0.5318nm，与纯 $Zn_{36}O_{36}$ 的晶格常数相比，a 轴和 c 轴方向均变长，这与相近掺杂量 $Zn_{0.97}Mn_{0.03}O$ 的实验值 a=0.3246nm、c=0.5205nm 非常吻合。说明前文的参数设置和计算方法是合理的。利用 Bader 电荷分析方法计算 Mn 的电荷转移，结果表明，Mn 原子的电荷转移约为 2e，所以可以认为 Mn 在 ZnO 中的化合价为 +2，并以 Mn_{Zn}^{2+} 和 Mn^{2+} 形式存在。这与实验文献中报道的结果相吻合。计算得出，与纯 $Zn_{36}O_{36}$ 相比，$Zn_{34}Mn_{Zn}O_{36}^{a1\sim a5}$ 的体积均增加。这是由于虽然 Mn_{Zn}^{2+} 与周围的 O^{2-} 之间的引力作用使体积减小，但是 Mn_{Zn}^{2+} 的离子半径（0.80Å）比 Zn^{2+} 的离子半径（0.74Å）大，引起体积变大。除此之外，体系中的负电中心 V_{Zn} 与周围的 O^{2-} 之间的排斥作用也使体积变大。前者的作用小于后两者的作用，所以，$Zn_{34}Mn_{Zn}O_{36}^{a1\sim a5}$ 体积变大。体系 $Zn_{35}Mn_{Zn}O_{35}^{b1\sim b5}$ 的体积均减小。这是由于虽然 V_O 作为正电中心，与周围的 Zn^{2+} 有排斥力作用，Mn_{Zn}^{2+} 的半径大于 Zn^{2+} 的半径，但是 Mn^{2+} 与周围 O^{2-} 的吸引力作用大于前两者的作用，所以体系 $Zn_{35}Mn_{Zn}O_{35}^{b1\sim b5}$ 的体积都减小。

表 3-1 模型 $Zn_{36}O_{36}$ 以及含和不含 V_{Zn}/V_O 的 ZnO:Mn_{Zn} 的折合晶格常数、体积、形成能、Mn_{Zn} 与 V_{Zn}/V_O 之间的距离

模型	a，c/nm	V/nm³	$E_f^{V_{Zn}/V_O}$ / eV	$E_f^{Mn_{Zn}}(V_{Zn}/V_O)$ / eV	$d_{Mn\text{-}V_{Zn}/V_O}$ / nm
$Zn_{36}O_{36}$	a=0.3289 c=0.5307	0.04974	—	—	—
ZnO[8]	a=0.3268 c=0.5248	0.04854	—	—	—
$Zn_{35}Mn_{Zn}O_{36}$	a=0.3291 c=0.5318	0.04985	—	-1.22	—

续表

模型	a，c/nm	V/nm^3	$E_f^{V_{Zn}/V_O}$ / eV	$E_f^{Mn_{Zn}}(V_{Zn}/V_O)$ / eV	d_{Mn-V_{Zn}/V_O} / nm
$Zn_{0.97}Mn_{0.03}O$[9]	a=0.3246 c=0.5205	0.04749	—	—	—
$Zn_{34}Mn_{Zn}O_{36}^{a1}$	a=0.3297 c=0.5309	0.04987	-1.92	-3.14	0.3249
$Zn_{34}Mn_{Zn}O_{36}^{a2}$	a=0.3301 c=0.5292	0.04995	0.02	-1.20	0.6136
$Zn_{34}Mn_{Zn}O_{36}^{a3}$	a=0.3297 c=0.5286	0.04981	-0.12	-1.34	1.0906
$Zn_{34}Mn_{Zn}O_{36}^{a4}$	a=0.3296 c=0.5301	0.04993	-1.03	-2.25	0.5205
$Zn_{34}Mn_{Zn}O_{36}^{a5}$	a=0.3305 c=0.5292	0.04996	-0.03	-1.25	0.6136
$Zn_{35}Mn_{Zn}O_{35}^{b1}$	a=0.3249 c=0.5206	0.04960	0.94	3.13	0.3801
$Zn_{35}Mn_{Zn}O_{35}^{b2}$	a=0.3249 c=0.5205	0.04942	0.96	3.15	0.5932
$Zn_{35}Mn_{Zn}O_{35}^{b3}$	a=0.3280 c=0.5295	0.04931	0.97	3.16	1.0493
$Zn_{35}Mn_{Zn}O_{35}^{b4}$	a=0.3281 c=0.5293	0.04934	0.95	3.15	0.4963
$Zn_{35}Mn_{Zn}O_{35}^{b5}$	a=0.3282 c=0.5292	0.04933	0.98	3.17	0.4963

注：Mn 替换 Zn 位置固定，a1 ～ a5 分别表示构建的 5 种不同 V_{Zn} 位置的模型；b1 ～ b5 分别表示构建的 5 种不同 V_O 位置的模型。

表 3-2 含和不含 V_{Zn}/V_O 的 ZnO:Mn_i 的折合晶格常数、体积、形成能、Mn_i 与 V_{Zn}/V_O 之间的距离

模型	a，c/nm	V/nm^3	$E_f^{Mn_i}$ / eV	$E_f^{Mn_i}(V_{Zn}/V_O)$/ eV	$d_{Mn_i-V_{Zn}/V_O}$ / nm
$Zn_{36}Mn_iO_{36}$	a= 0.3311 c=0.5223	0.05051	—	5.09	—
$Zn_{35}Mn_iO_{36}^{c1}$	a=0.3291 c=0.5317	0.04987	-1.22	-6.30	0.1841

续表

模型	a，c/nm	V/nm^3	$E_f^{Mn_i}$ / eV	$E_f^{Mn_i}(V_{Zn}/V_O)$/ eV	$d_{Mn_i-V_{Zn}/V_O}$ / nm
$Zn_{35}Mn_iO_{36}^{c2}$	a=0.3306 c=0.5331	0.05037	0.82	-4.26	0.4619
$Zn_{35}Mn_iO_{36}^{c3}$	a=0.3299 c=0.5344	0.05049	2.93	-1.16	0.6214
$Zn_{35}Mn_iO_{36}^{c4}$	a=0.3330 c=0.5276	0.05048	3.92	-1.16	0.4728
$Zn_{35}Mn_iO_{36}^{c5}$	a=0.3291 c=0.5316	0.04987	2.78	-2.30	0.3283
$Zn_{36}Mn_iO_{35}^{d1}$	a=0.3321 c=0.5298	0.05010	5.05	-0.04	0.2061
$Zn_{36}Mn_iO_{35}^{d2}$	a=0.3308 c=0.5283	0.04991	6.13	1.04	0.4711
$Zn_{36}Mn_iO_{35}^{d3}$	a=0.3306 c=0.5284	0.04993	6.08	0.99	0.3411
$Zn_{36}Mn_iO_{35}^{d4}$	a=0.3302 c=0.5306	0.04990	6.15	1.06	0.6629
$Zn_{36}Mn_iO_{35}^{d5}$	a=0.3298 c=0.5307	0.04992	6.08	0.99	0.4329

注：Mn 间隙体系内，c1 ～ c5 分别表示构建的 5 种不同 V_{Zn} 位置的模型；d1 ～ d5 分别表示构建的 5 种不同 V_O 位置的模型。

由表 3-2 晶格常数计算可知，体系 $Zn_{36}Mn_iO_{36}$ 体积比体系 $Zn_{36}O_{36}$ 的体积大。这是由于 Mn_i^{2+} 与周围的 O^{2-} 有排斥力作用。体系 $Zn_{35}Mn_iO_{36}^{c1\sim c5}$ 均比纯 $Zn_{36}O_{36}$ 体积大。这是由于 Mn_i^{2+} 与周围的 Zn^{2+} 有排斥力作用，V_{Zn} 作为负电中心与周围的 O^{2-} 有排斥力作用。所以在二者的影响下，体系 $Zn_{35}Mn_iO_{36}^{c1\sim c5}$ 体积变大。体系 $Zn_{36}Mn_iO_{35}^{d1\sim d5}$ 体积均比纯 $Zn_{36}O_{36}$ 体积均变大。这是由于 Mn_i^{2+} 与周围的 Zn^{2+} 有排斥力作用，同时，氧空位作为正电中心与周围的 Zn^{2+} 有排斥力作用。所以在二者的影响下，体系 $Zn_{36}Mn_iO_{35}^{d1\sim d5}$ 体积均变大。

由表 3-1 形成能计算结果可知，掺杂量相同的 5 个模型（$Zn_{34}Mn_{Zn}O_{36}^{a1\sim a5}$）

中，Mn_{Zn} 和 V_{Zn} 距离最短（0.3249nm）的体系 $Zn_{34}Mn_{Zn}O_{36}^{a1}$ 的形成能最低，结构最稳定。同理，体系 $Zn_{35}Mn_{Zn}O_{35}^{b1\sim b5}$ 中，Mn_{Zn} 和 V_O 距离最短（0.3801nm）的体系 $Zn_{35}Mn_{Zn}O_{35}^{b1}$ 的形成能最低，结构最稳定。计算结果表明，ZnO:Mn_{Zn} 中，V_{Zn}/V_O 与 Mn_{Zn} 距离越近越稳定，掺杂 Mn_{Zn} 和点空位具有团簇效应。由表 3-1 形成能计算结果可知，掺杂量相同的 Mn_i^{2+} 和 V_{Zn} 同时存在的体系 $Zn_{35}Mn_iO_{36}$ 中，Mn_i^{2+} 和 V_{Zn} 距离最近（0.1841nm）的体系 $Zn_{35}Mn_iO_{36}^{c1}$ 的形成能最低、结构最稳定。同理，体系 $Zn_{36}Mn_iO_{35}$ 中，Mn_i^{2+} 和 V_O 距离最近（0.2061nm）的体系 $Zn_{36}Mn_iO_{35}^{d1}$ 的形成能最低、结构最稳定。计算结果表明，在 ZnO:Mn_i 中，V_{Zn}/V_O 与 Mn_i^{2+} 距离越近越稳定，掺杂和点空位仍具有团簇效应。

3.1.3 磁性分析

为了分析 Mn_{Zn} 或 Mn_i 杂质和 V_{Zn}/V_O 空位之间的距离对掺杂体系磁性的影响，计算了上述 22 个模型的总磁矩，如表 3-3 所示。由表 3-3 总磁矩计算结果可知，当 Mn_{Zn}^{2+} 和 V_{Zn}/V_O 间距不同时，$Zn_{35}Mn_{Zn}O_{36}$、$Zn_{34}Mn_{Zn}O_{36}^{a1\sim a5}$ 和 $Zn_{35}Mn_{Zn}O_{35}^{b1\sim b5}$ 三种体系的总磁矩都等于 $5\mu_B$。此结果表明，体系的总磁矩与 Mn_{Zn}^{2+} 和 V_{Zn}/V_O 之间的距离没关系，体系具有长程有序铁磁性的特点，且磁矩都是整数。根据文献 [10] 中报道可知，这是掺杂体系表现为铁磁性的重要特征。众所周知，要获得高温铁磁性，磁性离子之间必须满足长程磁耦合作用，这对能否达到室温铁磁性至关重要。体系 $Zn_{36}Mn_iO_{36}$ 的总磁矩为 $5.06336\mu_B$，而 $Zn_{35}Mn_iO_{36}^{c1\sim c5}$ 的总磁矩都为 $5\mu_B$，并且总磁矩与 Mn_i 和 V_{Zn} 之间的距离没有关系。$Zn_{36}Mn_iO_{35}^{d1\sim d5}$ 的总磁矩都大于体系 $Zn_{36}Mn_iO_{36}$ 的总磁矩，而且随着 Mn_i 和 V_O 之间距离的不同而不同，距离最短（0.2061nm）的体系 $Zn_{36}Mn_iO_{35}^{d1}$ 的磁矩最大。

表 3-3 含和不含 V_{Zn}/V_O 的 ZnO:$Mn_{Zn/i}$ 的总磁矩和 $Mn_{Zn/i}$ 与 V_{Zn}/V_O 之间的距离

模型	μ_{tot}/μ_B	$d_{Mn_{Zn/i}\text{-}V_{Zn}/V_O}$/ nm	模型	μ_{tot}/μ_B	$d_{Mn_{Zn/i}\text{-}V_{Zn}/V_O}$/ nm
$Zn_{35}Mn_{Zn}O_{36}$	5.000	—	$Zn_{34}Mn_{Zn}O_{36}^{a3}$	5.000	0.6214
$Zn_{34}Mn_{Zn}O_{36}^{a1}$	5.000	0.1841	$Zn_{34}Mn_{Zn}O_{36}^{a4}$	5.000	0.4728
$Zn_{34}Mn_{Zn}O_{36}^{a2}$	5.000	0.4619	$Zn_{34}Mn_{Zn}O_{36}^{a5}$	5.000	0.3283

续表

模型	μ_{tot}/μ_B	$d_{Mn_{Zn/i}\text{-}V_{Zn}/V_O}$/ nm	模型	μ_{tot}/μ_B	$d_{Mn_{Zn/i}\text{-}V_{Zn}/V_O}$/ nm
$Zn_{35}Mn_{Zn}O_{35}^{b1}$	5.150	0.2061	$Zn_{35}Mn_iO_{36}^{c3}$	5.000	0.6214
$Zn_{35}Mn_{Zn}O_{35}^{b2}$	5.149	0.4711	$Zn_{35}Mn_iO_{36}^{c4}$	5.000	0.4728
$Zn_{35}Mn_{Zn}O_{35}^{b3}$	5.081	0.3411	$Zn_{35}Mn_iO_{36}^{c5}$	5.000	0.3283
$Zn_{35}Mn_{Zn}O_{35}^{b4}$	5.079	0.6629	$Zn_{36}Mn_iO_{35}^{d1}$	5.150	0.2061
$Zn_{35}Mn_{Zn}O_{35}^{b5}$	5.082	0.4329	$Zn_{36}Mn_iO_{35}^{d2}$	5.149	0.4711
$Zn_{36}Mn_iO_{36}$	5.060	—	$Zn_{36}Mn_iO_{35}^{d3}$	5.081	0.3411
$Zn_{35}Mn_iO_{36}^{c1}$	5.000	0.1841	$Zn_{36}Mn_iO_{35}^{d4}$	5.079	0.6629
$Zn_{35}Mn_iO_{36}^{c2}$	5.000	0.4619	$Zn_{36}Mn_iO_{35}^{d5}$	5.082	0.4329

考虑到掺杂离子 Mn 之间的相互作用对磁性的影响，计算了在 $Zn_{36}O_{36}$ 模型基础上构建的含和不含 V_{Zn}/V_O 的不同掺杂距离的 Mn_{Zn} 双掺杂 ZnO（$ZnO:Mn_{Zn2}$）和 Mn_i 双掺杂 ZnO（$ZnO:Mn_{i2}$）的形成能和磁矩，结果如表 3-4 所示。其中，$Zn_{34}Mn_{Zn2}O_{36}$ 和 $Zn_{36}Mn_{i2}O_{36}$ 代表 Mn_{Zn} 和 Mn_i 双掺杂不含空位的模型；$Zn_{34}Mn_2O_{34}$ 和 $Zn_{36}Mn_{i2}O_{34}$ 代表 Mn_{Zn} 和 Mn_i 双掺杂含 2 个 V_O 的模型；$Zn_{32}Mn_2O_{36}$ 和 $Zn_{34}Mn_{i2}O_{36}$ 代表 Mn_{Zn} 和 Mn_i 双掺杂含 2 个 V_{Zn} 的模型；a、b 和 c 表示 Mn_{Zn} 或 Mn_i 之间的不同距离。

由表 3-4 可看出，含 V_{Zn}/V_O 的 $ZnO:Mn_{Zn2}$ 的总磁矩与不含 V_{Zn}/V_O 的 $ZnO:Mn_{Zn2}$ 的总磁矩相比，含 V_O 的 $ZnO:Mn_{Zn2}$ 总磁矩不变，而含 V_{Zn} 的 $ZnO:Mn_{Zn2}$ 总磁矩减小，说明 V_O 不改变 $ZnO:Mn_{Zn2}$ 的总磁矩，而 V_{Zn} 改变总磁矩。对于 $Zn_{34}Mn_{Zn2}O_{36}$ 和 $Zn_{34}Mn_{Zn2}O_{34}$ 两个体系而言，体系的总磁矩不随 Mn-Mn 的距离变化，但是 Mn-Mn 距离相对较近时体系形成能较低，结构较稳定。而对于 $Zn_{32}Mn_{Zn2}O_{36}$ 体系，Mn-Mn 距离相对较远时总磁矩相对较强，形成能相对最小，结构相对最稳定。结果说明，$ZnO:Mn_{Zn2}$ 中的 Mn 具有团簇效应，而含 V_{Zn}/V_O 的 $ZnO:Mn_{Zn2}$ 中的 Mn 更倾向于均匀分布。同理，含 V_{Zn}/V_O 的 $ZnO:Mn_{i2}$ 中的总磁矩与不含 V_{Zn}/V_O 的 $ZnO:Mn_{Zn2}$ 的总磁矩相比，含 V_{Zn}/V_O 的 $ZnO:Mn_{Zn2}$ 的总磁矩均增加，说明 V_{Zn} 和 V_O 对 $ZnO:Mn_{i2}$ 总磁矩都有增强作用。而且，随着 Mn_i-Mn_i 距离的变化，$Zn_{36}Mn_{i2}O_{36}$、$Zn_{34}Mn_{i2}O_{36}$ 和 $Zn_{36}Mn_{i2}O_{34}$ 体系总磁矩基本不变。但是，这三个体系中，$Zn_{36}Mn_{i2}O_{36}$ 体系在 Mn_i-Mn_i 距离较近时的形成能较低，而其

他两个体系在 Mn_i-Mn_i 距离较远时的形成能较低，结构较稳定。结果说明，ZnO:Mn_{i2} 中 Mn_i 倾向于形成团簇，而含 V_{Zn}/V_O 的 ZnO:Mn_{i2} 中的 Mn_i 更倾向于均匀分布。由以上分析可知，掺杂 Mn 离子在 ZnO:Mn 中倾向于形成团簇，而通过 V_{Zn}/V_O 的调节，掺杂 Mn 离子可以均匀分布。

表 3-4 含和不含 V_{Zn}/V_O 的 ZnO:Mn_2 的 *Mn* 的距离 $d_{Mn\text{-}Mn}$、E_f、Mn 原子磁矩 $\mu_{Mn1/Mn2}$ 和总磁矩 μ_{tot}

模型	$d_{Mn\text{-}Mn}$/nm	E_f/eV	$\mu_{Mn1/Mn2}/\mu_B$	μ_{tot}/μ_B
$Zn_{34}Mn_{Zn2}O_{36}^a$	0.3249	−2.03	4.92/4.92	10
$Zn_{34}Mn_{Zn2}O_{36}^b$	0.5628	−1.24	4.92/4.92	10
$Zn_{34}Mn_{Zn2}O_{36}^c$	0.6499	0.95	4.94/4.94	10
$Zn_{34}Mn_{Zn2}O_{34}^a$	0.3292	2.00	4.99/4.96	10
$Zn_{34}Mn_{Zn2}O_{34}^b$	0.5598	4.09	5.01/5.02	10
$Zn_{34}Mn_{Zn2}O_{34}^c$	0.6555	5.02	5.07/5.07	10
$Zn_{32}Mn_{Zn2}O_{36}^a$	0.3301	−3.24	4.43/4.36	7.7
$Zn_{32}Mn_{Zn2}O_{36}^b$	0.5634	−7.36	4.14/4.30	7.8
$Zn_{32}Mn_{Zn2}O_{36}^c$	0.6561	−8.38	4.87/4.85	8
$Zn_{36}Mn_{i2}O_{36}^a$	0.3174	2.12	4.23/4.14	8.7
$Zn_{36}Mn_{i2}O_{36}^b$	0.4565	3.31	4.31/4.32	8.4
$Zn_{36}Mn_{i2}O_{36}^c$	0.6078	4.69	4.43/4.54	8.9
$Zn_{36}Mn_{i2}O_{34}^a$	0.3425	0.16	4.69/4.70	9
$Zn_{36}Mn_{i2}O_{34}^b$	0.4854	−0.14	4.71/4.71	9
$Zn_{36}Mn_{i2}O_{34}^c$	0.6248	−0.18	4.72/4.72	9
$Zn_{34}Mn_{i2}O_{36}^a$	0.2765	0.31	4.95/4.94	10
$Zn_{34}Mn_{i2}O_{36}^b$	0.4126	0.23	4.96/4.95	10
$Zn_{34}Mn_{i2}O_{36}^c$	0.6031	0.12	4.96/4.97	10

根据 3.1.2 节中分析得到的 Mn 和 V_{Zn}/V_O 之间的团簇效应以及因缺陷调节而分散分布的特点。根据式（2-2）可知，磁性离子掺杂的半导体体系的磁性与费米能级附近的电子的自旋极化率 *P* 有关。为了分析 ZnO:Mn 的磁性来源，计算了列于表 3-3 中 ZnO:Mn_2 的众多模型中的形成能较低的 $Zn_{34}Mn_{Zn2}O_{34}^c$、$Zn_{32}Mn_{Zn2}O_{36}^c$、$Zn_{36}Mn_{i2}O_{34}^c$ 和 $Zn_{34}Mn_{i2}O_{36}^c$ 的自旋极化态密度，

并与纯 $Zn_{36}O_{36}$ 和不含 V_{Zn}/V_O 的 Mn 掺杂体系 $Zn_{34}Mn_{Zn2}O_{36}^c$ 和 $Zn_{36}Mn_{i2}O_{36}^c$ 自旋极化态密度结果进行了比较，结果如图 3-2 所示。由图可知，除了模型 $Zn_{36}O_{36}$ 以外，其它 6 个模型的自旋向上和自旋向下的态密度不对称，表现出净磁矩，此结果与表 3-3 的总磁矩分析结果吻合。为了描述方便，后续分析中忽略了化学式的上角标。图 3-2（a）显示，体系 $Zn_{36}O_{36}$ 的上下自旋态密度对称，净磁矩等于零，这与表 3-2 总磁矩为零的计算结果和实验结果相吻合[11]。图 3-2（b）、（c）、（f）显示，掺杂体系 $Zn_{34}Mn_{Zn2}O_{36}$、$Zn_{32}Mn_{Zn2}O_{36}$ 和 $Zn_{34}Mn_{i2}O_{36}$ 均表现为费米能级处电子自旋极化 100%，而且体系 $Zn_{32}Mn_{Zn2}O_{36}$ 具有半金属性。其中图 3-2（c）体系具有 p 型简并半导体的特性。但是图 3-2（b）和（f）自旋极化图形完全相同，说明含 V_{Zn} 的 ZnO:Mn_i 很难形成。图 3-2（d）、（e）和（g）显示，体系 $Zn_{34}Mn_{Zn2}O_{34}$、$Zn_{36}Mn_{i2}O_{36}$ 和 $Zn_{36}Mn_{i2}O_{34}$ 的价带顶、杂质能带以及导带出现自旋劈裂，净自旋不等于零，体系具有明显的磁性。其中，体系 $Zn_{36}Mn_{i2}O_{36}$ 和 $Zn_{36}Mn_{i2}O_{34}$ 费米能级进入导带，具有 n 型简并半导体的特性，而且体系 $Zn_{36}Mn_{i2}O_{34}$ 的自旋极化更加明显。说明 V_O 更有利于 Mn_i 掺杂 ZnO 的磁性增强。

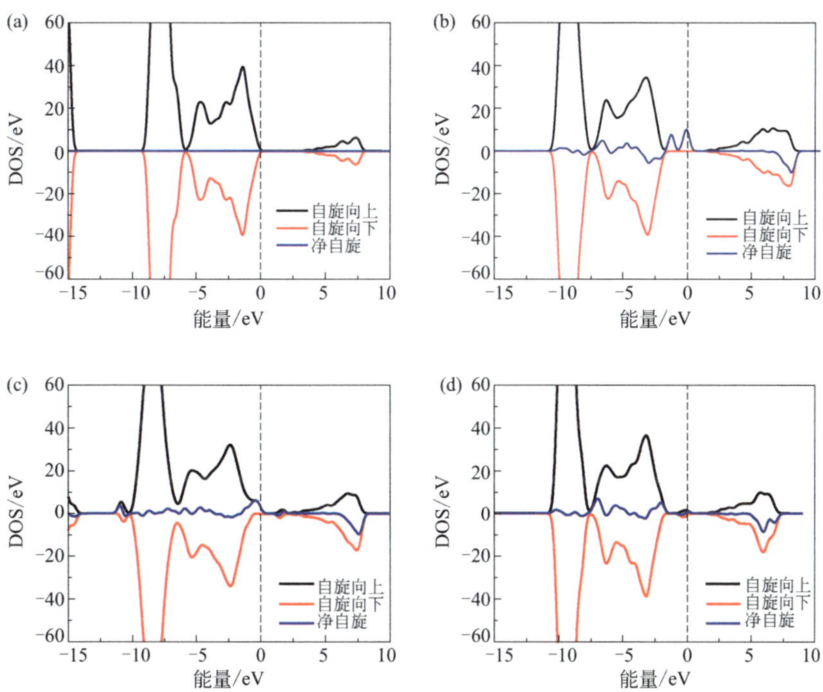

图 3-2

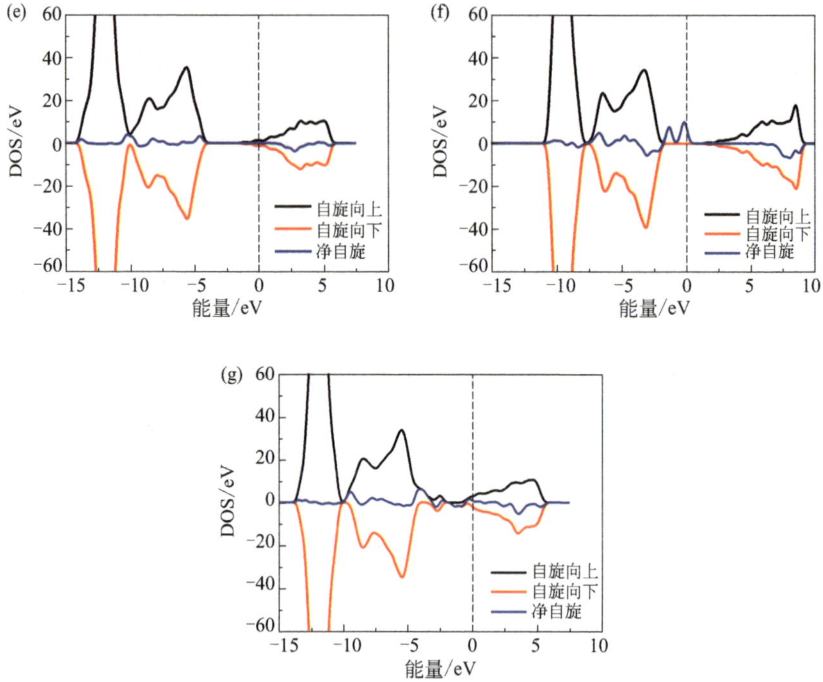

图 3-2 自旋态密度图

（a）$Zn_{36}O_{36}$；（b）$Zn_{34}Mn_{Zn2}O_{36}$；（c）$Zn_{32}Mn_{Zn2}O_{36}$；（d）$Zn_{34}Mn_{Zn2}O_{34}$；（e）$Zn_{36}Mn_{i2}O_{36}$；（f）$Zn_{34}Mn_{i2}O_{36}$；（g）$Zn_{36}Mn_{i2}O_{34}$

由形成能和自旋极化态密度分析可知，体系 $Zn_{34}Mn_{Zn2}O_{36}$、$Zn_{32}Mn_{Zn2}O_{36}$ 和 $Zn_{36}Mn_{i2}O_{34}$ 不仅形成能较低，而且体系 $Zn_{34}Mn_{Zn2}O_{36}$ 和 $Zn_{32}Mn_{Zn2}O_{36}$ 的费米能级处的自旋 100% 极化，尤其是体系 $Zn_{32}Mn_{Zn2}O_{36}$ 有明显的半金属性，这对设计和制备新型自旋电子注入稀磁半导体最有应用价值。考虑到掺杂体系稳定性和磁性强度，下面重点研究体系 $Zn_{34}Mn_{Zn2}O_{36}$、$Zn_{32}Mn_{Zn2}O_{36}$ 和 $Zn_{36}Mn_{i2}O_{34}$ 的磁性来源和室温铁磁性。计算得出体系 $Zn_{34}Mn_{Zn2}O_{36}$、$Zn_{32}Mn_{Zn2}O_{36}$ 和 $Zn_{32}Mn_{Zn2}O_{36}$ 的分波态密度，如图 3-3（a）～（c）所示。图 3-3（a）显示，由于 Mn 掺杂后体系 $Zn_{34}Mn_{Zn2}O_{36}$ 的局域自旋 3d 态与 O 2p 和 Zn 4s 态之间的自旋交换相互作用，使其 Zn 4s 态、Mn 3d 态和 O 2p 态有强烈的杂化作用，从而引起磁性。Mn_{Zn}^{2+} 的自旋劈裂最强，其次为 O 2p 态的自旋劈裂，Zn 自旋劈裂相对较弱。磁矩计算结果显示，Mn_{Zn}^{2+} 的平均磁矩为 $4.92\mu_B$，Mn^{2+} 最近的 3 个 O 的 O 2p 态平均磁矩均为 $0.1\mu_B$，其它 O 2p 态和 Zn 4s 态磁矩都很小甚至零。磁矩计算结果与分波态密度分析结果相一致。图 3-3（b）显示，体系 $Zn_{34}Mn_{Zn}O_{36}$ 的自旋劈裂也是由 Mn 3d、O 2p

和 Zn 4s 轨道的 sp-d 杂化引起的，M^{2+} 的自旋劈裂最强，其次为 O 2p 的自旋劈裂，Zn 4s 自旋劈裂相对较弱。

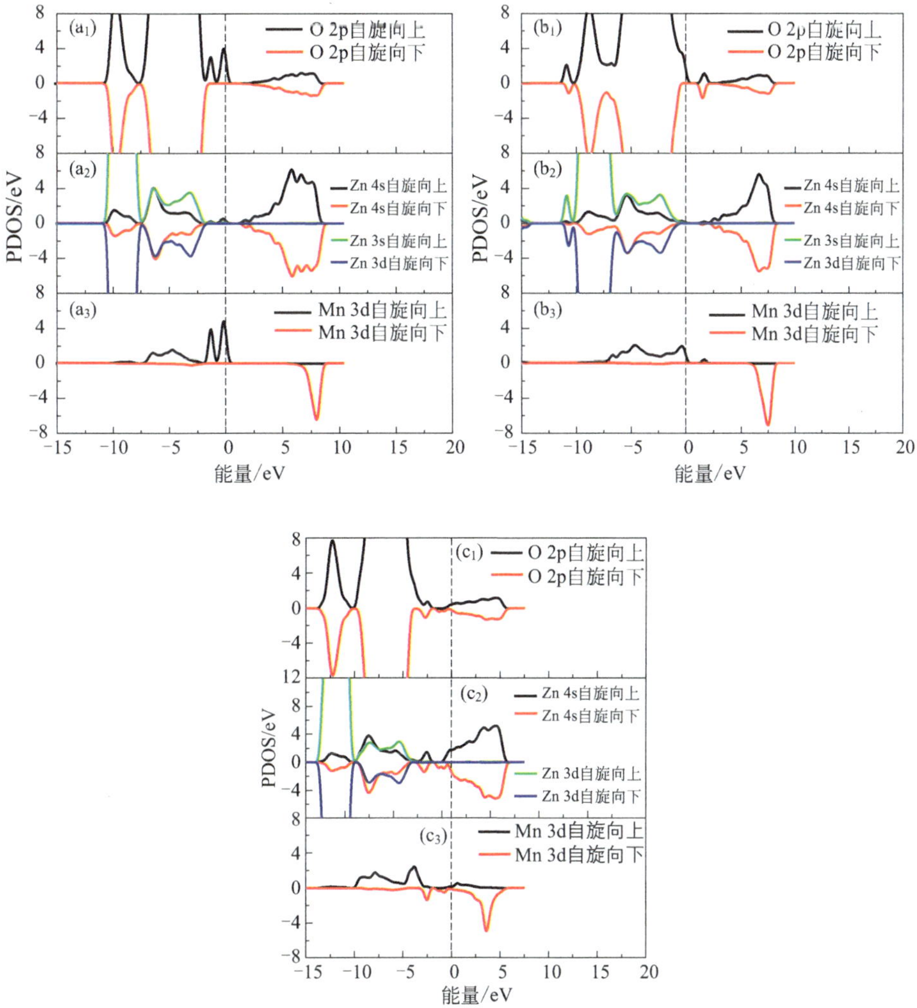

图 3-3　分波态密度分布

（a）$Zn_{34}Mn_{Zn2}O_{36}$；（b）$Zn_{32}Mn_{Zn2}O_{36}$；（c）$Zn_{36}Mn_{i2}O_{34}$

根据式（2-4），受主杂质 V_{Zn} 向体系提供空穴，使其 Mn^{2+} 和 O 离子的电子重新分布，未配对的电子数增加，自旋极化增强。磁矩计算结果显示，Mn_{Zn}^{2+} 的平均磁矩为 $4.86\mu_B$，V_{Zn} 近邻 O 2p 态的磁矩分别为 $1.01\mu_B$、$-0.63\mu_B$、$-0.06\mu_B$ 和 $-0.02\mu_B$，次近邻和较远 O 2p 态磁矩几乎等于零。说明体系 $Zn_{34}Mn_{Zn2}O_{36}$ 的磁性主要 Mn_{Zn}^{2+} 所提供，V_{Zn} 附近的 O 2p 态也有一定的贡献。磁矩计算结果与分波态密度分布相吻合。图 3-3（c）显示，Mn_i^{2+} 和 V_O 共存时，Mn_i^{2+}、O 和 Zn 都有自旋极化现象，Mn_i^{2+} 的自旋极化更加明显，说明体系 $Zn_{36}Mn_iO_{35}$ 的磁性主要由 Mn_i^{2+} 所提供，O 2p 态和 Zn 4s 态也有一定的贡献。

Mn_i^{2+} 和 V_O 都是施主杂质，根据式（2-5）可知，V_O 向掺杂体系各提供 2 个电子，Mn 3d、O 2p 和 Zn 4s 轨道的 sp-d 轨道杂化引起电子重新分布，未配对电子数增加，体系磁矩变大。磁矩计算结果显示，Mn_i^{2+} 的磁矩为 $4.72\mu_B$，Mn_i^{2+} 近邻 5 个 O 2p 态磁矩均为 $0.01\mu_B$，V_O 近邻 Zn 4s 态的磁矩分别为 $0.03\mu_B$、$-0.06\mu_B$、$-0.14\mu_B$ 和 $-0.16\mu_B$，V_O 次近邻的和较远的 Zn 4s 态磁矩几乎为零。磁矩计算结果显示，体系 $Zn_{36}Mn_iO_{35}$ 的磁矩主要由 Mn_i^{2+} 提供，O 2p 态和 Zn 4s 态有一定的影响。磁矩计算结果和分波态密度分析结果相吻合。上述掺杂体系与 Dietl 等提出的平均场近似理论[12]和双交换机制理论[13]相吻合。

为了在电子层面上直观分析上述 3 种掺杂体系的磁性来源，计算得出体系 $Zn_{34}Mn_{Zn2}O_{36}$、$Zn_{32}Mn_{Zn2}O_{36}$ 和 $Zn_{36}Mn_{i2}O_{34}$ 的净自旋密度分布，如图 3-4 所示。图 3-4（a）显示，体系 $Zn_{35}Mn_{Zn}O_{36}$ 的净自旋主要由 Mn_{Zn}^{2+} 的自旋极化引起，Mn_{Zn}^{2+} 最近的 3 个 O 2p 态也有一定的自旋极化，对体系的磁性有一定影响。图 3-4（b）显示，模型 $Zn_{34}MnO_{36}$ 的净自旋密度主要由 Mn_{Zn}^{2+} 的自旋极化引起，V_{Zn} 近邻 O 的 2p 态的自旋极化对其有一定的影响。图 3-4（c）显示，模型 $Zn_{36}Mn_iO_{35}$ 的净自旋密度主要由 Mn_i^{2+} 的自旋极化引起，Mn_i^{2+} 近邻的 O 和 V_O 近邻的 Zn 4s 态自旋极化对其有一定的影响。上述 3 种体系的净自旋密度计算结果与相应的磁矩计算结果和分波态密度分析结果相吻合。

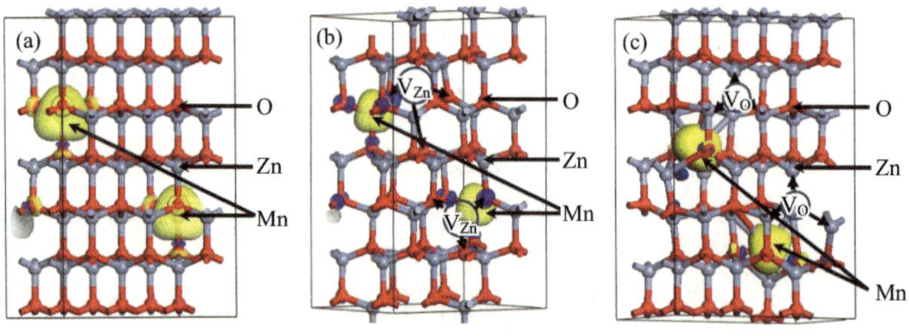

图 3-4　净自旋密度分布

（a）$Zn_{34}Mn_{Zn2}O_{36}$；（b）$Zn_{32}Mn_{Zn2}O_{36}$；（c）$Zn_{36}Mn_{i2}O_{34}$

居里温度是描述半导体材料铁磁性的重要参数之一。根据海森堡模型的

平均场理论，居里温度表达式可写为

$$k_B T_C = \frac{2}{3} S^2 C \sum_{n \neq 0} J_{n0} \tag{3-5}$$

式中，C 为磁性离子浓度；n 为超胞中阳离子总数；k_B 为玻尔兹曼常数；T_C 为居里温度；S 为自旋角动量；$\sum_{n \neq 0} J_{n0}$ 为交换能，J_{n0} 由下式计算获得：

$$\Delta E = S^2 C^2 \sum_{n \neq 0} J_{n0} \tag{3-6}$$

根据式（3-5）和式（3-6），居里温度可表示为

$$k_B T_C = 2\Delta E / 3C \tag{3-7}$$

式中，k_B 为玻尔兹曼常数；ΔE 为反铁磁和铁磁态的能量差；C 为磁性离子浓度。

根据式（3-7），磁性离子浓度 C 不变的情况下，体系的居里温度取决于反铁磁态和铁磁态的能量差 $\Delta E = E_{AFM} - E_{FM}$。体系 $Zn_{70}Mn_{Zn2}O_{72}$、$Zn_{68}Mn_{Zn2}O_{72}$ 和 $Zn_{72}Mn_{i2}O_{68}$ 的能量差 ΔE 和居里温度 T_C 的计算结果如表 3-5 所示。根据表 3-5 计算结果可知，体系 $Zn_{70}Mn_2O_{72}$ 具有铁磁性，但是其居里温度为 30.2K，不能实现居里温度室温以上的目标。$Zn_{68}Mn_2O_{72}$ 和 $Zn_{72}Mn_{i2}O_{70}$ 体系的居里温度分别为 365.4K 和 343.5K，表明体系具有室温铁磁性。

表 3-5 体系 $Zn_{70}Mn_2O_{72}$、$Zn_{68}Mn_2O_{72}$ 和 $Zn_{72}Mn_{i2}O_{70}$ 的总能量、反铁磁与铁磁态之间的能量差和居里温度

模型	E /eV		ΔE/meV	T_C/K
	富 O	富 Zn		
$Zn_{70}Mn_{Zn2}O_{72}$	−152410.0220	−152410.0298	7.8	30.0
$Zn_{68}Mn_{Zn2}O_{72}$	−148974.1686	−148974.2636	95	365.4
$Zn_{72}Mn_{i2}O_{70}$	−155442. 2862	−155442. 3755	89.3	343.5

3.1.4 光学性质分析

带隙变化是光学性质的表征方法之一。为了分析不同掺杂位置的 Mn 和 V_{Zn}/V_O 对 ZnO 光学性质的影响，计算了所有模型中稳定性较好的

$Zn_{35}Mn_{Zn}O_{36}$、$Zn_{34}Mn_{Zn}O_{36}^{a1}$、$Zn_{35}Mn_{Zn}O_{35}^{b1}$、$Zn_{36}Mn_{i}O_{36}$、$Zn_{35}Mn_{i}O_{36}^{c1}$ 和 $Zn_{36}Mn_{i}O_{35}^{d1}$ 的能带结构，如图 3-5 所示。为了描述简单，之后的分析中忽略了模型表达式中的上角标 a1、b1、c1 和 d1。图 3-5（a）和 2-5（a）的比较结果显示，由于 Mn 的掺杂，在 $Zn_{35}MnO_{36}$ 的禁带中形成高低两个杂质能级，而导带和价带下移，体系的光学带隙变窄，吸收光谱红移。图 3-5（b）显示，含 V_{Zn} 的 Mn 掺杂 ZnO 的价带顶附近形成了杂质能级，光学带隙变窄。图 3-5（c）显示，含 V_O 的 Mn 掺杂 ZnO 在禁带中形成了高低两个杂质能级，其中能量较高的杂质能级位于禁带中心附近，明显是深能级杂质。但是，此深能级杂质与费米能级部分重合，产生了陷阱效应中心，对于体系中载流子的跃迁起到积极作用。载流子的跃迁可以从价带到杂质能级，再到导带分级进行。图 3-5（c）显示，Mn_i 掺杂的 ZnO 的费米能级进入导带，说明 Mn_i 的掺杂使体系产生了 Burstein-Moss 效应，从而带隙变宽，吸收光谱产生蓝

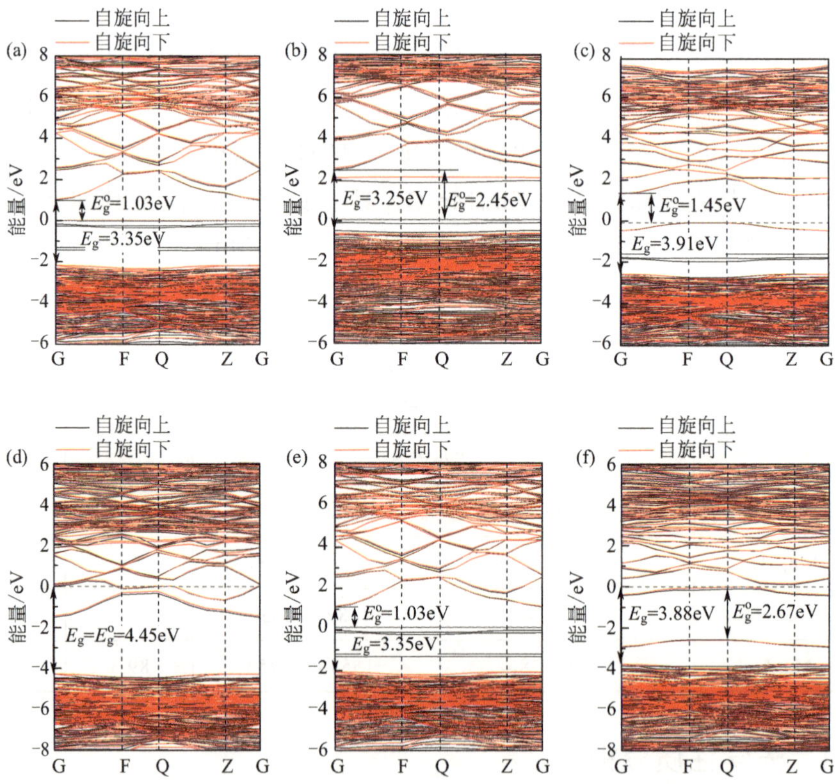

图 3-5 含和不含 V_{Zn}/V_O 的 ZnO:Mn 的能带结构

（a）$Zn_{35}MnO_{36}$；（b）$Zn_{34}MnO_{36}$；（c）$Zn_{35}MnO_{35}$；（d）$Zn_{36}Mn_iO_{36}$；（e）$Zn_{35}Mn_iO_{36}$；（f）$Zn_{36}Mn_iO_{35}$

移。图 3-5（e）显示的能带结构和图 3-5（a）的能带结构完全一样，说明距离较近的 Mn_i 和 V_{Zn} 在 ZnO 中不可能同时存在，Mn_i 很容易占据 V_{Zn} 的位置。图 3-5（f）显示，含 V_O 的 Mn_i 掺杂 ZnO 体系，其禁带中形成杂质能级的同时也产生了 Burstein-Moss 效应，在二者的作用下，带隙变宽，吸收光谱蓝移。

为了分析带隙变化的机理，计算了上述 6 个模型的总态密度和分波态密度，结果如图 3-6 所示。图 3-6（a）显示，掺杂离子 Mn 和 ZnO 价带中的 O 之间产生耦合，在 p-d 作用下体系的能带整体下移，但是导带下移稍多，带隙变窄。由图 3-6（b）可知，含 V_{Zn} 的 Mn 掺杂 ZnO 中，在 Mn 和 O 的 s-p 作用下 Mn 在价带顶附近形成杂质能级，而价带中的 O 失去电子后在带隙中形成杂质能级。由于 V_{Zn} 向体系提供空穴，费米能级进入价带，形成 p 型掺杂半导体，在 Mn 的多体效应下带隙变窄。图 3-6（c）显示，含 V_O 的 Mn 掺杂体系中，在 Mn 和价带中的 O 和导带中的 Zn 之间的 sp-d 相互作用下，导带和价带同时下移，导带下移比价带下移多，带隙变窄。图 3-6（d）和（f）显示，含和不含 V_O 的 Mn_i 掺杂 ZnO 中，由于 Mn_i 向体系提供电子，费米能级进入导带，在 Burstein-Moss 效应的作用下带隙变宽。图 3-6（e）和（a）一样，这里不再赘述，并且之后的分析中不再分析。

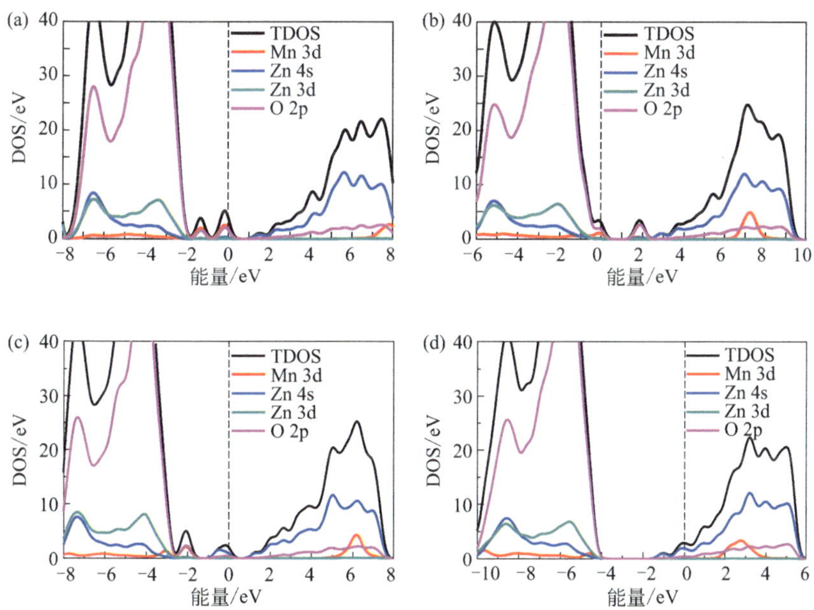

图 3-6

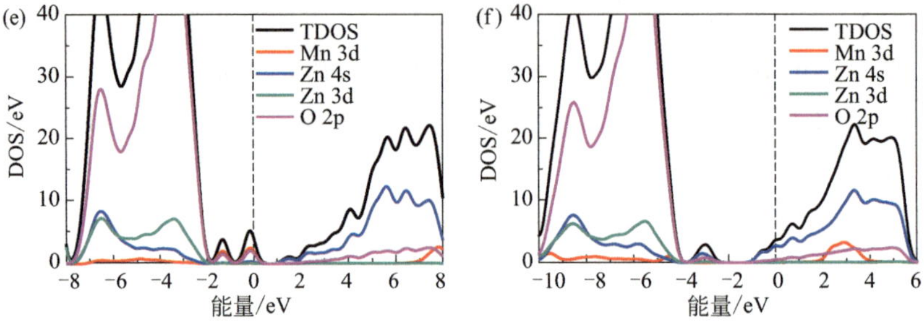

图 3-6 含和不含 V_{Zn}/V_O 的 ZnO:Mn 的总态密度和分波态密度

（a）$Zn_{35}MnO_{36}$；（b）$Zn_{34}MnO_{36}$；（c）$Zn_{35}MnO_{35}$；（d）$Zn_{36}Mn_iO_{36}$；（e）$Zn_{35}Mn_iO_{36}$；（f）$Zn_{36}Mn_iO_{35}$

为了进一步分析 Mn 掺杂和空位对 ZnO 光学性质的影响，计算了含和不含 V_{Zn}/V_O 的 Mn_{Zn} 掺杂 ZnO 和含和不含 V_O 的 Mn_i 掺杂 ZnO 的吸收光谱，并与纯 ZnO 的吸收光谱进行了比较，如图 3-7 所示。由图 3-7（a）可以看出，Mn_{Zn} 和 Mn_i 的掺杂大幅度增强了 ZnO 的紫外光吸收强度，体系的紫外光吸收峰明显蓝移。但是，波长在 60 ～ 200nm 范围内，V_{Zn}/V_O 对 ZnO:Mn 紫外光吸收光谱的影响很小，波长达到 200nm 之后，V_{Zn}/V_O 对 ZnO:Mn 的吸收光谱的影响比较明显。由图 3-7（b）可以看出，不含空位的 ZnO:Mn_{Zn} 的可见光吸收光谱产生红移，而 ZnO:Mn_i 的可见光吸收光谱产生蓝移，但是相对于纯 ZnO 的可见光吸收光谱，二者的吸收光谱移动不明显，说明 Mn 掺杂对 ZnO 的可见光吸收光谱的影响不大。但是 V_{Zn}/V_O 对 ZnO:Mn 可见光吸收光谱的影响比较明显，尤其是 V_O 的影响更加显著。当波长在 450nm 左右时，含 V_O 的 ZnO:Mn_{Zn} 出现了一个较强的吸收峰，这对设计光电器件有很好的理论指导意义。

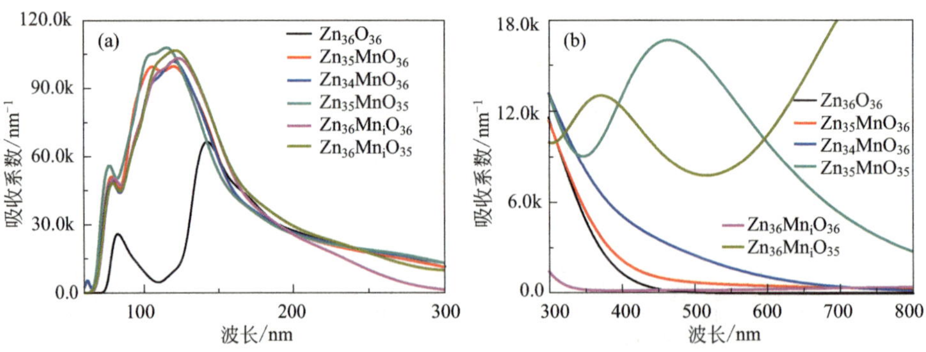

图 3-7 纯 ZnO、含和不含 V_O/V_{Zn} 的 ZnO:Mn 的吸收光谱

（a）60 ~ 300nm；（b）300 ~ 800nm

为了分析 V_{Zn}/V_O 对 ZnO:Mn 吸收谱光影响的机理，计算了含 V_{Zn}/V_O 的 ZnO:Mn 和含 V_O 的 ZnO:Mn_i 的介电常数，为了进行比较，同时也画出了不含空位 ZnO:Mn 和 ZnO:Mn_i 的介电常数实部，如图 3-8 所示。介电常数表征的是介质在外电场作用下的极化程度，即反映了介质对电荷的束缚能力。介电常数越大，说明介质对电荷的束缚能力越强，材料对电场的极化能力越强。由图 3-8（a）可以看出，Mn 掺杂后 ZnO 的介电常数变大了，即 Mn 掺杂增强了 ZnO 的极化强度，也延长了导带中光电子的寿命，说明 Mn 掺杂对 ZnO 的磁光性能有积极作用。由图还可以出，V_O 对 ZnO:Mn_{Zn} 和 ZnO:Mn_i 的介电常数的影响更加显著，尤其是对 ZnO:Mn_i 的介电常数影响特别大。但是，V_{Zn} 对 ZnO:Mn_{Zn} 的介电常数的影响较弱，说明 V_{Zn} 对 ZnO:Mn_{Zn} 的光学性质的影响不大。图 3-8（b）为含 V_O/V_{Zn} 的 ZnO:Mn_{Zn} 和含 V_O 的 ZnO:Mn_i 的介电常数虚部。由图可以看出，含 V_{Zn} 的 ZnO:Mn_{Zn} 即 $Zn_{34}MnO_{36}$ 在 0 ～ 15eV 范围内只有一个介电峰，位于 9.02eV 的位置，这与图 3-7（a）中 $Zn_{34}MnO_{36}$ 的紫外光吸收峰的结果一致。根据图 3-6（b）可推断，此吸收峰是电子由价带顶附近的 Mn 离子跃迁到导带底附近的 O 离子所导致的。含 V_O 的 ZnO:Mn_{Zn}（即 $Zn_{35}MnO_{35}$）在 0 ～ 15eV 范围内存在 3 个介电峰，分别位于 2.40eV、4.66eV 和 9.72eV 的位置，这与图 3-7 中 $Zn_{35}MnO_{35}$ 的紫外和可见光吸收峰的结果一致。根据图 3-6（c）可推断，位于 2.40eV 位置的介电峰是电子由禁带杂质能级中的 O 离子向导带中的 Zn 离子跃迁导致的；位于 4.66eV 处的介电峰为电子从价带顶附近的 Mn 离子跃迁到导带中的 O 离子所导致的；而位于 9.72eV 位置的介电峰为电子从价带跃迁到导带所致。含 V_O 的 ZnO:Mn_i（即 $Zn_{36}Mn_iO_{35}$）在 0 ～ 15eV 范围内存在 3 个介电峰，分别位于 0.54eV、3.20eV 和 8.93eV 的位置。根据图 3-6（f）可推断，位于 0.54eV 位置的介电峰为电子在导带能级中的跃迁所致；位于 3.20eV 的介电峰为电子由禁带杂质能级中的 O 离子跃迁到导带中 Zn 离子而导致；位于 8.93eV 位置的介电峰为电子从价带跃迁到导带所致。

本节基于第一性原理平面波超软赝势方法，研究了 Mn 掺杂和点空位对 ZnO:Mn 稳定性和磁性的影响。结果表明，Mn 掺杂离子在 ZnO:Mn 体系中倾向于形成团簇，而通过 V_{Zn}/V_O 的调节，掺杂 Mn 离子可以均匀分布。含 V_{Zn} 的 ZnO:Mn_{Zn2} 体系和含 V_O 的 ZnO:Mn_{i2} 体系均有长程有序铁磁性特点，而且居里温度均高于室温。含 V_{Zn} 的 ZnO:Mn_{Zn2} 还具有明显的半金属属性特点。不含空位时，Mn_{Zn} 掺杂 ZnO 的吸收光谱红移，而 Mn_i 掺杂 ZnO 产生的吸收光谱产生蓝移。而含 V_{Zn}/V_O 的 $ZnO:Mn_{Zn}$ 和含 V_O 的 $ZnO:Mn_i$ 的吸收光谱都产生红移，而且含 V_O 的 $ZnO:Mn_{Zn}$ 和 $ZnO:Mn_i$ 的吸收光谱红移更加明显，说明通过调节 V_O 可以操控 ZnO:Mn 的吸收光谱。

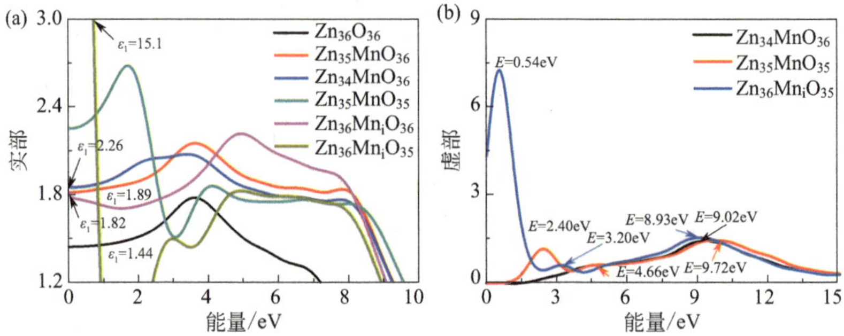

图 3-8　纯 ZnO、含或不含 V_O^0/V_{Zn}^0 的 ZnO:Mn 的介电函数

（a）实部；（b）虚部

3.2　含点空位的不同浓度 Mn 掺杂 ZnO 磁光性能分析

Dilber Pushpitha 等[14]研究了采用浸涂法制备的 Mn 掺杂 ZnO 的磁光性能，结果发现，在 500℃下退火，随着 Mn 掺杂量增加，掺杂体系在紫外-可见光区红移，铁磁性能降低，且发现有 V_O 存在。Gao 等[15]采用共沉淀法制备了掺杂浓度为 1% ～ 8% 的 ZnO:Mn，其磁光性能的研究结果显示，随着 Mn 掺杂浓度增加，掺杂体系的磁性增强，光学带隙变宽，紫外-可见光吸收光谱蓝移。而 Sharrouf 等[9]的实验结果显示，掺杂浓度为 1% ～ 10% 的 ZnO:Mn，其光学带隙在 Mn 掺杂浓度为 1% 时最小，而体系的磁性在 Mn 掺杂浓度为 3% 时最强。Pazhanivelu 等[16]研究共沉淀法制备的 Mn 和 Co 共掺 ZnO 磁光性能时发现，掺杂体系铁磁性居里温度能够达到室温以上，拉曼光谱和光致发光光谱测量证实了掺杂体系具有 V_O。Cao 等[2]采用氧等离子体辅助分子束外延法制备了 Mn 和 Co 共掺 ZnO，其磁性能结果表明，Co 掺杂量一定时，随着 Mn 掺杂量增加，掺杂体系磁矩增加，且掺杂体系中发现了 V_O 或 V_{Zn} 的存在。由此可得，ZnO:Mn 的磁光性能可能与体系中的 Mn 和 V_O 或 V_{Zn} 的配比有关。尽管国内外对 Mn 掺杂和 V_O 对 ZnO 磁矩的影响都有一定的研究，但是，对 Mn 双掺杂和 V_{Zn} 共存的 ZnO 的磁矩来源和机理还有很大争议。文献［17］计算指出，Mn 双掺杂和 V_{Zn} 共存的 ZnO

体系铁磁性有序的起源，由 Mn-Mn 的 d-d 态杂化耦合导致。即，Mn 双掺杂和 V_{Zn} 共存的 ZnO 体系磁矩来源仍采用传统的以氧原子为中间媒介双交换相互作用的磁性理论[18]来解释欠妥。这与 Sato 等[19]提出的载流子为媒介以及 Dietl 等[13]提出的双交换机理有机结合的磁性理论相悖。迄今为止，尚未有合理的理论解释。其次，由于 ZnO 中 Mn 掺杂和 V_O 或 V_{Zn} 共存时，实验上对 V_O 或 V_{Zn} 量的控制具有挑战性，虽然前期理论计算研究了 Mn 掺杂和 V_O 或 V_{Zn} 共存 ZnO 磁性的影响，但是，普遍存在 Mn 掺杂和含 V_O 或 V_{Zn} ZnO 中配比量单一的问题，很难说明不同配比量 Mn 掺杂和含 V_O 或 V_{Zn} 共存 ZnO 中磁性的影响。为了解决此类问题，本章用第一性原理研究了不同配比的 Mn 掺杂和 V_O 或 V_{Zn} 对 ZnO 磁性的影响。

3.2.1 模型与计算方法

为了研究 Mn 掺杂和本征缺陷（V_O 或 V_{Zn}）共存的 ZnO 的磁性，综合考虑计算机的计算能力以及计算效率，选择了 2×2×3 的超胞进行计算。首先，分别构建 2×2×3 的纯 $Zn_{24}O_{24}$ 超胞模型、一个 Mn 原子掺杂的 $Zn_{23}Mn_1O_{24}$ 超胞模型、双 Mn 原子掺杂的 $Zn_{22}Mn_2O_{24}$ 超胞模型。其次，由于 Mn 替代 Zn 位置距离 V_O 或 V_{Zn} 相对较近时，掺杂体系相对最稳定，所以，考虑 Mn 和点空位的相对距离较近进行掺杂。构建配比分别为 Mn ∶ V_O=2 ∶ 2、Mn ∶ V_O=2 ∶ 1、Mn ∶ V_O=1 ∶ 2 和 Mn ∶ V_O=1 ∶ 1 的 4 种模型，化学式分别为 $Zn_{22}Mn_2O_{22}$、$Zn_{22}Mn_2O_{23}$、$Zn_{23}Mn_1O_{22}$ 和 $Zn_{23}Mn_1O_{23}$。构建配比分别为 Mn ∶ V_{Zn}=2 ∶ 2、Mn ∶ V_{Zn}=2 ∶ 1、Mn ∶ V_{Zn}=1 ∶ 2 和 Mn ∶ V_{Zn}=1 ∶ 1 的 4 种模型，化学式分别为 $Zn_{20}Mn_2O_{24}$、$Zn_{21}Mn_2O_{24}$、$Zn_{21}Mn_1O_{24}$ 和 $Zn_{22}Mn_1O_{24}$。10 种不同配比的模型统一如图 3-9 所示。根据实验文献 [20] 研究结果，当 Mn 取代 Zn 时，Mn 掺杂量（摩尔分数）达到 10% 时，仍没有引起晶体结构相变。本节 Mn 的最大掺杂量（摩尔分数）约为 8.33%，所以，不会引起掺杂体系结构相变。

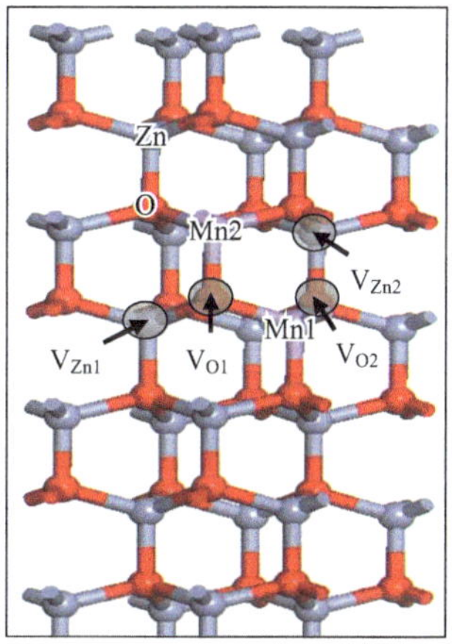

图 3-9 模型

通过测试、计算和参阅文献，Zn 3d 电子的 U_d 值为 10eV[21]，O 2p 电子的 U_p 值为 7eV[21]，Mn 3d 电子的 U_d 值为 6.9eV[7]；平面波截断能取

380eV；*k* 点设置为 4×4×2；赝势采用超软赝势[22]计算离子核，Zn、O、Mn 的价电子分别为 $4s^23d^{10}$、$2s^22p^4$ 和 $3d^54s^2$；把每个原子平面波能量的精度设为 1.0×10^{-5}eV，作用在每个原子上的力不大于 0.01eV/Å，内应力不大于 0.05GPa，公差偏移为 1.0×10^{-4}nm。计算得到 ZnO 晶体的禁带宽度为 3.40eV，与实验值吻合得很好，表明参数设置合理，*U* 值选择恰当，所有结构优化及性质计算都是在上述参数基础上进行的。为了确认 Mn 在 ZnO 中的化合价，采用 Bader 电荷的方法计算 Mn 的化合价，计算得出，Mn 掺杂 ZnO 中的化合价为 +2 价，这与实验结果相吻合。

3.2.2 结构和稳定性分析

为了分析掺杂及缺陷体系的相对稳定性、磁性和光学性质，根据式（2-1）计算了 3.2.1 节中所构建的 10 个模型的形成能，结果列于表 3-6。从表 3-6 中可以看出，不同配比的 Mn 替代 Zn 和 V_O 共存的 ZnO 中，$Zn_{22}Mn_2O_{22}$ 和 $Zn_{23}Mn_1O_{23}$ 体系在富氧条件下的形成能和富锌条件下的形成能相同，而 $Zn_{22}Mn_2O_{23}$ 和 $Zn_{23}Mn_1O_{22}$ 体系在富锌条件下的形成能比富氧条件下的形成能更小，结构更稳定。无论是在富氧条件还是富锌条件下，4 种配比的掺杂体系形成能为：$Zn_{22}Mn_2O_{23} < Zn_{22}Mn_2O_{22} < Zn_{23}Mn_1O_{23} < Zn_{23}Mn_1O_{22}$。不同配比的 Mn 替代 Zn 和 V_{Zn} 共存的 ZnO 中，对应体系 $Zn_{20}Mn_2O_{24}$、$Zn_{21}Mn_2O_{24}$、$Zn_{21}Mn_1O_{24}$、$Zn_{22}Mn_1O_{24}$，这些体系在富锌条件下的形成能大于富氧条件下的形成能。无论是在富氧条件还是富锌条件下，4 种配比的掺杂体系形成能为：$Zn_{20}Mn_2O_{24} < Zn_{21}Mn_2O_{24} < Zn_{22}Mn_1O_{24} < Zn_{21}Mn_1O_{24}$。计算结果表明，无论是在富氧条件还是富锌条件下，所有掺杂体系的形成能均为负值，说明均容易形成化合物。从表 3-6 可以看出，体系 $Zn_{23}Mn_1O_{24}$ 和 $Zn_{22}Mn_2O_{24}$ 总磁矩分别为 $5\mu_B$ 和 0，这与文献［23］计算结果相同。Mn 掺杂和 V_O 共存在 ZnO 中，当 V_O ∶ Mn=2 ∶ 1 或 1 ∶ 1 时，与 Mn 单掺 ZnO 的磁矩相比，总磁矩均为 $5\mu_B$。当 V_O ∶ Mn=1 ∶ 2 或 2 ∶ 2 时，两种掺杂体系总磁矩均为 $10\mu_B$，比 Mn 单掺或 Mn 双掺 ZnO 的磁矩明显变大。体系 $Zn_{22}Mn_2O_{22}$、$Zn_{22}Mn_2O_{23}$、$Zn_{23}Mn_1O_{22}$、$Zn_{23}Mn_1O_{23}$ 总磁矩与体系 $Zn_{23}Mn_1O_{24}$ 总磁矩相比较发现，体系 $Zn_{22}Mn_2O_{22}$、$Zn_{22}Mn_2O_{23}$、$Zn_{23}Mn_1O_{22}$ 和 $Zn_{23}Mn_1O_{23}$ 总磁矩的大小与 O 空位和 Mn 的相对配比有关。这与实验文献结果[24]相吻合，也与理论计算结果[25,26]相吻合。其次，Mn 掺杂和 V_{Zn} 共存的 ZnO 中，当 V_{Zn} ∶ Mn 的配比分别为 1 ∶ 1、2 ∶ 1、1 ∶ 2、2 ∶ 2

时，掺杂体系的总磁矩分别约为 $4.98\mu_B$、$2.75\mu_B$、$8.49\mu_B$ 和 $7.06\mu_B$。研究发现，Mn 掺杂和 V_{Zn} 共存的 ZnO 中，Mn 掺杂量一定的条件下，V_{Zn} 量增加，掺杂体系总磁矩减小。遗憾的是，由于实验上很难控制 V_{Zn} 的量，目前还没有实验法来支撑上述结论。

表 3-6 所有掺杂体系的形成能和总磁矩 M

模型	E_f/eV		M/μ_B
	富氧条件	富锌条件	
$Zn_{22}Mn_2O_{22}$	−18.752	−18.752	10
$Zn_{22}Mn_2O_{23}$	−22.792	−26.792	10
$Zn_{23}Mn_1O_{22}$	−7.507	−11.506	5
$Zn_{23}Mn_1O_{23}$	−11.526	−11.526	5
$Zn_{20}Mn_2O_{24}$	−29.352	−13.352	7.06
$Zn_{21}Mn_2O_{24}$	−27.652	−15.652	8.49
$Zn_{21}Mn_1O_{24}$	−16.276	−4.276	2.75
$Zn_{22}Mn_1O_{24}$	−17.176	−9.176	4.98
$Zn_{23}Mn_1O_{24}$	−15.966	−11.966	5
$Zn_{22}Mn_2O_{24}$	1.2	0.6	10

3.2.3 磁性分析

根据式（2-2）可知，体系的磁性与费米能级附近的电子的自旋极化方向有关，因此为了分析研究体系的磁性，计算了 ZnO:Mn、含 V_O/V_{Zn} 的 ZnO:Mn 的总磁矩和总态密度分布，总磁矩计算结果列于表 3-6，总态密度结果如图 3-10 所示。由图 3-10 可以看出，电子自旋向上和自旋向下的总态密度分布具有不对称性，表现出净磁矩。这与 3.2.2 节的总磁矩分析结果相吻合。有趣的是，由图 3-10（f）和（g）总态密度很容易发现，体系 $Zn_{20}Mn_2O_{24}$ 和 $Zn_{21}Mn_2O_{24}$ 均产生了带尾效应，费米能级均进入了上旋的价带中；费米能级均没有进入下旋的价带中，均形成了掺杂体系半金属化 p 型简并半导体。这是由于体系 $Zn_{20}Mn_2O_{24}$ 和 $Zn_{21}Mn_2O_{24}$ 的 V_{Zn} 和 Mn 的配比不同，掺杂体系中自由空穴的浓度不同，因而调节稀磁半导体铁磁性相互作用不同导致的。根据公式（2-2）可知，体系 $Zn_{20}Mn_2O_{24}$ 和 $Zn_{21}Mn_2O_{24}$ 自旋极化率 p 均为 100%，即，均具有高达 100% 的传导空穴极化率，均为空穴注入源稀磁半导体（DMS）功能材料，是非常有前途的新型半金属化稀磁半导体（DMS）。

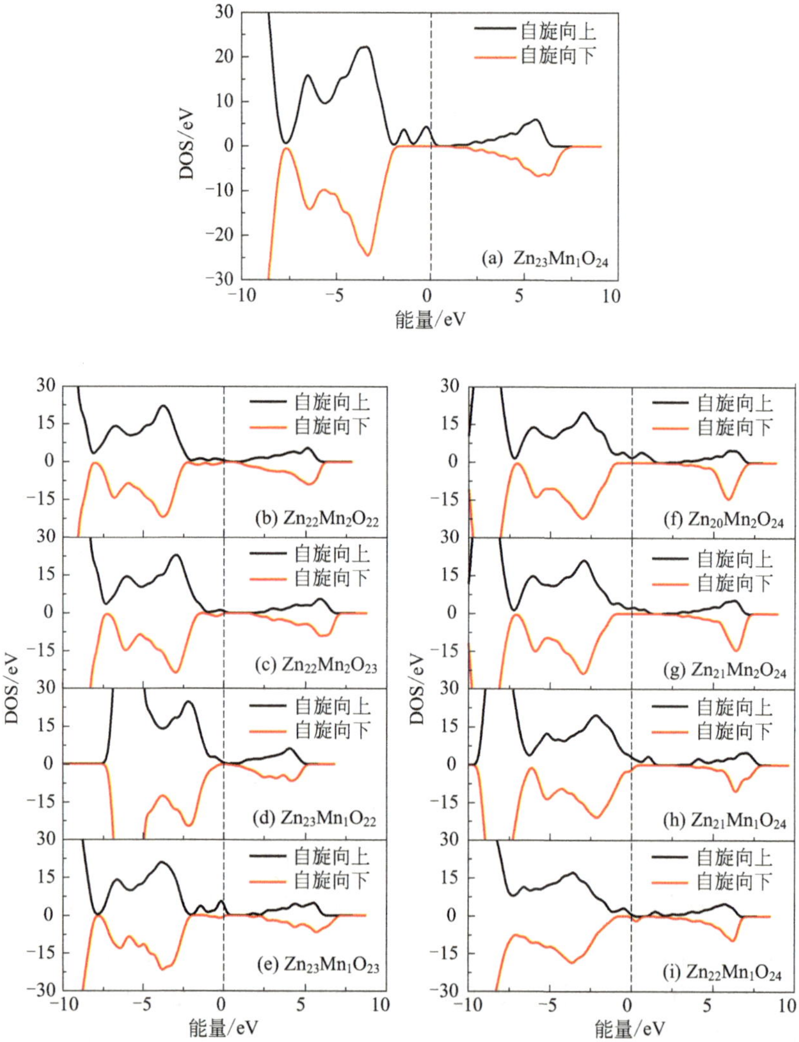

图 3-10 总态密度分布

（a）ZnO:Mn；（b）~（e）含 V_O 的 ZnO:Mn；（f）~（i）含 V_{Zn} 的 ZnO:Mn

由总磁矩分析知道，与 $Zn_{23}Mn_1O_{24}$ 磁性相比，$Zn_{23}Mn_1O_{22}$、$Zn_{23}Mn_1O_{23}$、

$Zn_{21}Mn_1O_{24}$ 和 $Zn_{22}Mn_1O_{24}$ 的总磁矩均没有提高，研究价值不大。而 $Zn_{22}Mn_2O_{22}$、$Zn_{22}Mn_2O_{23}$、$Zn_{20}Mn_2O_{24}$ 和 $Zn_{21}Mn_2O_{24}$ 的总磁矩相对增加，所以下面重点研究体系 $Zn_{22}Mn_2O_{22}$、$Zn_{22}Mn_2O_{23}$、$Zn_{20}Mn_2O_{24}$ 和 $Zn_{21}Mn_2O_{24}$ 的磁性来源。

图 3-11 为计算得出的 $Zn_{22}Mn_2O_{22}$、$Zn_{22}Mn_2O_{23}$、$Zn_{20}Mn_2O_{24}$ 和 $Zn_{21}Mn_2O_{24}$ 的分波态密度分布图。计算得出，$Zn_{22}Mn_2O_{22}$ 和 $Zn_{22}Mn_2O_{23}$ 体系的总磁矩均为 $10\mu_B$（μ_B 为玻尔磁子）。$Zn_{22}Mn_2O_{22}$ 体系中，2 个 Mn 原子磁矩分别为 $5.13\mu_B$ 和 $5.09\mu_B$；O 空位次近邻主要氧原子的磁矩分别为 $0.02\mu_B$ 或 $0.01\mu_B$。Mn 原子磁矩和氧原子的磁矩同向排列。O 空位近邻的主要 Zn 原子的磁矩分别为 $-0.07\mu_B$、$-0.06\mu_B$、$-0.04\mu_B$ 和 $-0.02\mu_B$。Zn 原子的磁矩均反向排列。所以，总的效果是 $Zn_{22}Mn_2O_{22}$ 体系的总磁矩为 $10\mu_B$。由于 $Zn_{22}Mn_2O_{23}$ 体系的磁矩来源与 $Zn_{22}Mn_2O_{22}$ 体系的相似，不再赘述。

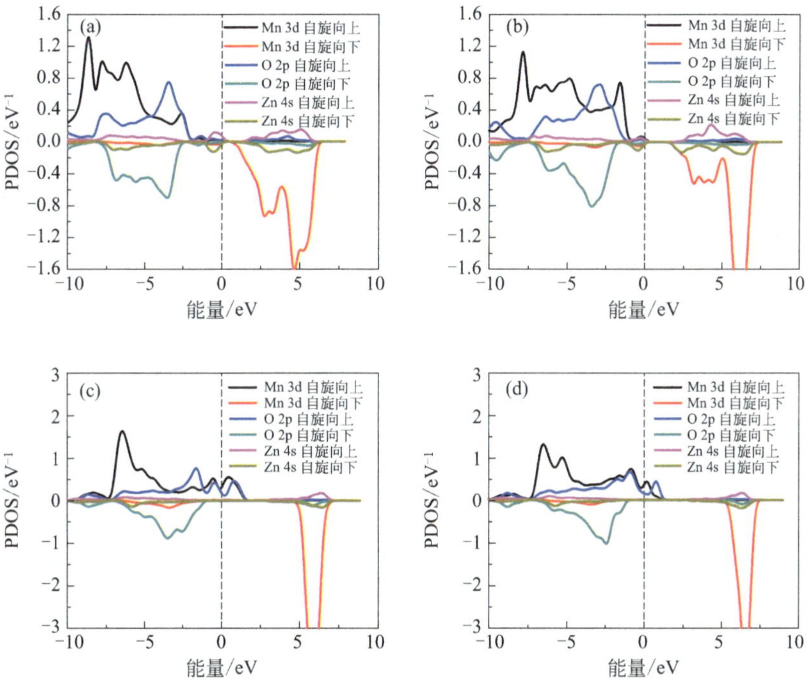

图 3-11　分波态密度分布

（a）$Zn_{22}Mn_2O_{22}$；（b）$Zn_{22}Mn_2O_{23}$；（c）$Zn_{20}Mn_2O_{24}$；（d）$Zn_{21}Mn_2O_{24}$

由图 3-11（a）和（b）可以看出，$Zn_{22}Mn_2O_{22}$ 和 $Zn_{22}Mn_2O_{23}$ 体系的磁性是由于 O 2p 轨道、Zn 4s 轨道和 Mn 3d 轨道间存在很强的耦合电子交换作用，

p-d 这一强相互作用导致了 O 2p 分波态密度上旋轨道和下旋轨道是不对称的，Zn 4s 轨道分波态密度是不对称的，Mn 3d 轨道分波态密度是不对称的。

计算得出，体系 $Zn_{20}Mn_2O_{24}$ 和 $Zn_{21}Mn_2O_{24}$ 的总磁矩分别为 7.06μ_B 和 8.49μ_B。如，$Zn_{20}Mn_2O_{24}$ 体系中 2 个 Mn 原子磁矩分别为 4.35μ_B 和 4.33μ_B；V_{Zn} 附近主要氧原子的磁矩分别为 −0.40μ_B、−0.29μ_B、−0.27μ_B 和 −0.26μ_B，O 原子的磁矩均反向排列。所以，总的效果是 $Zn_{22}Mn_2O_{22}$ 体系的总磁矩为 7.06μ_B。同理，$Zn_{21}Mn_2O_{24}$ 的磁矩来源与 $Zn_{22}Mn_2O_{22}$ 体系的相似，不再赘述。由图 3-11（c）和（d）可以看出，$Zn_{20}Mn_2O_{24}$ 和 $Zn_{21}Mn_2O_{24}$ 体系的磁性来源是 O 2p 轨道、Zn 4s 和 Mn 3d 轨道间存在很强的耦合电子交换作用，sp-d 强相互作用引起了 O 2p 分波态密度上旋轨道和下旋轨道是不对称的，Mn 3d 轨道分波态密度是不对称的，Zn 4s 轨道分波态密度是不对称的。这也可以从缺陷化学理论解释，如，由于 2 个 Mn 替位 Zn 掺杂和 2 个 V_{Zn} 在 ZnO 中，其反应式如下

$$2Mn_{Zn}^{2+} + 2V_{Zn}^{2-} \longrightarrow 2(Mn_{Zn}\text{-}V_{Zn})^{\times} \tag{3-8}$$

从式（3-8）看出，掺杂体系中形成了 $2Mn_{Zn}\text{-}2V_{Zn}$ 复合体。根据式（2-4）知道，V_{Zn} 形成后，掺杂体系出现空穴载流子。这是由于 ZnO 中，Zn 离子通常为正二价，一旦氧过剩，为了保持电中性条件，负二价 Zn 空位俘获一个空穴，根据分波态密度［图 3-11（c）和（d）］可以看出，费米能级均进入价带中，掺杂体系是 p 型化的简并半导体，电离能为 0，所以，掺杂体系均出现自由空穴载流子而导电。归纳得出，$Zn_{20}Mn_2O_{24}$ 和 $Zn_{21}Mn_2O_{24}$ 体系的磁性来源与 Sato 等[27]提出的载流子为媒介以及 Diet 等[28]提出的双交换机理有机结合的磁性理论相吻合。然而，文献［29］不仅疏忽了 O 2p 轨道和 Zn 4s 轨道电子自旋极化的磁性来源，而且磁性来源由载流子为媒介的机理也被疏忽。

为了在电子层面上直观分析掺杂体系磁性来源，计算得出体系 $Zn_{22}Mn_2O_{22}$、$Zn_{22}Mn_2O_{23}$、$Zn_{20}Mn_2O_{24}$ 和 $Zn_{21}Mn_2O_{24}$ 净自旋电荷密度分布，如图 3-12 所示。由图 3-12（a）和（b）可以看出，$Zn_{22}Mn_2O_{22}$ 和 $Zn_{22}Mn_2O_{23}$ 体系的总磁矩由自旋极化 O 原子和自旋极化 Mn 原子所贡献，而 Zn 原子的自旋极化也有一定的贡献。这与分波态密度分布分析结果相吻合。由图 3-12（c）和（d）可以看出，$Zn_{20}Mn_2O_{24}$ 和 $Zn_{21}Mn_2O_{24}$ 体系的总磁矩由自旋极化 O 原子、自旋极化 Mn 原子和自旋极化 Zn 原子所贡献。这与分波态密度分布的分析结果相吻合。

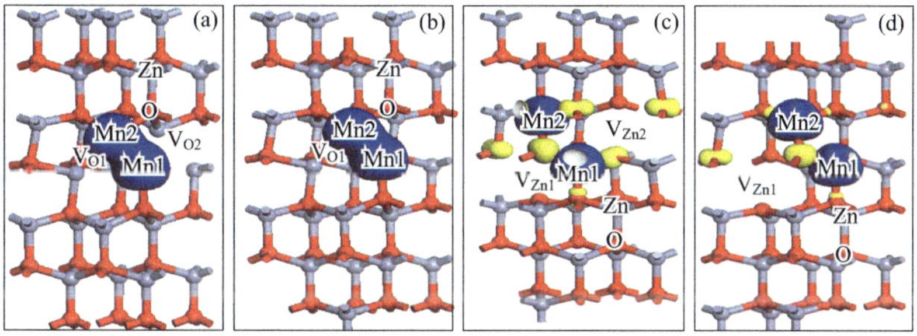

图 3-12　体系净自旋密度分布

（a）$Zn_{22}Mn_2O_{22}$;（b）$Zn_{22}Mn_2O_{23}$;（c）$Zn_{20}Mn_2O_{24}$;（d）$Zn_{21}Mn_2O_{24}$

为了进一步分析空位和掺杂 Mn 浓度对 ZnO:Mn 磁性的影响，计算了 $Zn_{24}O_{24}$、$Zn_{23}Mn_1O_{24}$、$Zn_{22}Mn_2O_{22}$、$Zn_{22}Mn_2O_{23}$、$Zn_{20}Mn_2O_{24}$、$Zn_{21}Mn_2O_{24}$ 沿（001）平面的差分电荷密度。因为体系包含了两个 Mn 原子，因此通过每一个 Mn 各画了一个差分电荷密度图，如图 3-13（a）和（b）所示，由两图的比较可以看出，Mn 相对于 Zn 原子电荷密度密集，与周围 O 之间的键长变短，说明 Mn 和 O 之间的共价键强于原来 Zn 和 O 之间的共价键。图 3-13（c）和（d）显示，含 V_O 的 ZnO:Mn 中 V_O 周围的 Mn 和 Zn 的电荷分布明显密集了，而且离 V_O 越近越密集，说明 Mn 或 Zn 和 O 之间的作用力变强，但是，V_O 的比例大小不影响 Mn 离子电荷分布。这与图 3-12（a）和（b）中的净自旋密度的结果一致。图 3-13（c）和（d）显示，含 V_{Zn} 的 ZnO:Mn 中，V_{Zn} 周围 O 的电荷分布变化明显，而 Mn 和 Zn 的电荷分布基本没有变化，说明体系的磁光性能主要受到 V_{Zn} 周围 O 的作用。而且 V_{Zn} 比例越大，电荷分布变化的 O 个数越多，说明空位比例越大，空位对体系的磁光性能的影响越大。由图 3-12（c）和（d）的净自旋密度结果可以看出，V_{Zn} 周围的 O 的自旋方向和 Mn 的自旋方向相反，对总的磁性有减弱作用，这与表 3-6 中总磁矩的计算结果相一致。

根据式（3-7）计算得出，$Zn_{22}Mn_2O_{22}$ 和 $Zn_{20}Mn_2O_{24}$ 的反铁磁性体系的总能量分别为 -48515.049eV 和 -45951.509eV，铁磁性设置的总能量分别为 -48515.153eV 和 -45951.608eV。相应的反铁磁态和铁磁态之间的能量差 $\Delta E=E_{AFM}-E_{FM}$ 分别为 104eV 和 99eV，说明 $Zn_{22}Mn_2O_{22}$ 和 $Zn_{20}Mn_2O_{24}$ 为铁磁态。把铁磁态体系 $Zn_{22}Mn_2O_{22}$ 和 $Zn_{20}Mn_2O_{24}$ 的已知数据分别代入式（3-7），计算得出 $Zn_{22}Mn_2O_{22}$ 和 $Zn_{20}Mn_2O_{24}$ 体系的居里温度分别为 400K 和 380.8K。计算结果表明，体系 $Zn_{22}Mn_2O_{22}$ 和 $Zn_{20}Mn_2O_{24}$ 能够达到居里温度在室温以上的要求。

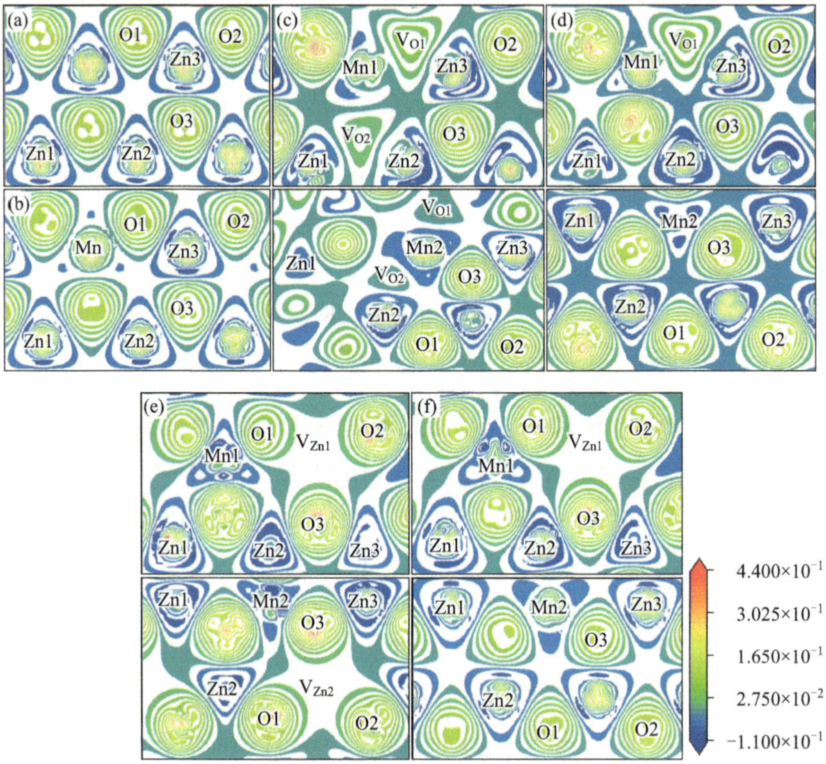

图 3-13 纯 ZnO 和含 V_O/V_{Zn} 的 ZnO:Mn 的差分电荷密度

（a）$Zn_{24}O_{24}$；（b）$Zn_{23}Mn_1O_{24}$；（c）$Zn_{22}Mn_2O_{22}$；（d）$Zn_{22}Mn_2O_{23}$；（e）$Zn_{20}Mn_2O_{24}$；（f）$Zn_{21}Mn_2O_{24}$

3.2.4 光学性质分析

$Zn_{22}Mn_2O_{22}$ 和 $Zn_{22}Mn_1O_{23}$ 中的 V_O:Mn 以及 $Zn_{20}Mn_2O_{24}$ 和 $Zn_{22}Mn_1O_{24}$ 中的 V_{Zn}:Mn 相等，由表 3-6 中形成能的分析可知，Mn 和空位的浓度越大形成能越低。因此在光学性质分析中忽略了形成能较高的 $Zn_{22}Mn_1O_{23}$ 和 $Zn_{22}Mn_1O_{24}$，其它 8 个模型以及纯 ZnO 的能带结构如图 3-14 所示。图 3-14（a）～（d）显示，不论含 V_O 的 ZnO:Mn 中 Mn 和 V_O 的比例如何变化，体系的禁带中均出现杂质能级，而且杂质能级与费米能级部分重合，形成明显的陷阱效应，不利于载流子复合，增强了光催化特性。此外，由图 3-14（a）和（b）以及图 3-14（c）和（d）的比较可以看出，如果 Mn 的掺杂浓度不变，V_O 的浓度越高，体系的光学带隙越窄，电子越容易跃迁。而由

图 3-14（a）和（c）以及图 3-14（b）和（d）的比较可以看出，V_O 浓度不变的情况下，Mn 掺杂浓度越高，光学带隙越宽，阻碍电子跃迁，对光催化特性不利。上述结果说明，V_O 有利于 ZnO:Mn 的光催化特性，而且 V_O 的浓度越高，体系的光催化特性越强，而 Mn 掺杂不利于含 V_O 的 ZnO:Mn 的光催化特性。图 3-14（e）～（h）显示，对于含 V_{Zn} 的 ZnO:Mn，不管 Mn:V_{Zn} 的大小如何，体系的导带明显下移，费米能级都进入价带形成 p 型半导体，而且体系的光学带隙和带隙均变窄，有利于载流子的跃迁，增强体系的光催化特性。但是由图 3-14（e）和（f）以及（g）和（h）的比较可知，含 V_{Zn} 的 ZnO:Mn 中，Mn 的掺杂浓度不变的情况下，V_{Zn} 的浓度越高光学带隙越窄，越不利于载流子跃迁。如果 V_{Zn} 浓度不变，Mn 的掺杂浓度对体系光学性质的影响出现两种情况：Mn 的掺杂浓度大于 V_{Zn} 浓度时，Mn 的掺杂浓度越高，光学带隙越窄；Mn 的掺杂浓度小于 V_{Zn} 浓度时，Mn 的掺杂浓度越高，光学带隙越宽。这有可能与 Mn 和 V_{Zn} 周围的 O 和它周围的 Mn 和 Zn 原子之间的耦合相互作用的强弱有关。体系中原子之间的耦合作用可以由体系的分波态密度予以分析。

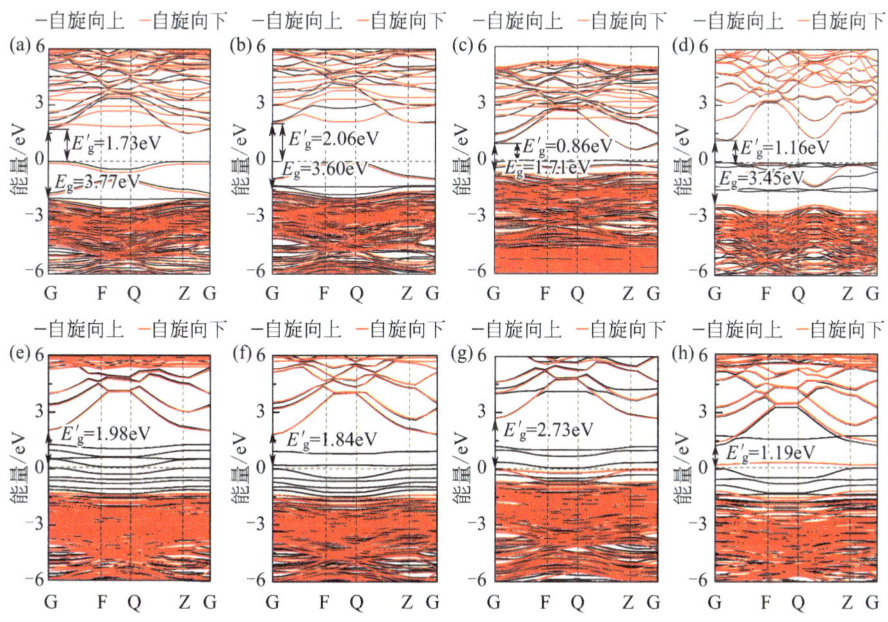

图 3-14 能带结构

（a）$Zn_{22}Mn_2O_{22}$；（b）$Zn_{22}Mn_2O_{23}$；（c）$Zn_{23}Mn_1O_{22}$；（d）$Zn_{23}Mn_1O_{23}$；（e）$Zn_{20}Mn_2O_{24}$；（f）$Zn_{21}Mn_2O_{24}$；（g）$Zn_{21}Mn_1O_{24}$；（h）$Zn_{22}Mn_1O_{24}$

图 3-15 为上述 8 个体系的分波态密度图。由图 3-15（a）和（b）以及（c）和（d）的比较可知，如果 Mn 的掺杂浓度大于 V_O 的浓度，费米能级附近的原子之间的耦合作用主要取决于 O 2p 和 Zn 4s 之间的 s-p 相互作用，因此 Mn 的掺杂浓度越高，s-p 相互作用越强，导带下移越低，带隙越窄。由图 3-15（a）和（b）的比较可以看出，Mn 取代 Zn 之后，Mn 周围的电子密度比 Zn 周围的密度稍微大一些，但是由图 3-15（c）和（d）与图（b）的比较可以看出，V_O 与周围的 Mn 和 Zn 的相互作用增强尤其是 Zn 和 V_O 之间的相互作用更强，电子密度变大。这一结果很好地解释了图 3-15（a）和（b）的分波态密度结果。如果 Mn 的掺杂浓度小于 V_O 的浓度时费米能级周围的原子之间的耦合作用取决于 O 2p、Zn 4s 和 Mn 3d 之间的 sp-d 相互作用，V_O 浓度越高，sp-d 相互作用越强，导带下移越靠下，带隙越窄。

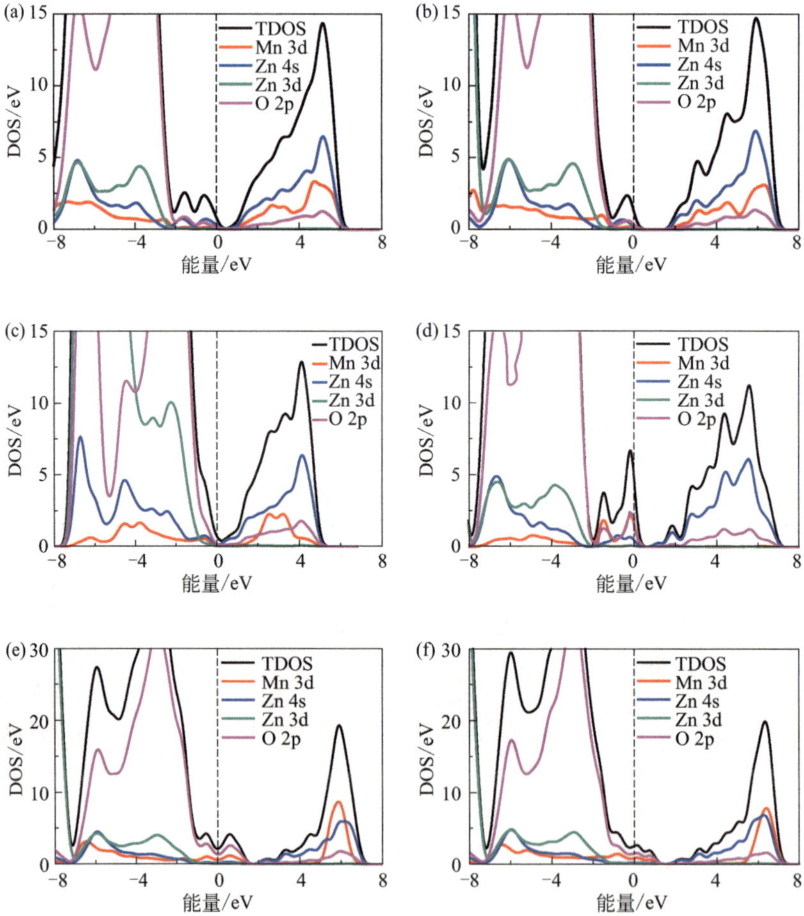

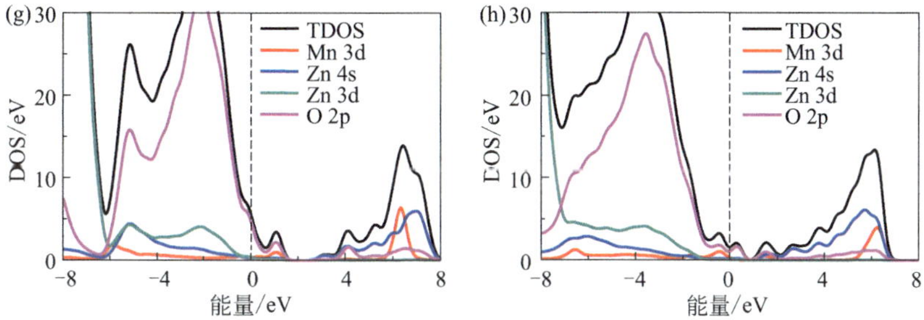

图 3-15 分波态密度

(a) $Zn_{22}Mn_2O_{22}$; (b) $Zn_{22}Mn_2O_{23}$; (c) $Zn_{23}Mn_1O_{22}$; (d) $Zn_{23}Mn_1O_{23}$; (e) $Zn_{20}Mn_2O_{24}$; (f) $Zn_{21}Mn_2O_{24}$; (g) $Zn_{21}Mn_1O_{24}$; (h) $Zn_{22}Mn_1O_{24}$

图 3-16 为 $Zn_{21}Mn_1O_{24}$、$Zn_{22}Mn_1O_{24}$、$Zn_{21}Mn_1O_{24}$ 和 $Zn_{22}Mn_1O_{24}$ 的差分电荷密度图。图 3-16（a）和（b）的比较可以看出，V_O 浓度越大，V_O 与周围的 Mn 和 Zn 的电子密度变大，相互作用增强，导带下移和价带上移增强，光学带隙变窄。图 3-15（e）和（f）以及（g）和（h）的比较可以看出，Mn 掺杂浓度不变的情况下，体系中的 O 和 Mn 原子失去的电子越多，费米能级进入价带越深，由此 O 和导带中的 Zn 之间的相互作用减弱，导带下移小，光学带隙宽。由图 3-13（e）和（f）以及图 3-16（c）和（d）的比较也可以看出，V_{Zn} 浓度越大，其周围电子分布发生变化的 O 原子的个数越多，总的失去电荷数越多。与此类似，V_{Zn} 周围 Mn 的电荷分布变化也是随着 V_{Zn} 浓度的升高而变大。

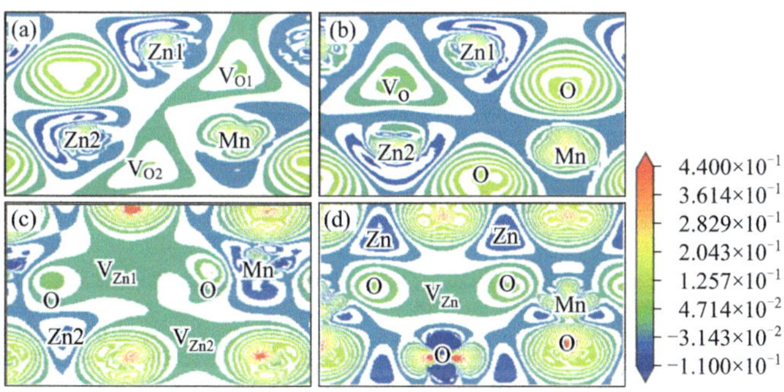

图 3-16 差分电荷密度

(a) $Zn_{23}Mn_1O_{22}$; (b) $Zn_{23}Mn_1O_{23}$; (c) $Zn_{21}Mn_1O_{24}$ 和 (d) $Zn_{22}Mn_1O_{24}$

图 3-15（e）和（g）以及图 3-16（c）和（d）的比较显示，如果 Mn 的浓度小于 V_{Zn} 的浓度，体系中原子耦合作用主要取决于 O 和 Zn 之间的引

力作用，而 Mn 和 Zn 之间的排斥较弱。如果 Mn 的浓度大于 V_{Zn} 浓度，体系费米能级附近的原子耦合作用中，Mn 和 Zn 之间的排斥和 O 和 Zn 之间的吸引作用都不可忽略。图 3-15（e）中的 O 和 Zn 之间的耦合作用强于图（g）中 O 和 Zn 的耦合，因此导带下移多，光学带隙窄。图 3-15（f）和（h）中的 O 和 Zn 的引力作用相差不大，因此导致的导带下移也相差不大，但是图 3-15（f）中的 Mn 和 Zn 之间的排斥作用强于图 3-15（h）中 Mn 和 Zn 之间的排斥作用，导带上移多。在 O 和 Zn 的引力作用和 Mn 和 Zn 之间的排斥作用下，图 3-15（f）中的导带下移少，光学带隙宽。

图 3-17 为上述 8 种体系以及纯 ZnO 的吸收光谱图。图 3-17（a）中的含 V_O 的 ZnO:Mn 和纯 ZnO 的吸收光谱的比较结果显示，Mn 掺杂和 V_O 对 ZnO 的紫外 - 可见光的吸收都有影响，尤其对可见光的吸收影响更加明显。其吸收光谱红移，而且 V_O 浓度比 Mn 掺杂浓度大时吸收光谱红移更强。由能带［图 3-14（a）～（d）］和分波态密度［图 3-15（a）～（d）］可知，这是因为 V_O 浓度越大，Mn 和 O 之间的反键态耦合增强，导带下移的同时杂质能级形成陷阱效应。图 3-17（b）中的含 V_{Zn} 的 ZnO:Mn 和纯 ZnO 的吸收光谱的比较结果显示，Mn 掺杂和 V_{Zn} 对 ZnO 的紫外光吸收有一定的影响，而且 V_{Zn} 浓度越大影响越大，而对 ZnO 的可见光吸收没有影响。由图 3-15（e）～（h）和图 3-16（b）可知，随着 V_{Zn} 的增加，O 和 Mn 失去的电子增加，费米能级的下降增强的同时，由多体效应导致的导带的下降也增强。导带的下降比费米能级的下降多，因此带隙变窄，吸收光谱红移。

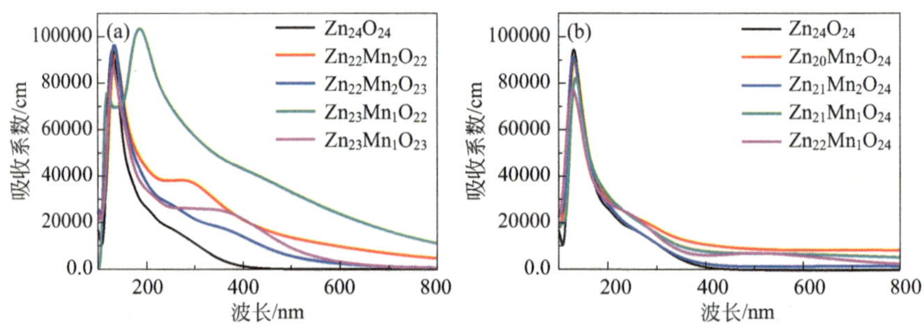

图 3-17　吸收光谱

（a）纯 ZnO 和含 V_O 的 ZnO:Mn；（b）纯 ZnO 的和含 V_{Zn} 的 ZnO:Mn

为了分析 Mn 掺杂和 V_O/V_{Zn} 对 ZnO 吸收光谱影响的机理，计算了含 V_O 的 ZnO:Mn 中红移比较明显的 $Zn_{23}Mn_1O_{22}$ 和含 V_{Zn} 的 ZnO:Mn 中红移比较明显的 $Zn_{20}Mn_2O_{24}$ 的介电函数，如图 3-18 所示（为了进行比较，画出了纯

ZnO 的介电常数实部）。图 3-18（a）显示，含 V_O/V_{Zn} 的 ZnO:Mn 的静介电常数大于纯 ZnO 的静介电常数，说明 Mn 掺杂和 V_O/V_{Zn} 有利于 ZnO 的光催化特性。而且 V_O 对 ZnO 的光催化性的影响更加明显。与图 3-8（a）的结果比较可知，V_O 的浓度越大，静介电常数越人，说明体系中载流子的寿命越长，越有利于光催化特性。图 3-18（b）显示，能量在 0 ～ 10 eV 范围内 $Zn_{23}Mn_1O_{22}$ 存在 2 个介电峰，分别位于 3.20eV 和 5.78eV 的位置。由图 3-15（c）可知，位于 3.20eV 位置的介电峰是由价带中的 O 2p 到导带 Zn 4s 的跃迁或者价带中的 Zn 3d 到导带中 O 2p 跃迁导致的；位于 5.78eV 位置的介电峰是电子由 O 2p 到 Mn 3d 的跃迁所致。能量在 0 ～ 10eV 范围内 $Zn_{20}Mn_2O_{24}$ 存在 3 个介电峰，分别位于 1.03eV、4.87eV 和 8.79eV 的位置。由图 3-15（e）可知，位于 1.03eV 位置的介电峰是电子由杂质能带中的 O 2p 到导带的 Zn 4s 跃迁所致；位于 4.87eV 位置的介电峰是杂质能带中的 Mn 3d 到导带 O 2p 跃迁所致；位于 8.79eV 位置的介电峰是价带中的 O 2p 到导带中 Mn 3d 跃迁所致。

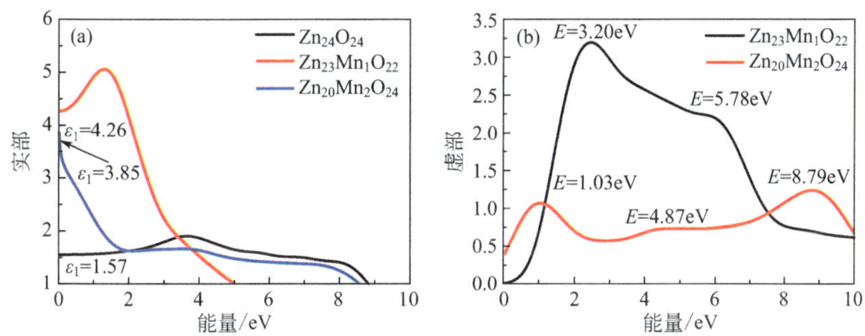

图 3-18　$Zn_{23}Mn_1O_{22}$ 和 $Zn_{20}Mn_2O_{24}$ 的介电函数

（a）实部；（b）虚部

本节基于第一性原理研究了 Mn 掺杂和点空位的不同配比对 ZnO 磁光性能的影响。含不同配比的 Mn 和 V_O 的 ZnO 的形成能在富锌条件下比富氧条件更低，结构更稳定；而含不同配比的 Mn 和 V_{Zn} 的 ZnO 的形成能在富氧条件下比富锌条件下更低，结构更稳定。由磁性计算结果发现，V_O 和 V_{Zn} 中的 V_{Zn} 对 ZnO:Mn 磁性的影响显著，V_O 对 ZnO:Mn 磁性的几乎没有影响。Mn 和 V_{Zn} 的配比量分别为 Mn ∶ V_{Zn}=2 ∶ 1 或 2 ∶ 2 时，ZnO 体系均具有 p 型半金属化铁磁性的特点，Mn 掺杂量一定时，V_{Zn} 越多，掺杂体系总磁矩越减小。对于 Mn 掺杂含 V_O 的 ZnO 体系中，V_O 量一定时，Mn 掺杂量越大，磁矩越大。$Zn_{22}Mn_2O_{22}$ 和 $Zn_{20}Mn_2O_{24}$ 均能实现室温以上铁磁性。由光学性质计算结果发现，V_O 和 V_{Zn} 对 ZnO:Mn 的可见光吸收光谱都有影响，但是 V_{Zn} 的影响不大。含 V_O 的 ZnO:Mn 体系的带隙中均形成杂质能级，且杂质能级产生了陷阱效应，增强了体系的光催化特性。Mn 掺杂浓度不变时，V_O 的浓度越高，光学带隙越窄，而 V_O 浓度不变时，Mn 的浓度越低，光学带隙越窄。说明 Mn:V_O 比例的调整对 ZnO:Mn 光学带隙的调整起到关键作用。

3.3 含点空位的不同价态 Mn 掺杂 ZnO 磁光性能分析

大量的实验研究推测，O 空位或 Zn 空位能够有效调节 ZnO:Mn 的铁磁性。同时，Janotti 等[30]理论研究证明，ZnO 体系中的 O 空位或 Zn 空位的存在形式包括中性 O 空位或 Zn 空位（V_O^0 或 V_{Zn}^0）、单电离 O 空位或 Zn 空位（V_O^{1+} 或 V_{Zn}^{1-}）和双电离 O 空位或 Zn 空位（V_O^{2+} 或 V_{Zn}^{2-}）三种形式。但是，研究者们对 ZnO:Mn 体系的磁性来源持有不同的观点。部分研究者推测体系的铁磁性来源为 Mn^{2+} 和 V_O^{1+} 组成的束缚磁极化子[4,15]。而实验和理论研究表明，ZnO:Mn 中的 Mn 离子以 Mn^{2+}、Mn^{3+} 和 Mn^{4+} 的形式存在[31,32]，另一部分研究者推测，ZnO:Mn 体系的室温铁磁性来源于 Mn^{2+} 和 V_{Zn}^{1-} 之间的相互作用[17]，还有部分研究者认为 ZnO:Mn 体系的铁磁性可能是 Mn^{2+} 和 Mn^{3+} 与 V_{Zn}^0 之间的相互作用引起的[33]。

Mn 掺杂尤其是高掺杂量 Mn 对 ZnO 体系光电性质影响的机理仍然存在分歧。Putri 等[34]研究结果显示，ZnO:Mn 体系中，Mn 的掺杂量为 x=0 ～ 7% 范围内体系的光学带隙（E_g^o）为 E_g^o=3.285 ～ 3.251eV，即随着 Mn 的掺杂量增加，光学带隙变窄。这被认为是随着 Mn 掺杂量的增加体系中产生的 V_O 导致的。Omri[35]等认为 ZnO:Mn 体系的光学带隙随着 Mn 掺杂浓度的升高而变窄的原因是，ZnO 能带中的电子和 Mn 离子局域电子之间的 sp-d 相互作用使能带变宽，导致导带下移和价带上移。Kasim 等[31]的理论和实验研究结果显示，在掺杂量 x=1% ～ 5% 范围内，ZnO:Mn 体系的 E_g^o 随着 Mn 的掺杂量的增加而变宽。这与体系中的 Mn 离子以 Mn^{2+}、Mn^{3+} 和 Mn^{4+} 等多价态形式存在密切相关，因为 Mn^{2+}、Mn^{3+} 和 Mn^{4+} 具有不同的带隙。A. A. Othman 等[36]等认为 ZnO:Mn 体系的光学带隙随着 Mn 掺杂量的升高而变宽是由 Mn^{4+}、施主杂质和 Burstein-Moss（BM）效应等共同引起的。而 Hu[37]等的研究结果显示，随着 Mn 掺杂量的升高光学带隙变宽的主要因素为 Mn 离子的局域电子和 ZnO 体系中的电子之间的 sp-d 相互作用，以及氧空位 V_O 和间隙位锌（Zn_i）的作用等。然而，Cao 等 [1] 研究 Mn 掺杂浓度 x=0%，1%，3%，5% 的 ZnO:Mn 体系的电子结构时发现，随着 Mn 掺杂浓度的升高，体系中产生施主缺陷（V_O 为主）和受主缺陷（V_{Zn} 为主）两种缺陷，而且在相同退火温度、不同退火环境下，两种缺陷浓度也不同。此外，Wu 等 [38] 的研究结果显示，在空气中退火的 ZnO:Mn 体系中存在 V_O 和 V_{Zn}，而且进一步证明了氧空位（V_O）的产生是由体系中的 Mn^{4+} 引起的。Gao[15] 等用共沉淀法制备了 ZnO:Mn 样品，氧空位随着 Mn 掺杂浓度 x 在 1% ～ 10% 变化时，体系的 E_g^o 由 3.23eV 增加到 3.29eV，并且进一步证明了体系中存在单电离氧空位（V_O^{1+}）和双电离氧空位（V_O^{2+}）。另一方面，Ponnusamy 等 [17] 研究的 ZnO:Mn 光学带隙随着 Mn 掺杂量的升高而变宽，并且进一步证明了体系中存在中性锌空位（V_{Zn}^0）和单电离锌空位（V_{Zn}^{1-}）。

综上所述，ZnO:Mn 体系的磁光性能与体系中的不同价态的 Mn 离子、V_O 和 V_{Zn} 密切相关，而且结果与机理分析存在分歧。有关不同价态的 Mn 掺杂和 V_O/V_{Zn} 对 ZnO 磁光学性质影响的理论和实验研究都很少。针对此问题，本章从理论上系统地研究了不同价态的 Mn 掺杂和 V_O/V_{Zn} 对 ZnO:Mn 体系光学性质的影响。结果发现，ZnO:Mn 体系的磁光学性质取决于 Mn 和空位 V_O/V_{Zn} 形成的复合体。

3.3.1 模型与计算方法

选取 O、Zn 和 Mn 原子的价电子组态分别为：O $2s^22p^4$，Zn $3d^{10}4s^2$ 和 Mn $3d^54s^2$。Zn 的 d 态 U 值取为 10eV，O 的 p 态 U 值取为 7eV，Mn 的 d 态 U 值取为 6.9eV。所有体系的电子结构计算都考虑了电子自旋极化的影响，并且平面波计算的截断能均采用 380eV，布里渊区 k 点网格均选为 4×4×2 进行积分计算。自洽场精度设为 5.0×10^{-6}eV/atom，原子间的相互作用力不大于 0.01eV/Å，内应力≤ 0.02GPa，公差偏移为 5.0×10^{-4}Å。

未掺杂 ZnO 模型是六方纤锌矿结构，属于 $P6_3mc$ 空间群，对称性为 C_{6v}^4，其晶格参数为 a、b、c。为了分析不同价态的 O 空位、锌空位和掺杂 Mn 对 ZnO 磁性的影响，构建了共包含 72 个原子的 2×3×3 的 ZnO 超胞，并模拟了 4 种不同的模型，即：①纯 ZnO 模型［表示为 $Zn_{36}O_{36}$，如图 3-19（a）所示］；② Mn^{2+} 掺杂 ZnO 模型：两个 Mn^{2+} 替代两个 Zn^{2+}［表示为 $Zn_{34}Mn_2^{2+}O_{36}$，Mn^{2+} 的掺杂量为 5.6%，如图 3-19（b）所示］；③ Mn^{2+} 掺杂

含 $V_O^{0/1+/2+}$ 的 ZnO 模型：两个 Mn^{2+} 替代两个 Zn^{2+} 并存在一个 $V_O^{0/1+/2+}$[表示为 $Zn_{34}Mn_2^{2+}O_{35}:V_O^{0/1+/2+}$，如图 3-19（c）所示，$V_O^{0/1+/2+}$ 的含量为 2.8%]；④ Mn^{2+} 掺杂含 $V_{Zn}^{0/1-/2-}$ 的 ZnO 模型：两个 Mn^{2+} 替代两个 Zn^{2+} 并存在一个 $V_{Zn}^{0/1-/2-}$[表示为 $Zn_{33}Mn_2^{2+}O_{36}:V_{Zn}^{0/1-/2-}$，如图 3-19（d）所示，$V_{Zn}^{0/1-/2-}$ 含量为 2.8%]。为了分析不同价态的 Mn 和 V_O^0、V_{Zn}^0 对 ZnO 磁性的影响，在图 3-19（c）和（d）模型基础上分别构建了 $Mn^{3+/4+}$ 掺杂含 V_O^0 的 ZnO 模型（$Zn_{34}Mn_2^{3+/4+}O_{35}:V_O^0$）和 $Mn^{3+/4+}$ 掺杂含 V_{Zn}^0 的 ZnO 模型（表示为 $Zn_{33}Mn_2^{3+/4+}O_{36}:V_{Zn}^0$）。由 Gao 等 [15] 的实验研究结果可知，ZnO 中 Mn 的掺杂量在 1% ～ 8% 时体系没有其它杂质相出现，而本节 ZnO 体系中的 Mn 掺杂量为 5.6%，不超过 ZnO 中 Mn 掺杂量的实验值。Hsu 等 [39] 的研究结果显示，Co 掺杂 ZnO 体系中的 O 空位的浓度能够达到 $1\times10^{21}/cm^3$，同时，Khalid 等 [11] 的研究结果也显示，ZnO 体系中 Zn 空位的掺杂量能达到 9.375%。本节中，ZnO:Mn 中 O 空位浓度恰好为 $1\times10^{21}/cm^3$，而 Zn 空位量仅仅为 2.8%，因此，构建的所有模型中的 O 空位或 Zn 空位在 ZnO:Mn 中都能够实现。

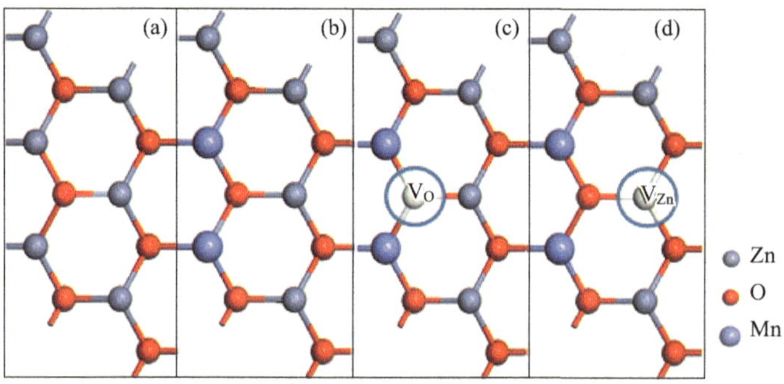

图 3-19　模型

（a）纯 ZnO；（b）ZnO:Mn；（c）含 O 空位 ZnO:Mn；（d）含 Zn 空位 ZnO:Mn

3.3.2　结构和稳定性分析

为了确认 Mn 和 $Mn/V_{Zn}/V_O$ 之间的相对位置对 ZnO 体系稳定性的影响，首先计算了 Mn 和 Mn 相对位置不同的 3 个模型的形成能，找到形成能最小的 Mn 掺杂 ZnO 体系。在形成能最小的 Mn 掺杂 ZnO 体系的基础上，又计算了 Mn 和 V_{Zn}/V_O 之间的相对位置不同的 6 个模型的形成能。由式（2-1）计算出上述 9 个 Mn 双掺杂、含或不含 V_{Zn}/V_O 的 ZnO 体系的形成能，结果列于表 3-7 中。从表 3-7 发现，Mn 和 Mn 相对位置或 Mn 和 V_{Zn}/V_O 之间的距离越近，形成能越低，稳定性最好。所以，后续以这三种掺杂体系作为研究对象。

表 3-7 ZnO:Mn 中的 Mn 和 Mn/V_{Zn}/V_O 之间的相对位置和相应体系的形成能

模型	Mn-Mn/V_{Zn}/V_O/Å	E_f/eV	
		富氧条件	富锌条件
$Zn_{34}Mn_2O_{35}$-1	3.25	−1.51	11.81
$Zn_{34}Mn_2O_{36}$-2	4.57	−1.30	12.03
$Zn_{34}Mn_2O_{36}$-3	5.60	−1.30	12.02
$Zn_{33}Mn_2O_{36}$-1	3.25	−8.43	11.55
$Zn_{33}Mn_2O_{36}$-2	5.09	−4.58	15.40
$Zn_{33}Mn_2O_{36}$-3	6.14	−3.66	16.32
$Zn_{34}Mn_2O_{35}$-1	1.97	2.52	9.19
$Zn_{34}Mn_2O_{35}$-2	3.81	7.69	14.36
$Zn_{34}Mn_2O_{35}$-3	4.96	7.71	14.38

为了验证计算参数设置的合理性，首先计算了纯 ZnO 的晶格常数、折合后的单胞体积以及带隙。计算结果显示，晶格常数 a、c 和体积 V 分别为 3.29Å、5.31Å 和 49.73Å^3，与实验值（a=3.27Å、c=5.25Å 和 V=48.54Å^3）和理论报道的结果（a=3.28Å、c=5.30Å 和 V=49.38Å^3）相符合。计算得到的 ZnO 的带隙为 3.41eV，与实验结果相符合。为了分析不同价态的 Mn 离子和空位对 ZnO 结构的影响，计算含空位和不含空位的所有 ZnO:Mn 模型的晶格常数、折合后的单胞体积、O 空位或 Zn 空位邻近的 Zn/Mn—O 键的平均键长、磁矩以及形成能，计算结果列于表 3-8 中。对于 $Zn_{34}Mn_2^{2+}O_{36}$ 体系，晶格常数 a、c 和体积 V 分别为 3.30Å、5.33Å 和 50.1Å^3，这与 3.27Å、5.23Å 和 48.6Å^3 的实验结果（Mn 掺杂量约为 6%）相吻合。此外，由于 Mn^{2+} 的离子半径（0.8Å）略大于 Zn^{2+} 的离子半径（0.74Å），$Zn_{34}Mn_2^{2+}O_{36}$ 的晶格常数和单胞体积相对于纯 ZnO 的体积略有增加。相对于 Zn_{34}:$Mn_2^{2+}O_{36}$ 晶格常数和单胞体积，$Zn_{34}Mn_2^{2+}O_{35}$:$V_O^{0/1+/2+}$ 的晶格常数和单胞体积都减小了，而且 O 空位的价态越高，晶格常数和体积越小。

从 Mn^{2+} 掺杂的 ZnO 体系中去除一个氧原子后，V_O 周围 Zn 离子的相互作用会导致带隙中产生一个缺陷态。这种缺陷态具有一定的俘获电子的能力，所以O空位是一种正电中心。正电中心的O空位与邻近的Zn原子之间的相互排斥使体系的体积变大。但是，由表3-8的键长计算结果可知，O空位周围的Mn/Zn—O键弛豫而变短，导致体积变小，而且O空位的价态越高，Mn/Zn—O键越短。由于氧空位周围的Mn/Zn—O键的弛豫对体积的影响大于O空位与邻近的Zn原子之间的排斥作用对体积的影响，因此，$Zn_{34}Mn_2^{2+}O_{35}:V_O^{0/1+/2+}$体积变小。相对于$Zn_{34}:Mn_2^{2+}O_{36}$体系，$Zn_{33}Mn_2^{2+}O_{36}:V_{Zn}^{0/1-/2-}$的晶格常数和单胞体积都变大，而且Zn空位价态越低体积越大。这是由于Mn^{2+}掺杂ZnO体系中去除一个Zn原子会留下四个O原子的断裂键，并在带隙中引入部分占据的缺陷态[40]，此缺陷态有一定的捕获空穴的能力，是一个负电中心。Zn空位作为负电中心与相邻的O原子之间的吸引作用导致单胞体积变小，但是，Zn空位周围的Mn/Zn—O键长变长。Mn/Zn—O键长对体积的影响大于Zn空位与相邻的O原子之间的吸引作用对体积的影响，导致$Zn_{33}Mn_2^{2+}O_{36}:V_{Zn}^{0/1-/2-}$体系的体积变大。其次，Zn空位的价态越低，Mn/Zn—O的键长也越长，体积也越大。对于$Zn_{34}Mn_2^{3+/4+}O_{35}:V_O^0$和$Zn_{33}Mn_2^{3+/4+}O_{36}:V_{Zn}^0$体系，随着Mn价态的升高，体系的晶格常数和与体积均减小。这是由于Mn^{2+}、Mn^{3+}和Mn^{4+}的半径依次为0.8Å、0.72Å和0.53Å，价态越高，半径越小，体积越小。

表3-8 ZnO:Mn的晶格常数、Zn/Mn—O键长d、总磁矩以及形成能E_f

模型	a/Å	c/Å	V/Å^3	d/Å		M_{tot}/μ_B	E_f/eV	
				Mn—O	Zn—O		富氧	富锌
$Zn_{34}Mn_2^{2+}O_{36}$	3.30	5.33	50.09	2.08	2.01	10.00	-1.35	8.79
$Zn_{34}Mn_2^{2+}O_{35}:V_O^0$	3.27	5.25	49.52	2.06	2.00	10.00	1.22	10.11
$Zn_{34}Mn_2^{2+}O_{35}:V_O^{1+}$	3.27	5.27	48.74	2.04	1.99	9.01	4.24	8.65
$Zn_{34}Mn_2^{2+}O_{35}:V_O^{2+}$	3.28	5.30	48.51	1.98	1.94	10.00	5.70	5.63
$Zn_{33}Mn_2^{2+}O_{36}:V_{Zn}^{2-}$	3.34	5.40	52.30	2.14	1.96	9.96	-1.21	14.34
$Zn_{33}Mn_2^{2+}O_{36}:V_{Zn}^{1-}$	3.32	5.36	51.06	2.10	1.99	9.00	-1.34	14.21
$Zn_{33}Mn_2^{2+}O_{36}:V_{Zn}^0$	3.30	5.32	50.04	2.07	2.02	10.00	-4.00	11.55
$Zn_{34}Mn_2^{3+}O_{35}:V_O^0$	3.26	5.21	47.78	1.95	1.89	10.00	0.50	4.91
$Zn_{34}Mn_2^{4+}O_{35}:V_O^0$	3.28	5.00	46.38	1.92	1.95	8.00	-3.24	1.17

续表

模型	a/Å	c/Å	V/Å^3	d/Å		M_{tot}/μ_B	E_f/eV	
				Mn—O	Zn—O		富氧	富锌
$Zn_{33}Mn_2^{3+}O_{36}$:V_{Zn}^0	3.26	5.23	47.96	1.91	2.12	6.71	-5.02	10.53
$Zn_{33}Mn_2^{4+}O_{36}$:V_{Zn}^0	3.22	5.13	45.95	1.82	2.09	6.95	-6.65	8.90

基于式（2-1）计算得出所有掺杂体系的形成能，列于表 3-8。由表 3-8 形成能的计算结果可知，ZnO:Mn 所有体系在富氧条件下的形成能比富锌条件下低，说明 ZnO:Mn 体系在富氧条件下比富锌条件下更容易形成，结构更稳定。这是因为在富氧条件下更容易形成 Zn 空位，有利于掺杂 Mn 离子取代 Zn 离子。对于 $Zn_{34}Mn_2^{2+}O_{35}$:$V_O^{0/1+/2+}$ 和 $Zn_{33}Mn_2^{2+}O_{36}$:$V_{Zn}^{0/1-/2-}$ 体系，随着 O 空位和 Zn 空位的价态的升高，形成能降低，结构更加稳定。对于 $Zn_{34}Mn_2^{3+/4+}O_{35}$:$V_O^0$ 和 $Zn_{33}Mn_2^{3+/4+}O_{36}$:$V_{Zn}^0$ 体系，Mn 离子价态越高，形成能越低，结构越稳定。

内聚能是描述体系热稳定性的重要参数之一。为了分析体系的热稳定性计算了纯 ZnO 和 $Zn_{34}Mn_2^{2+}O_{36}$ 内聚能。需要说明的是，根据文献［41］报道，采用 GGA-PBE 的方法，游离 O_2 分子的总能量计算值为 -9.86eV，修正后游离 O_2 分子的总能量为 -8.50eV。所以本节中修正了 Mn 掺杂或 Mn 掺杂和 V_{Zn} 或 V_O 共存的所有体系的形成能。同理，后续分析的内聚能也进行了修正。采用 GGA-PBE 的方法，自由 O_2 分子的内聚能计算值为 -6.04eV，修正后自由 O_2 分子的内聚能为 -4.68eV。所以，纯 ZnO 和 $Zn_{34}Mn_2^{2+}O_{36}$ 内聚能计算值也进行了修正。内聚能 E_{coh} 的定义为：

$$E_{coh}=\frac{E_{tot}-nE_{Zn}-mE_O}{n+m} \tag{3-9}$$

$$E_{coh\text{-}Mn}=\frac{E_{tot}-nE_{Zn}-mE_O-2E_{Mn}}{n+m+2} \tag{3-10}$$

式中，E_{tot} 是纯 ZnO 的总能量；E_{Zn} 是 Zn 原子的总能量；E_O 是 O 原子的总能量；n 和 m 是 ZnO 含有的 Zn 原子和 O 原子的个数；$E_{tot\text{-}Mn}$ 是 $Zn_{34}Mn_2{}^{2+}O_{36}$ 总能量；E_{Mn} 是掺杂 Mn 原子的总能量。首先，分别几何结构优化后，得出纯 ZnO 的总能量、Zn 原子的总能量、O 原子的总能量，代入式（3-8）中得出纯 ZnO 的内聚能为 -2.14eV。结果表明，纯 ZnO 结构稳定。

为了进一步分析体系的动力学稳定性，计算了纯 ZnO 的声子色散谱，如图 3-20（a）所示。根据图 3-20（a）知道，纯 ZnO 的声子色散谱中没有形成虚频现象，说明纯 ZnO 的结构很稳定。这与内聚能分析结果相吻合。其次，把 $Zn_{34}Mn_2^{2+}O_{36}$ 几何结构优化后的掺杂体系的总能量、Mn 原子的总能量、Zn 原子的总能量、O 原子的总能量代入式（3-9），得出掺杂体系 $Zn_{34}Mn_2^{2+}O_{36}$ 内聚能为 -3.12eV。进一步利用掺杂体系 $Zn_{34}Mn_2^{2+}O_{36}$ 的声子色散谱来验证。图 3-20（b）为掺杂体系 $Zn_{34}Mn_2^{2+}O_{36}$ 的声子色散谱。图 3-20（b）显示，声子色散谱没有形成虚频，表明掺杂体系 $Zn_{34}Mn_2^{2+}O_{36}$ 结构很稳定。这与掺杂体系的内聚能为负值相吻合。

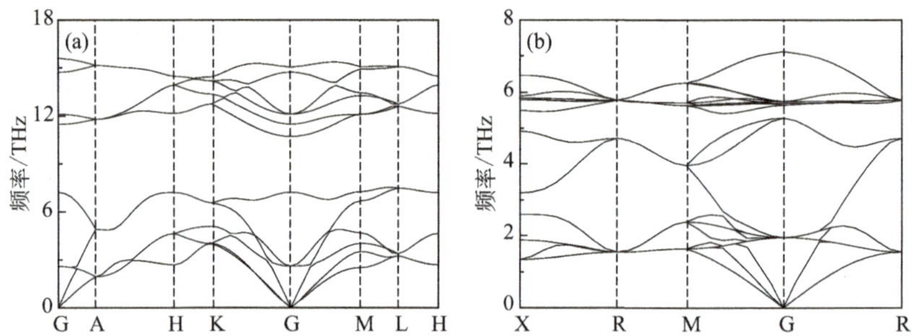

图 3-20　纯 ZnO 和 ZnO:Mn 的声子色散曲线

（a）$Zn_{36}O_{36}$；（b）$Zn_{34}Mn_2^{2+}O_{36}$

3.3.3　磁性分析

采用 GGA+U 的方法和 HSE06 方法计算得出纯 ZnO 的能带结构，如图 3-21 所示。可以看出，ZnO 为直接带隙半导体，而且用 GGA+U 和 HSE06 方法计算得到的带隙分别为 3.40eV 和 3.32eV，这与实验结果相吻合。

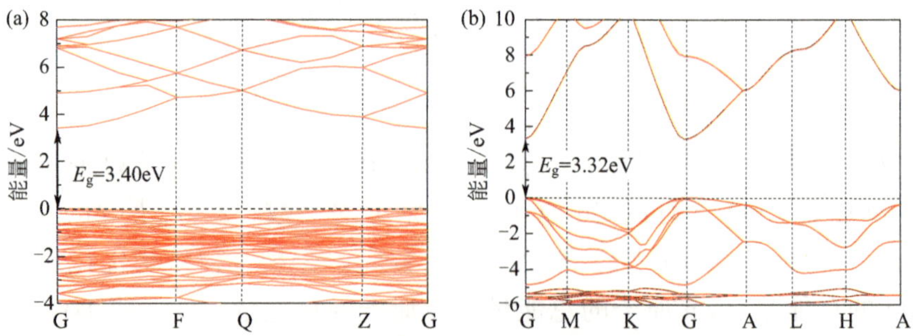

图 3-21　纯 ZnO 的能带结构分布

（a）GGA+U 的方法；（b）HSE06 的方法

为了研究 ZnO:Mn 体系和纯 ZnO 体系的磁性基态，首先计算得出纯 ZnO 和 $Zn_{34}Mn_2^{2+}O_{36}$ 态密度分布，如图 3-22 所示（虚线表示费米能级，并能量设置为零）。从图 3-22（a）可以看出，纯 ZnO 的上下自旋态密度对称，说明纯 ZnO 没有磁性。从图 3-22（b）以看出，$Zn_{34}Mn_2^{2+}O_{36}$ 的上下自旋态密度不对称，Mn 掺杂使 ZnO 体系具有了磁性。而且，费米能级进入上旋的态密度中，下旋的态密度为零，空穴自旋极化率 100%，显示半金属化的特征。这非常适合作为空穴自旋注入源材料[42]。表 3-7 的磁矩计算结果也显示 $Zn_{34}Mn_2^{2+}O_{36}$ 的总磁矩为 $10\mu_B$，是玻尔磁矩的整数倍，具有铁磁性的特征。

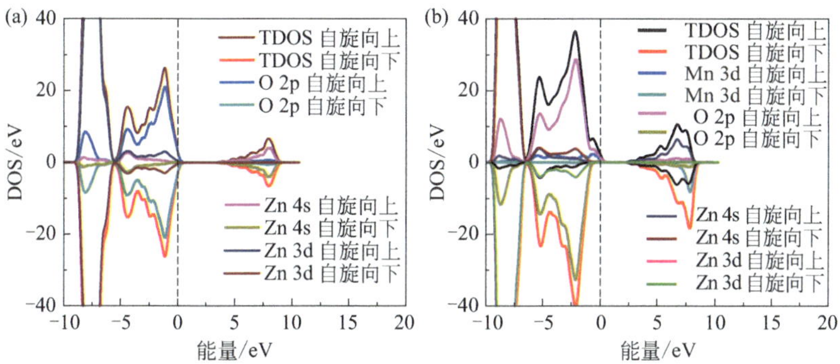

图 3-22　态密度分布

（a）纯 ZnO；（b）$Zn_{34}Mn_2^{2+}O_{36}$

为了进一步探究和分析不同价态 Mn 和 O 空位或 Zn 空位对 ZnO 体系磁学性能的影响，计算得出 $Zn_{34}Mn_2^{2+}O_{35}:V_O^{0/1+/2+}$、$Zn_{34}Mn_2^{3+/4+}O_{35}:V_O^0$、$Zn_{33}Mn_2^{2+}O_{36}:V_{Zn}^{0/1-/2-}$ 和 $Zn_{33}Mn_2^{3+/4+}O_{36}:V_{Zn}^0$ 体系的总态密度分布，结果如图 3-23 所示。由图 3-23 可看出，上述所有体系的总态密度上下自旋都不对称，说明所有体系都具有磁性。为进一步分析不同价态 Mn 和 O 空位或 Zn 空位对 ZnO 磁性影响的大小，计算了体系的总磁矩，结果列于表 3-8。由表 3-8 的磁矩计算结果可知，$Zn_{34}Mn_2^{2+}O_{36}$、$Zn_{34}Mn_2^{2+}O_{35}:V_O^{0/2+}$、$Zn_{34}Mn_2^{3+}O_{35}:V_O^0$ 和 $Zn_{33}Mn_2^{2+}O_{36}:V_{Zn}^0$ 体系的总磁矩等于 $10\mu_B$，其它体系的总磁矩都小于 $10\mu_B$。但是，表 3-8 形成能计算结果显示，$Zn_{34}Mn_2^{2+}O_{36}$、$Zn_{34}Mn_2^{2+}O_{35}:V_O^0$、$Zn_{34}Mn_2^{2+}O_{35}:V_O^{2+}$、$Zn_{34}Mn_2^{3+}O_{35}:V_O^0$ 和 $Zn_{33}Mn_2^{2+}O_{36}:V_{Zn}^0$ 形成能分别为 −2.03eV、5.02eV、0.54eV、−0.18eV 和 −4.68eV。结果说明，$Zn_{33}Mn_2^{2+}O_{36}:V_{Zn}^0$ 的形成能相对最低，容易形成稳定结构，并且磁矩相对最大。有趣的是，结合

图 3-23（f）和式（2-2）可以看出，费米能级进入了上旋的态密度中，下旋的态密度为零，空穴自旋极化率 100%，具有半金属化的特征。这非常适合作为空穴自旋注入源功能材料。此结果说明，$Zn_{33}Mn_2^{2+}O_{36}:V_{Zn}^0$ 体系不仅磁性相对最好、稳定性相对最高，而且，具有独特的半金属化的特征。因此，后续重点研究 $Zn_{33}Mn_2^{2+}O_{36}:V_{Zn}^0$ 体系的磁性机理与居里温度。

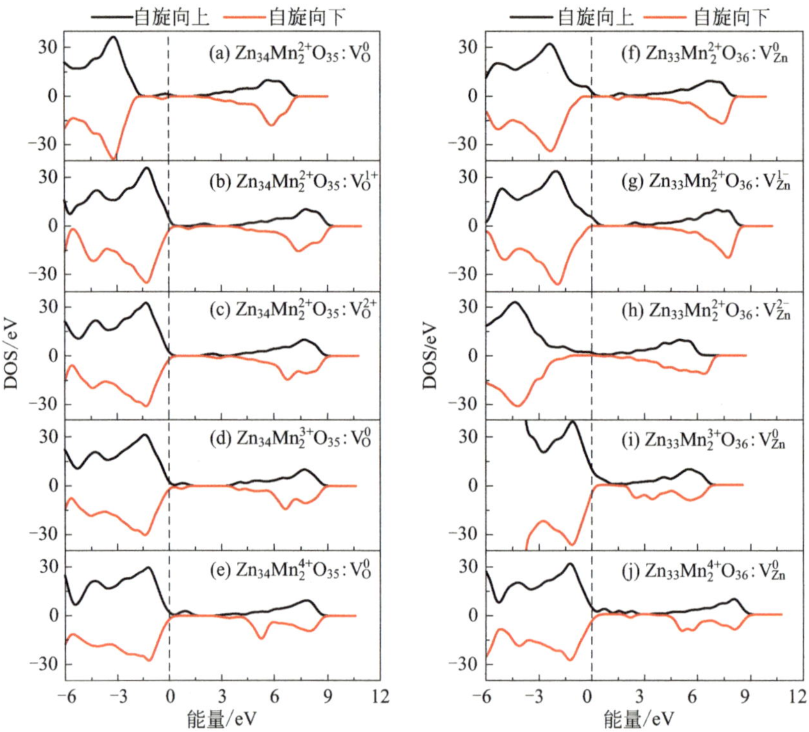

图 3-23　总态密度分布

（a）~（e）含 O 空位 ZnO:Mn 体系；（f）~（j）含 Zn 空位 ZnO:Mn 体系

为了详细研究 $Zn_{34}Mn_2^{2+}O_{36}:V_{Zn}^0$ 体系的磁性机理，计算了 $Zn_{34}Mn_2^{2+}O_{36}:V_{Zn}^0$ 的分波态密度（PDOS）分布，如图 3-24 所示。图 3-24 显示，在费米能级附近，Mn 3d、O 2p 和 Zn 4s 态之间存在着强杂化耦合作用，从而引起了 Mn 3d、O 2p 和 Zn 4s 在费米能级附近的自旋劈裂。但是 Zn 4s 的自旋劈裂较弱，说明 Zn 4s 对体系自旋极化的贡献不大。而且，Mn 3d 和 O 2p 的分波态密度明显不对称，进一步说明了 $Zn_{33}Mn_2^{2+}O_{36}:V_{Zn}^0$ 磁性来源为 Mn 3d 和 O 2p 之间的强耦合作用。

为了进一步研究 $Zn_{34}Mn^{2+}O_{36}:V_{Zn}^0$ 的磁性来源，计算得出该体系中的 Mn

原子［图 3-25（a）中的 Mn1 和 Mn2］与 V_{Zn}^{0} 邻近 O 原子［图 3-25（a）中的 O1、O2 和 O3］和 Zn 原子［图 3-25（a）中的 Zn1、Zn2 和 Zn3］的磁矩。Mn1 和 Mn2 的磁矩分别为 $4.75\mu_B$ 和 $4.98\mu_B$；V_{Zn}^{0} 邻近的 O1、O2 和 O3 原子的磁矩分别为 $1.02\mu_B$、$-0.57\mu_B$ 和 $0.02\mu_B$；V_{Zn}^{0} 邻近的 Zn1，Zn2 和 Zn3 原子的磁矩分别为 $-0.03\mu_B$、$-0.03\mu_B$ 和 $-0.02\mu_B$。结果表明，$Zn_{34}Mn^{2+}O_{36}:V_{Zn}^{0}$ 的磁性来源主要由 Mn 和 O 的自旋极化引起，Zn 对体系磁性影响不大。此结果与图 3-24 中的分波态密度分布结果一致。其次，图 3-24 显示，在价带处 O 2p 作为受主局域电子态和 Zn-3d 态杂化耦合电子存在双交换作用。而且，在导带底附近还存在着下自旋施主 O 2p 巡游电子，并且其态密度不对称，说明 O 2p 巡游电子对体系 $Zn_{33}Mn_2^{2+}O_{36}:V_{Zn}^{0}$ 磁矩有贡献。有趣的是，在体系 $Zn_{33}Mn_2^{2+}O_{36}:V_{Zn}^{0}$ 中未配对的 O 原子既有局域电子，又有巡游电子的形式。这与实验结果[43]相吻合。缺陷化学理论能够进一步解释含缺陷的掺杂磁性体系的磁性机理。根据缺陷化学理论，$Zn_{33}Mn_2^{2+}O_{36}:V_{Zn}^{0}$ 体系中的 Mn 和 V_{Zn} 反应式可写为：

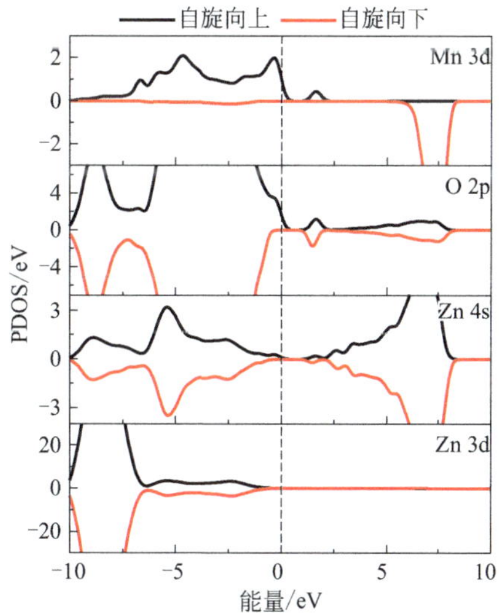

图 3-24　$Zn_{33}Mn_2^{2+}O_{36}:V_{Zn}^{0}$ 的分波态密度

$$2Mn_{Zn}^{2+}+V_{Zn}^{2-} \longrightarrow (Mn_{Zn}+V_{Zn})^{2-} \tag{3-11}$$

式（3-11）表明，掺杂体系中形成了 $2Mn_{Zn}$-V_{Zn} 的复合体。由式（2-5）可知，V_{Zn}^{0} 向体系提供两个空穴，为了保持电中性，Zn 空位近邻原子 Mn 和 O 的价电子将减少，周围电荷将向 Zn 空位及其近邻 Zn 原子转移。另外，对图 3-23（a）和图 3-22（b）比较可看出，$Zn_{33}Mn_2^{2+}O_{36}:V_{Zn}^{0}$ 体系中的 Mn 3d、O 2p 和 Zn 4s 态的价电子分布和 $Zn_{34}Mn_2^{2+}O_{36}$ 体系中的 Mn 3d、O 2p 和 Zn 4s 态的价电子分布明显不同，说明 V_{Zn}^{0} 对于邻近原子 Mn、O 和 Zn 的价电子分布有明显的影响。$Zn_{34}Mn_2^{2+}O_{36}$ 和 $Zn_{33}Mn_2^{2+}O_{36}:V_{Zn}^{0}$ 体系的价电子分布可以用其差分电荷密度描述。计算得出，$Zn_{34}Mn_2^{2+}O_{36}$ 和 $Zn_{33}Mn_2^{2+}O_{36}:V_{Zn}^{0}$ 体系的（001）晶面的差分电荷密度如图 3-25 所示。平面平均电荷密度差 $\Delta\rho(z)$ 定义为：

$$\Delta\rho(z)=\Delta\rho(z)_{Zn_{33}Mn^{2+}O_{36}:V_{Zn}^{0}}-\Delta\rho(z)_{Zn_{34}Mn^{2+}O_{36}} \qquad (3\text{-}12)$$

式中，$\Delta\rho(z)_{Zn_{33}Mn^{2+}O_{36}:V_{Zn}^{0}}$ 和 $\Delta\rho(z)_{Zn_{34}Mn^{2+}O_{36}}$ 分别表示体系 $Zn_{33}Mn^{2+}O_{36}:V_{Zn}^{0}$ 和 $Zn_{34}Mn^{2+}O_{36}$ 平面平均电荷密度分布。

根据平面平均电荷密度差 $\Delta\rho(z)$ 定义，并结合图 3-25 差分电荷密度分布可知，体系 $Zn_{34}Mn^{2+}O_{36}$ 中 Mn 原子价电子极化向外移动。特别是与体系 $Zn_{34}Mn_{2}^{2+}O_{36}$ 比较，体系 $Zn_{33}Mn_{2}^{2+}O_{36}:V_{Zn}^{0}$ 中 V_{Zn}^{0} 周围三个 O 原子价电子极化更明显地向 V_{Zn}^{0} 移动，同时，V_{Zn}^{0} 近邻的 Mn 原子价电子极化向 V_{Zn}^{0} 移动。计算结果表明，体系 $Zn_{33}Mn_{2}^{2+}O_{36}:V_{Zn}^{0}$ 中 Mn 和 O 的价电子明显向 V_{Zn}^{0} 转移，尤其是 O 原子因电子极化而失去的价电子相对明显，次之为 Mn 原子失去价电子相对较明显。此结果与磁矩和分波态密度分析结果一致。研究显示，体系的铁磁性来源于以 Zn 空位产生的空穴为媒介的 Zn 空位附近未配对 O 2p 电子和 Mn 3d 电子之间的双交换作用，这与经典磁性理论 [18] 相吻合。

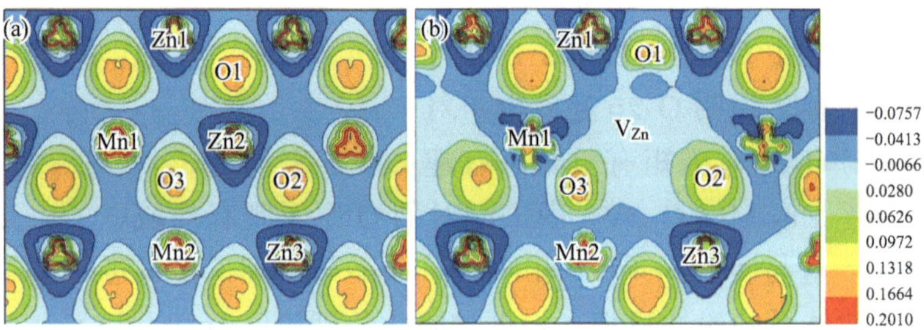

图 3-25 差分电荷密度分布

（a）$Zn_{34}Mn_{2}^{2+}O_{36}$；（b）$Zn_{34}Mn_{2}^{2+}O_{36}:V_{Zn}^{0}$

为了更直观地分析掺杂体系 $Zn_{33}Mn^{2+}O_{36}:V_{Zn}^{0}$ 的磁性来源，计算得出体系 $Zn_{33}Mn_{2}^{2+}O_{36}:V_{Zn}^{0}$ 的净自旋密度分布，如图 3-26 所示。图 3-26 显示，$Zn_{33}Mn_{2}^{2+}O_{36}:V_{Zn}^{0}$ 体系的磁性来源为 Mn 和 V_{Zn}^{0} 周围 O 原子的自旋极化，而且 O1 的自旋极化与 Mn 的自旋极化方向相同，对体系的磁性有增强作用。结果与磁矩、分波态密度和差分电荷密度分析结果一致。Peng 等 [44] 的研究结果也显示，$Mn_{0.03}Zn_{0.97}O$ 体系中存在 O 2p 巡游电子，而且 Mn^{2+} 和 O^{2-}

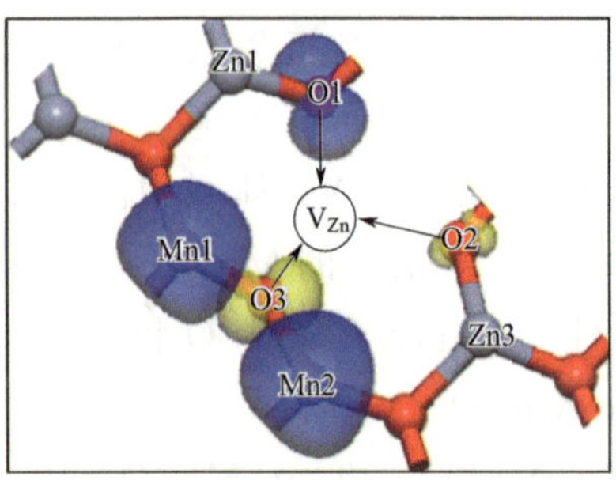

图 3-26 $Zn_{33}Mn^{2+}O_{36}:V_{Zn}^{0}$ 的净自旋密度分布

捕获空穴而改变价态。此结果与本节的结果一致，但是 Peng 等没有给出体系中的空穴来源。根据本节的结果可以推测，体系中的空穴来自 V_{Zn}^{0}。

掺杂体系磁性的稳定性取决于反铁磁态 AFM 与铁磁态 FM 的总能量之差 ΔE，$\Delta E=E_{AFM}-E_{FM}$，ΔE 为正值说明铁磁态 FM 稳定，而 ΔE 为负值说明反铁磁态稳定。为分析 $Zn_{33}Mn^{2+}O_{36}:V_{Zn}^{0}$ 体系的铁磁性，计算得出 $Zn_{33}Mn^{2+}O_{36}:V_{Zn}^{0}$ 体系的 FM 和 AFM 的总能量分别为 −73475.921eV 和 −73476.007eV。AFM 和 FM 的总能量差 ΔE=86meV，说明 $Zn_{33}Mn^{2+}O_{36}:V_{Zn}^{0}$ 的铁磁态比反铁磁态更加稳定。根据式（3-7）估算的 $Zn_{33}Mn^{2+}O_{36}:V_{Zn}^{0}$ 的居里温度（T_C）为 330.8K，说明体系的居里温度能够达到室温以上。

3.3.4 光学性质分析

为了便于分析不同价态的 Mn 和 V_{Zn}/V_O 对 ZnO 的光学性质的影响，首先计算了含 $V_{Zn}^{0/1-/2-}/V_O^{0/1+/2+}$ 的 $ZnO:Mn^{2+}$ 体系、含 V_{Zn}^{0}/V_O^{0} 的 $ZnO:Mn^{3+/4+}$ 和不含空位的 $ZnO:Mn^{2+}$ 的能带结构，结果如图 3-27 所示。比较图 3-27（a）和（b）比较可以看出，Mn^{2+} 掺杂使 ZnO 的光学带隙变窄，对光催化有积极作用。含 $V_O^{0/1+/2+}$ 的 $ZnO:Mn^{2+}$ 的能带图［图 3-27（c）～（e）］显示，由导带分离出来的 $V_O^{0/1+/2+}$ 杂质在带隙中形成了杂质能级，在杂质能级的作用下带隙变宽。其中，V_O^{0} 在带隙中形成了深杂质能级，但是杂质能级与费米能级部分重叠。根据式（2-6）可知，杂质能级与费米能级的重叠有利于陷阱效应，从而提高电子激发到导带的概率，因此，V_O^{0} 杂质能级对体系的光催化有积极作用。V_O^{1+} 在带隙中形成了杂质能级，而且由于自旋劈裂杂质能带拓展，有利于杂质电离和价带电子跃迁到杂质能级上，提高了体系的光催化活性。V_O^{2+} 诱导的杂质能级离导带比较近，有利于杂质电离，但是不利于价带电子跃迁，对光催化的促进作用较弱。图 3-27（f）显示，含 V_O^{0} 的 $ZnO:Mn^{3+}$ 的体系带隙变宽，在价带顶附近费米能级上方出现一个杂质能级，杂质能级局域性较强，不利于杂质电离，对光催化的促进作用较小。含 V_O^{0} 的 $ZnO:Mn^{4+}$ 的能带图［图 3-27（g）］显示，在导带底和价带顶附近各形成了一个杂质能级，容易产生杂质补偿，对体系的光催化不利。图 3-27（h）和（i）显示，含 $V_{Zn}^{0/1-}$ 的 $ZnO:Mn^{2+}$ 体系的带隙变窄，对体系的光催化有一定的积极作用。图 3-27（j）和（k）显示，含 V_{Zn}^{2-} 的 $ZnO:Mn^{2+}$ 和含 V_{Zn}^{0} 的 $ZnO:Mn^{3+}$ 体系的带隙变窄，但是带尾效应显著，杂质能带较宽，容易形成电子空穴对的复合中心，对体系的光催化不利。图 3-27（l）显示，含 V_{Zn}^{0}

的 ZnO:Mn^{4+} 体系的带隙变宽，并且杂质能带较宽、局域性比较强，利于载流子的复合、不利于体系的光催化。根据以上分析，ZnO:Mn 和含 V_O/V_{Zn} 的 ZnO:Mn 体系中，不含空位、含 $V_O^{0/1+}$ 和 $V_{Zn}^{0/1-}$ 的 ZnO:Mn^{2+} 的光催化效应比较显著，因此后续的光学性质研究中只研究上述五个体系。

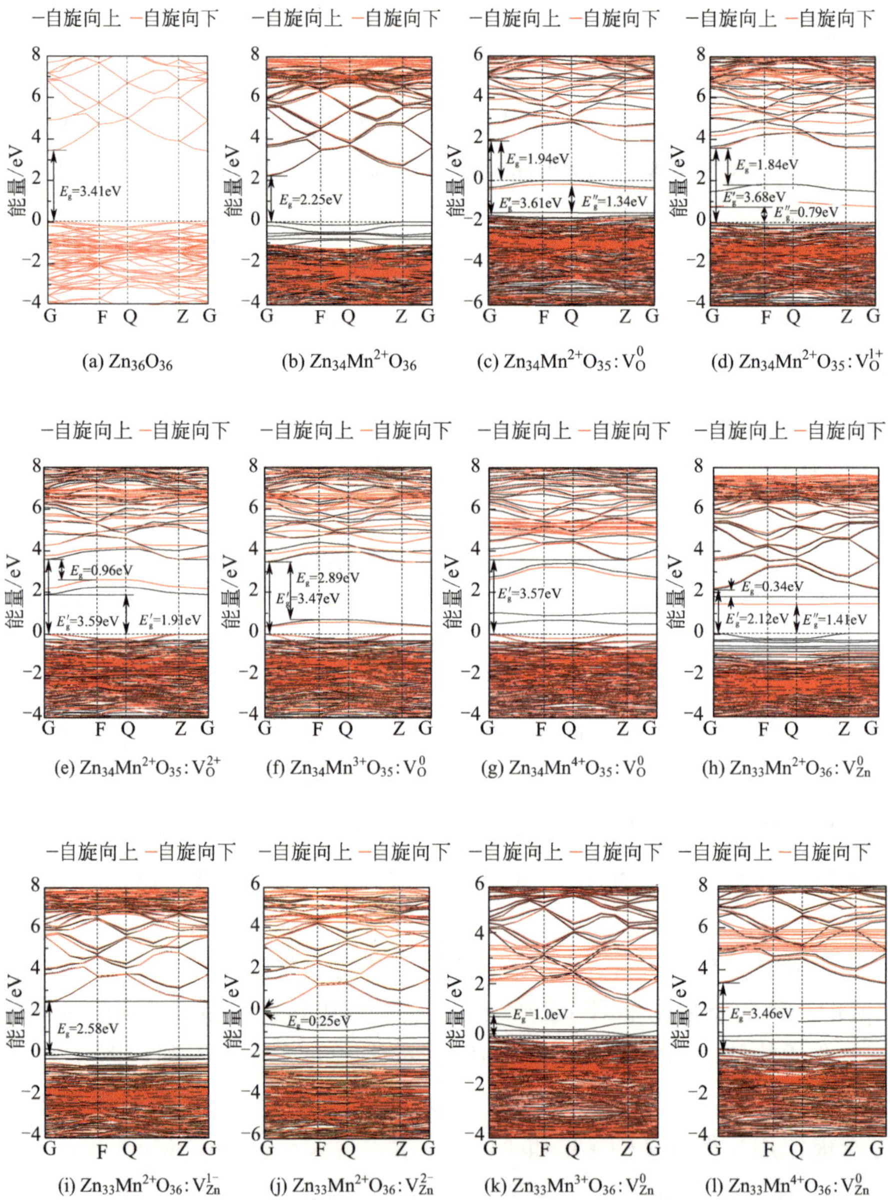

图 3-27 纯 ZnO、含 V_O/V_{Zn} 和不含空位的 ZnO:Mn 的能带结构图

光学带隙的变化与 ZnO 的导带或价带电子和掺杂 Mn 离子（取代 Zn 离子）的局域 d 电子之间的相互作用有关。而且，由于 sp-d 相互作用增强，ZnO 的价带向高能级移动，而导带向低能级移动。为了进一步探索 V_O/V_{Zn} 对 ZnO:Mn 的能带结构影响的机理，计算了纯 ZnO、ZnO:Mn^{2+} 和含 $V_O^{0/1+}$ 或 $V_{Zn}^{0/1-}$ 的 ZnO:Mn^{2+} 的总态密度和分波态密度，结果如图 3-28 所示。

图 3-28（a）显示，纯 ZnO 的导带底和价带顶分别由 Zn 4s 和 O 2p 所决定，带隙为 3.4eV。由图 3-28（b）所示的 ZnO:Mn^{2+} 的分波态密度图可知，体系的价带顶和导带低分别由 O 2p、Mn 3d 和 Zn 4s 所决定。与图 3-23（a）比较可知，Mn 3d 局域电子和 ZnO 价带 O 2p 电子和导带 Zn 4s 电子之间的 sp-d 相互作用的增强导致 ZnO:Mn^{2+} 的带隙变窄。图 3-28（c）显示，在 $Zn_{34}Mn_2^{2+}O_{35}$:V_O^0 体系中，由价带分离出来的 O 离子和由导带分离出来的 Zn 离子在带间隙中形成杂质能级，并且在杂质能级与价带之间的排斥作用和与导带之间的吸引作用下，价带和导带下移，价带下移比导带下移多，导致体系的带隙变宽。在可见光的激发下杂质态电子激发到导带，形成还原活性的光生电子，同时在杂质能级上形成一个空态。价带电子受到可见光激发跃迁到导带，在价带形成具有还原能力的空穴。结果表明，体系中产生一对具有还原 - 氧化能力的电子空穴对，需要吸收两个可见光光子。另外，图 3-28（c）还显示，杂质能级和费米能级部分重叠，说明杂质能级有利于形成陷阱。陷阱效应能够有效阻止光生电子和空穴的复合，使电子和空穴有效转移而发生氧化 - 还原反应，把吸收的光能转换成化学能。由图 3-28（d）可知，$Zn_{34}Mn^{2+}O_{35}$:V_O^{1+} 中的杂质能级主要由 Zn 离子贡献。与图 3-28（c）比较可知，V_O^0 失去一个电子后，与价带之间的引力作用和与导带之间的排斥作用使价带和导带上移，导带的上移比价带的上移大，带隙变宽。但是杂质能带在价带顶附近产生带尾效应，而且图 3-28（d）显示，因杂质能带的自旋劈裂使杂质能带拓宽，光学带隙变窄。图 3-28（e）显示，由于 V_{Zn}^0 的存在，$Zn_{33}Mn^{2+}O_{36}$:V_{Zn}^0 体系的价带中的 O 离子失去电子后在导带底附近形成施主杂质能级。在杂质带中的 O 离子与价带中的 Mn 离子之间的引力作用和与导带中的 Zn 离子之间的引力作用下，价带上移，导带下移，带隙变窄。图 3-28（f）显示，V_{Zn}^{1-} 诱导下 O 2p 态失去电子后在导带底附近形成施主杂质即正电中心。在 O 2p 态与导带底附近的 Zn 4s 态和价带顶附近的 Mn 3d 态之间的引力作用下，价带顶和杂质能级上移，带隙变窄，费米能级进入价带之中，体系成为典型的 p 型半导体。费米能级进入 O 2p 和 Mn 3d 态的价带中，说明价带中的 O 2p 和 Mn 3d 失去了电子。

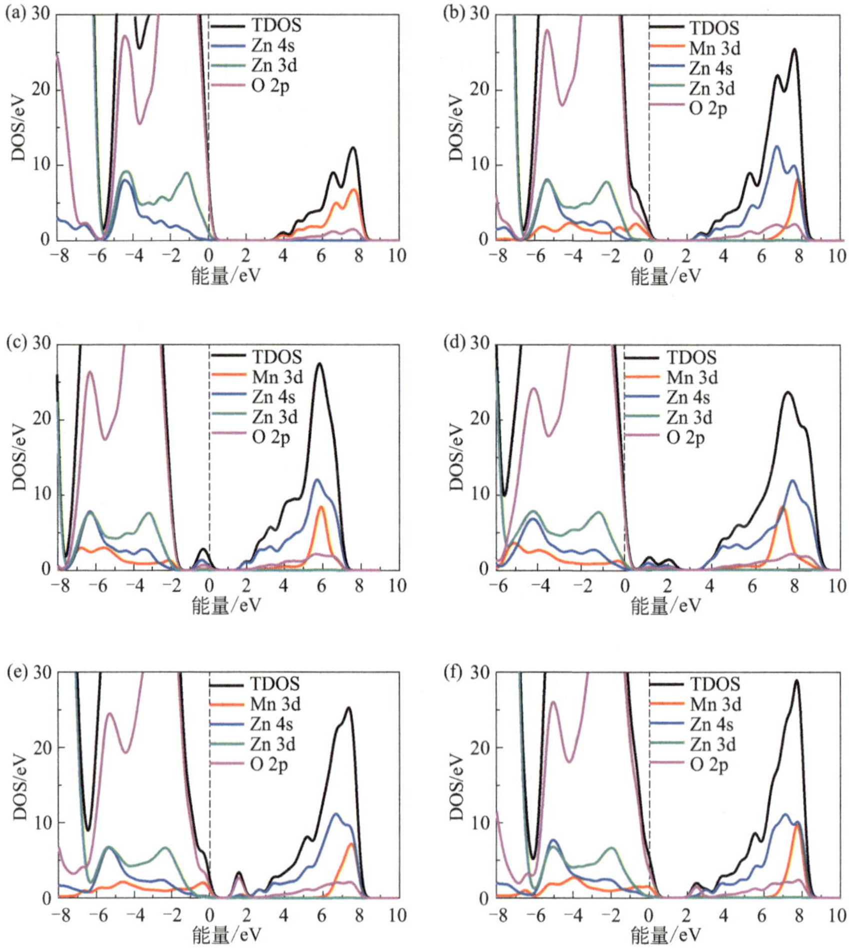

图 3-28　ZnO:Mn 的总的态密度和分波态密度

（a）$Zn_{36}O_{36}$；（b）$Zn_{34}Mn_2^{2+}O_{36}$；（c）$Zn_{34}Mn_2^{2+}O_{35}$:V_O^0；（d）$Zn_{34}Mn_2^{2+}O_{35}$:V_O^{1+}；（e）$Zn_{33}Mn_2^{2+}O_{36}$:V_{Zn}^0；（f）$Zn_{33}Mn_2^{2+}O_{36}$:V_{Zn}^{1-}

为了分析因空位引起的电荷分布的变化，计算了纯 ZnO、不含空位和含 $V_O^{0/1+}$/$V_{Zn}^{0/1-}$ 的 ZnO:Mn^{2+} 的差分电荷密度，结果如图 3-29 所示。其中，O1、O2 和 O3 为（001）平面上的 V_{Zn} 最近邻的 O 离子；而 Zn1、Zn2 和 Zn3 为（001）晶面上的 V_O 最近邻的三个 Zn 离子。图 3-29（a）和（b）相比可知，$Zn_{34}Mn_2^{2+}O_{36}$ 体系中的 Mn/Zn 和 O 离子之间的电子云密度比 $Zn_{36}O_{36}$ 体系中的 Zn（被 Mn 替代）和 O 离子之间的电子云密度大，说明，$Zn_{34}Mn_2^{2+}O_{36}$ 体系中的 Mn/Zn 和 O 离子之间相互作用大于 $Zn_{36}O_{36}$ 体系中的 Zn（被 Mn 替代）和 O 离子之间的相互作用。此结果与图 3-28（b）中的价带中的 Mn 和

O 离子之间的排斥作用和导带中的 Zn 与 O 离子之间的排斥作用的结果一致。图 3-29（c）与图 3-29（b）比较可以看出，V_O^0 与 Zn2 和 Mn1/Mn2 之间的电子云密度升高，相互作用增强，这与 3-28（d）所示的分波态密度中杂质能级中 Zn 和 O 离子的杂化作用和价带中的 Mn 和 O 之间的杂化作用一致。图 3-29（d）显示，Zn2 与周围的 O1、O2 和 V_O^{1+} 之间电子云密度有所升高，相互作用作用有所增强。说明 Zn2 与周围的 O 之间的作用范围大，但与 V_O^0 相比，作用相对较弱，这很好地解释了图 3-28（d）中杂质能级峰值小、范围广的原因。V_O^{1+} 与 Mn1 和 Mn2 之间的电子云密度变化不是很大，对能带的变化影响不大。图 3-29（e）和（f）显示，V_{Zn}^0/V_{Zn}^{1-} 周围的 O 离子的电子云升高，而且 V_{Zn}^0 周围 O 离子的电子云更高，说明 O 离子与周围的 Zn 和 Mn 之间的相互作用增强，而且 V_{Zn}^0 周围的相互作用更强。O 与 Mn 离子之间的相互作用对应图 3-28（e）和（f）中的杂质能级中的 O 和价带中 Mn 离子之间的引力作用，因此 V_{Zn}^0 周围的相互作用更强导致 V_{Zn}^0 诱导的杂质能级较低。

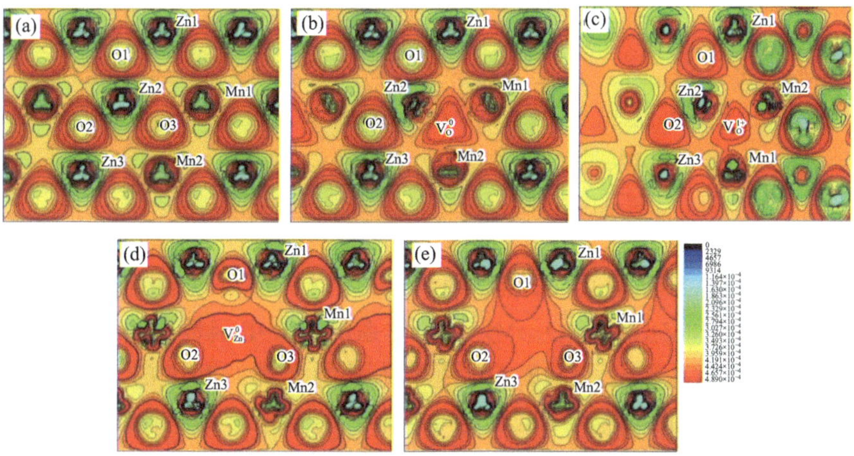

图 3-29 ZnO:Mn^{2+} 的（001）平面的差分电荷密度

（a）$Zn_{34}Mn_2^{2+}O_{36}$；（b）$Zn_{34}Mn_2^{2+}O_{35}$:V_O^0；（c）$Zn_{34}Mn_2^{2+}O_{35}$:V_O^{1+}；（d）$Zn_{34}Mn_2^{2+}O_{35}$:V_{Zn}^0；（e）$Zn_{34}Mn_2^{2+}O_{35}$:V_{Zn}^{1-}

为了进一步分析体系的光学性质，计算了体系的吸收光谱，如图 3-30 所示。图 3-30（a）显示，Mn 掺杂大大提高了 ZnO 体系对紫外光的吸收，而且吸收峰蓝移，说明紫外光的吸收峰是体系的价带电子跃迁至导带所致。由此图还可以看出，含 $V_O^{0/1+}$ 和 $V_{Zn}^{0/1-}$ 的和不含空位的 ZnO:Mn^{2+} 的紫外光吸收峰和吸收强度差别不大，说明空位对体系的紫外光吸收影响不大。由图 3-30（b）可知，Mn 掺杂不仅提高了 ZnO 的紫外光的吸收，也有效提高了可见光区域光吸收，而且拓展了光吸收范围。吸收光谱向长波方向移动，发生红移现象，与能带结构和分波态密度分析结果一致。V_O^0 诱导的杂质能级对 ZnO:Mn^{2+} 体系在 360 ～ 509nm 波段内的吸收强度的影响最大，其次在 509 ～ 760nm 范围内，V_{Zn}^0 诱导的杂质能级的影响最大。结合图 3-27 和图 3-30 可知，509 ～ 760nm 范围为低能级范围，电子跃迁主要通过杂质电离实现，而 V_{Zn}^0 诱导的杂质电离所需能量最低，吸收强度最强。360 ～ 509nm 波段为高能级跃迁，光吸收主要是通过价带电子的跃迁而实现。在此波段内，V_O^0 诱导的杂质能级的陷阱效应显著，吸收光强度最大。

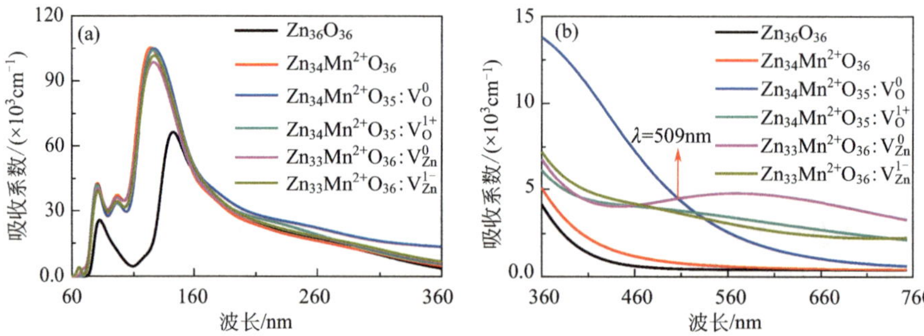

图 3-30　纯、不含空位和含 $V_O^{0/1+}$/$V_{Zn}^{0/1-}$ ZnO:Mn 的吸收谱

（a）60 ~ 360nm;（b）360 ~ 760nm

为了进一步分析体系的光学性质机理，计算了光吸收强度较高的 $Zn_{34}Mn_2^{2+}O_{35}$:V_O^0 和 $Zn_{33}Mn_2^{2+}O_{36}$:V_{Zn}^0 两个体系的复介电函数的实部（为了进行比较画出了 $Zn_{36}O_{36}$ 和 $Zn_{34}Mn_2^{2+}O_{36}$ 两个体系的实部）和虚部，并把两个体系的介电常数与 $Zn_{36}O_{36}$ 和 $Zn_{34}Mn_2^{2+}O_{36}$ 体系的介电常数进行了比较，结果如图 3-31 所示。图 3-31（a）所示，Mn 掺杂使 ZnO 体系的静介电常数变大，说明导带中的光电子寿命变长，提高了体系的光催化活性。含 V_O^0/V_{Zn}^0 的 ZnO:Mn^{2+} 体系的介电常数比不含空位体系的介电常数大，说明 V_O^0/V_{Zn}^0 的存在提高了体系的光催化活性，而且对体系光催化活性影响基本一样。图 3-31（b）显示，$Zn_{34}Mn_2^{2+}O_{35}$:V_O^0 体系的复介电函数的虚部在 0 ～ 10eV 能量范围内有三个介电峰，分别位于 3.34eV、4.97eV 和 8.91eV 的位置。由图 3-28（c）可知，第一个峰是电子从 O 2p 态向 Zn 4s 态跃迁产生的；第二个峰是电子从 Zn 3d 态向 O 2p 态跃迁产生的；第三个峰是电子从 Zn 4s

向 Mn 3d 态的跃迁产生的。体系 $Zn_{33}Mn^{2+}O_{36}:V_{Zn}^0$ 体系的复介电函数的虚部在 0 ～ 10eV 范围内有两个介电峰，分别位于 1.94eV 和 9.05eV 的位置。结合图 3-28（e）可知，体系的第一个介电峰是电子从 Mn 3d 向 O 2p 态跃迁产生的，而第二个介电峰是电子从 Zn 3d 向 Mn 3d 态跃迁产生的。

对 ZnO:Mn 体系的光学性质分析可知，Mn 掺杂和 V_O^0/V_{Zn}^0 有效提高了 ZnO 体系的光催化活性。因此，含 V_O^0/V_{Zn}^0 的 ZnO:Mn 体系是有较好前景的光催化材料。

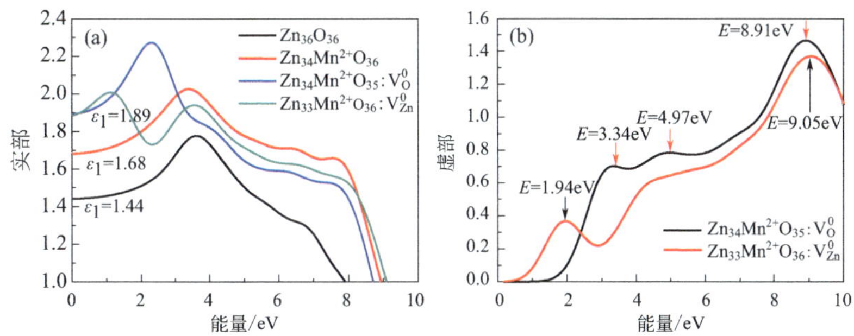

图 3-31　纯 ZnO、不含空位和含 V_O^0/V_{Zn}^0 的 $ZnO:Mn^{2+}$ 的介电函数

（a）实部；（b）虚部

本节基于第一性原理研究了 $Mn^{2+/3+/4+}$ 掺杂的含 $V_O^{0/1+/2+}$ 和 $V_{Zn}^{0/1-/2-}$ 的 ZnO 的稳定性、磁性和吸收光谱。ZnO:Mn 中 Mn 和 V_O/V_{Zn} 的距离越近，形成能越低，结构越稳定。而且 ZnO:Mn 在富氧条件下形成能比富锌条件下的形成能低，结构相对稳定。磁性结果显示，$Zn_{33}Mn_2^{2+}O_{36}:V_{Zn}^0$ 的形成能相对最低，磁矩相对最大，而且部分磁性来源于巡游电子。$Zn_{33}Mn_2^{2+}O_{36}:V_{Zn}^0$ 具有铁磁性和半金属性，用平均场理论估算的居里温度达到室温以上。掺杂体系的磁性主要来源于 V_{Zn} 附近未配对 O 2p 电子和 Mn 3d 电子之间的双交换作用。$Zn_{34}Mn_2^{2+}O_{35}:V_O^0$ 和 $Zn_{33}Mn_2^{2+}O_{36}:V_{Zn}^0Mn^{2+}$ 体系的光学带隙最窄，对可见光吸收最有利，体系的可见光吸收光谱红移。其中，V_O^0 杂质能级和费米能级部分重叠形成陷阱效应，更有利于产生电子 - 空穴对。此外，Mn 掺杂、V_O^0 和 V_{Zn}^0 能增强体系的自旋极化，延长光生电子寿命，提高光催化活性。因此，含 V_O^0/V_{Zn}^0 的 ZnO:Mn 体系是有较好前景的光催化材料。

参考文献

[1] De Almeida V M, Mesquita A, de Zevallos A O, et al. Room temperature ferromagnetism

promoted by defects at zinc sites in Mn-doped ZnO [J]. Journal of Alloys and Compounds, 2016, 655: 406-414.

[2] Cao Q, Fu M, Liu G, et al. Local vibrational modes competitions in Mn-doped ZnO epitaxial films with tunable ferromagnetism [J]. Journal of Applied Physics, 2014, 115(24) : 243906.

[3] Liu W, Tang X, Tang Z. Effect of oxygen defects on ferromagnetism of Mn doped ZnO [J]. Journal of Applied Physics, 2013, 114(12) : 123911.

[4] Ahmed S. A Structural, optical, and magnetic properties of Mn-doped ZnO samples [J]. Results in Physics, 2017, 7: 604-610.

[5] Jin J, Chang G S, Boukhvalov D W, et al. Element-specific electronic structure of Mn dopants and ferromagnetism of (Zn, Mn)O thin films [J]. Thin Solid Films, 2010, 518(10) : 2825-2829.

[6] Goh E S, Mah J W, Yoon T L. Effects of Hubbard term correction on the structural parameters and electronic properties of wurtzite ZnO [J]. Computational Materials Science, 2017, 138: 111-116.

[7] Chien C H, Chiou S H, Guo G Y, et al. Electronic structure and magnetic moments of 3d transition metal-doped ZnO [J]. Journal of Magnetism and Magnetic Materials, 2004, 282(1) : 275-278.

[8] Ullah M, Wang C, Su W B, et al. Thermoelectric properties, phase analysis, microstructural investigation and lattice parameters *c*/*a* ratio of Al^{3+} and In^{3+} dual-doped zinc oxide-based ceramics sintered at high temperature under an argon atmosphere [J]. Materials Science in Semiconductor Processing, 2018, 87: 202-206.

[9] Sharrouf M, Awad R, Marhaba S, et al. Structural, optical and room temperature magnetic study of Mn-doped ZnO nanoparticles [J]. Nano, 2016, 11(4) : 1650042.

[10] Liu H, Zhang J M. Effect of two identical 3d transition-metal atoms M doping(M = V, Cr, Mn, Fe, Co, and Ni) on the structural, electronic, and magnetic properties of ZnO [J]. physica status solidi(b) , 2017, 254(10) : 1700098.

[11] Khalid M, Ziese M, Setzer A, et al. Defect-induced magnetic order in pure ZnO films [J]. Physical Review B, 2009, 80(3) : 035331.

[12] Dietl T, Ohno H, Matsukura F, et al. Zener model description of ferromagnetism in zinc-blende magnetic semiconductors [J]. Science, 2000, 287(5455) : 1019-1022.

[13] Dietl T, Ohno H, Matsukura F, et al. Material design for transparent ferromagnets with ZnO-based magnetic semiconductors [J]. Science, 2000, 287(5455) : 1019-1022.

[14] Dilber Pushpitha R, Bruno Chandrasekar L, Segu Sahuban Bathusha N M, et al. Preparation and characterization of Mn doped ZnO nanorods [J]. Physics of the Solid State, 2018, 60(5) : 1011-1015.

[15] Gao Q, Dai Y, Li C, et al. Correlation between oxygen vacancies and dopant concentration in Mn-doped ZnO nanoparticles synthesized by co-precipitation technique [J]. Journal of Alloys and Compounds, 2016, 684: 669-676.

[16] Pazhanivelu V, Selvadurai A P B, Murugaraj R. Room temperature magnetic behaviour of Mn codoping in ZnO: Co nanoparticles synthesized by co-precipitation method [J]. Journal of Materials Science: Materials in Electronics, 2017, 29(4) : 3087-3094.

[17] Ponnusamy R, Selvaraj S C, Ramachandran M, et al. Diverse spectroscopic studies and first-principles investigations of the zinc vacancy mediated ferromagnetism in Mn-doped ZnO nanoparticles [J]. Crystal Growth & Design, 2016, 16(7) : 3656-3668.

[18] Zener C. Interaction between thed-Shells in the transition metals. Ⅱ. Ferromagnetic compounds of manganese with perovskite structure [J]. Physical Review, 1951, 82(3) : 403-405.

[19] Sato K, Katayama-Yoshida H. First principles materials design for semiconductor spintronics [J]. Semiconductor Science and Technology, 2002, 17(4) : 367-376.

[20] Kumar M, Negi K, Chauhan S, et al. Synthesis, Characterization, photocatalytic and sensing properties of Mn-doped ZnO nanoparticles [J]. J Nanosci Nanotechnol, 2019, 19(12) : 8095-8103.

[21] Ma X, Wu Y, Lv Y, et al. Correlation Effects on lattice relaxation and electronic structure of ZnO within the GGA+U formalism [J]. The Journal of Physical Chemistry C, 2013, 117(49) : 26029-26039.

[22] Foster G M, Faber G, Yao Y F, et al. Direct measurement of defect and dopant abruptness at high electron mobility ZnO homojunctions [J]. Applied Physics Letters, 2016, 109(14) : 143506.

[23] He A L, Wang X Q, Wu R Q, et al. Adsorption of an Mn atom on a ZnO sheet and nanotube: a density functional theory study [J]. J Phys Condens Matter, 2010, 22(17) : 175501.

[24] Kraut M, Sirotti E, Pantle F, et al. Control of band gap and band edge positions in gallium-zinc oxynitride grown by molecular beam epitaxy [J]. The Journal of Physical Chemistry C, 2020, 124(14) : 7668-7676.

[25] Zhang B Y, Yao B, Li Y F, et al. Evidence of cation vacancy induced room temperature ferromagnetism in Li-N codoped ZnO thin films [J]. Applied Physics Letters, 2011, 99(18) : 182503.

[26] Ullah Awan S, Hasanain S K, Bertino M F, et al. Ferromagnetism in Li doped ZnO nanoparticles: The role of interstitial Li [J]. Journal of Applied Physics, 2012, 112(10) : 103924.

[27] Deepika, Kumar R, Kumar R, et al. Defect induced room-temperature ferromagnetism

and enhanced photocatalytic activity in Ni-doped ZnO synthesized by electrodeposition [J]. Chinese Physics B, 2020, 29(10) .

[28] Sindhu H S, Rajendra B V, Hebbar N D, et al. Defect induced white-light emission from Mn-doped ZnO films and its magnetic properties [J]. Journal of Luminescence, 2018, 199: 423-432.

[29] Reynolds D, Look D, Jogai B, et al. Neutral-donor-bound-exciton complexes in ZnO crystals [J]. Physical Review B, 1998, 57(19) : 12151-12155.

[30] Janotti A, Van de Walle C G. Native point defects in ZnO [J]. Physical Review B, 2007, 76(16) : 165202.

[31] Kasim M F, Darman A, Yaakob M K, et al. Experimental and first-principles DFT studies on the band gap behaviours of microsized and nanosized $Zn_{1-x}Mn_xO$ materials [J]. Phys Chem Chem Phys, 2019, 21(35) : 19126-19146.

[32] Kamarulzaman N, Kasim M F, Rusdi R. Band gap narrowing and widening of ZnO nanostructures and doped materials [J]. Nanoscale Res Lett, 2015, 10(1) : 1034.

[33] Karmakar R, Neogi S K, Midya N, et al. Magnetic properties of Mn doped ZnO: the role of synthesis route [J]. Journal of Materials Science: Materials in Electronics, 2016, 27(6) : 6371-6381.

[34] Putri N A, Fauzia V, Iwan S, et al. Mn-doping-induced photocatalytic activity enhancement of ZnO nanorods prepared on glass substrates [J]. Applied Surface Science, 2018, 439: 285-297.

[35] Omri K, El Ghoul J, Lemine O M, et al. Magnetic and optical properties of manganese doped ZnO nanoparticles synthesized by sol-gel technique [J]. Superlattices and Microstructures, 2013, 60: 139-147.

[36] Othman A A, Osman M A, Ibrahim E M M, et al. Mn-doped ZnO nanocrystals synthesized by sonochemical method: Structural, photoluminescence, and magnetic properties [J]. Materials Science and Engineering: B, 2017, 219: 1-9.

[37] Hu D, Liu X, Deng S, et al. Structural and optical properties of Mn-doped ZnO nanocrystalline thin films with the different dopant concentrations [J]. Physica E: Low-dimensional Systems and Nanostructures, 2014, 61: 14-22.

[38] Wu Z L, Tian B, Xu H J. Improving color rendering index of Mn-doped ZnO nanorods on silicon-based substrate [J]. Rare Metals, 2016, 36(9) : 711-717.

[39] Hsu H S, Huang J C A, Huang Y H, et al. Evidence of oxygen vacancy enhanced room-temperature ferromagnetism in Co-doped ZnO [J]. Applied Physics Letters, 2006, 88(24) : 242507.

[40] Lyons J L, Varley J B, Steiauf D, et al. First-principles characterization of native-defect-related optical transitions in ZnO [J]. Journal of Applied Physics, 2017, 122(3) : 035704.

[41] Lee Y L, Kleis J, Rossmeisl J, et al. Ab initioenergetics of $LaBO_3(001)$ (B=Mn, Fe, Co, and

Ni) for solid oxide fuel cell cathodes [J]. Physical Review B, 2009, 80(22) : 224101.

[42] Pickett W E, Moodera J S. Half metallic magnets [J]. Physics Today, 2001, 54(5) : 39-44.

[43] Wu L Q, Li Y C, Li S Q, et al. Method for estimating ionicities of oxides using O 1s photoelectron spectra [J]. AIP Advances, 2015, 5(9) : 097210.

[44] Peng H, Ndione P F, Ginley D S, et al. Design of semiconducting tetrahedral $Mn_{1-x}Zn_xO$ alloys and their application to solar water splitting [J]. Physical Review X, 2015, 5(2) : 021016.

锰、钐、铈掺杂氧化锌
基于第一性原理的磁光性能分析

第 4 章

含点缺陷的 Sm 掺杂 ZnO 的磁光性能

4.1 不同价态缺陷对 ZnO:Sm 磁光性能的影响

缺陷对 ZnO 基器件的电学输运特性和发光特性起着至关重要的作用，外来间隙氢、掺杂和本征点缺陷都强烈影响着 ZnO 的性能。实验过程中，MOCVD 或 HVPE 等生长技术 [1,2] 不可避免地将高浓度 H 引入材料中 [1,3]。据文献 [1,4,5] 可知，不同价态的 Sm 离子和 V_{Zn}/V_O 对掺杂体系物理性质也存在不同的影响。而且前人研究中，关于 Sm 离子价态和点缺陷（V_{Zn}，V_O）价态以及间隙 H 浓度对 ZnO 体系光催化性能的影响的报道较少。另外，阳离子空位（V_{Zn}）和阴离子空位（V_O）具体哪个更有利于掺杂体系磁性和光催化性能，目前尚不清楚。由于 ZnO 中最丰富的本征缺陷是 V_{Zn} 和 V_O，而体系中又有无意引入的掺杂 H，且在实验上难以精确控制点缺陷（V_{Zn}，V_O，H_i），因此本章对不同价态的 $Sm^{3+/2+}$ 和点缺陷（$V_{Zn}^{2-/0}$，$V_O^{2+/0}$，H_i）共存的 ZnO 体系进行了第一性原理计算，研究了纯 ZnO 与含点缺陷的 Sm 掺杂 ZnO 体系的电子结构和光催化性能。分别筛选出最容易掺杂且最稳定的两种体系，即 $Zn_{34}Sm^{3+}H_1O_{36}$（V_{Zn}^{2-}）和 $Zn_{35}Sm^{3+}H_4O_{35}$（V_O^{2+}）体系。两种体系相比，$Zn_{34}Sm^{3+}H_1O_{36}$（V_{Zn}^{2-}）体系载流子寿命相对更长，载流子活性更强，更有利于作为分解水制氧的光催化剂。$Zn_{34}Sm^{3+}H_1O_{36}$（V_{Zn}^{2-}）和 $Zn_{35}Sm^{3+}H_4O_{35}$（V_O^{2+}）体系均具有磁性。

4.1.1 模型与计算方法

构建了 14 种不同的 ZnO 模型。其中 3 种不同 Sm-V_{Zn} 间距的一个 Sm 原子替换一个 Zn 原子并与一个 Zn 空位共存的块体 $Zn_{34}SmO_{36}$ 超胞模型，3 个体系分别用 $Zn_{34}SmO_{36}^{1\sim3}$（Sm-V_{Zn} 间距分别为 0.321nm，0.457nm，0.566nm）表示，如图 4-1（a）所示。4 种不同浓度间隙 H、Sm 掺杂和 Zn 空位共存的 $Zn_{34}SmH_nO_{36}$（n=1, 2, 3, 4）超胞模型，如图 4-1（b）所示。3 种不同 Sm-V_O 间距的一个 Sm 原子替换一个 Zn 原子并与一个 O 空位共存的块体 $Zn_{35}SmO_{35}$ 超胞模型，3 个体系分别用 $Zn_{35}SmO_{35}^{a\sim c}$（Sm-$V_O$ 间距分别为 0.192nm，0.381nm，0.457nm）表示，如图 4-2（a）所示。4 种不同浓度间隙 H、Sm 掺杂和 O 空位共存的 $Zn_{35}SmH_nO_{35}$（n=1, 2, 3, 4）超胞模型，如图 4-2（b）所示。本章 $Zn_{34}SmO_{36}$ 和 $Zn_{35}SmO_{35}$ 体系中 Sm 的掺杂

浓度（原子分数）为 1.41%，$Zn_{34}SmH_nO_{36}$（n=1, 2, 3, 4）和 $Zn_{35}SmH_nO_{35}$（n=1, 2, 3, 4）体系中 Sm 的掺杂浓度（原子分数）分别为 1.39%、1.37%、1.35%、1.33%，均低于已有实验数据[6,7]，所有掺杂体系仍为六方纤锌矿结构。由于空位是 ZnO 中最容易出现的本征缺陷[8]，而且 1 ～ 4 个间隙 H 原子可以容纳在阳离子空位中，在阴离子空位中可发生氢的过配位[9-11]，因此 $Zn_{34}SmH_nO_{36}$（n=1, 2, 3, 4）和 $Zn_{35}SmH_nO_{35}$（n=1, 2, 3, 4）掺杂体系是能够实现的。

图 4-1（b）中，$Zn_{34}SmH_nO_{36}$（n=1, 2, 3, 4）体系间隙 H 均在锌空位中。这是由于间隙 H 是施主，锌空位是受主，间隙 H 与 V_{Zn} 以及近邻的 O 原子存在相互吸引力作用，形成明显的 O—H 键[10]，吸引力越大体系越稳定。这一结果与已有研究[2,12]发现的普适性规律一致。图 4-2（b）中，$Zn_{35}SmH_nO_{35}$（n=1, 2, 3, 4）体系的间隙 H 和 V_O 都是施主，两者之间有排斥力作用。因此，体系能量上升，稳定性下降。但随着间隙 H 浓度的增加，

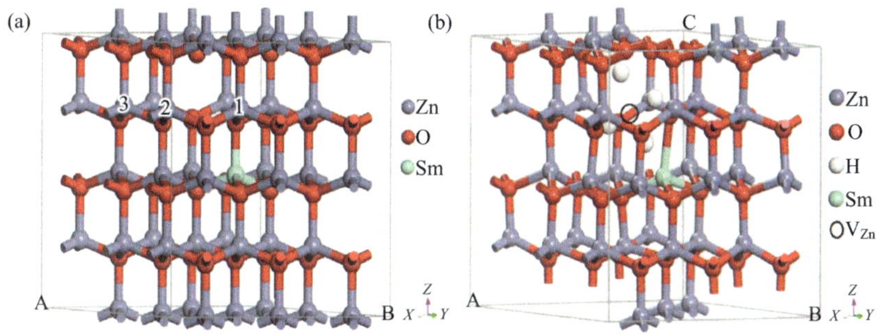

图 4-1　含 V_{Zn} 的 Sm 掺杂 ZnO 晶体结构图

（a）$Zn_{34}SmO_{36}^{1\sim3}$；（b）$Zn_{34}SmH_nO_{36}$（n=1,2,3,4）

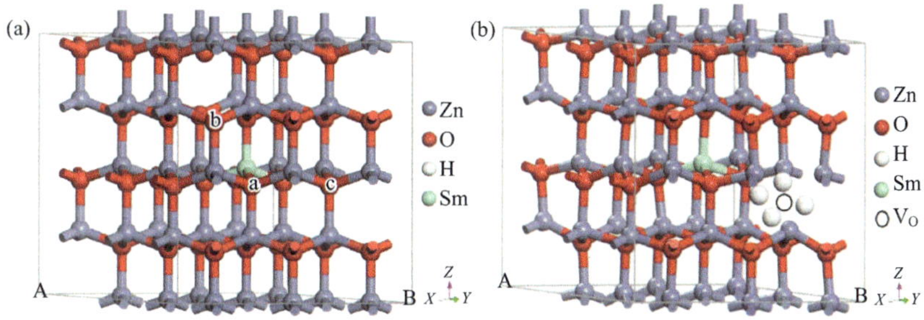

图 4-2　含 V_O 的 Sm 掺杂 ZnO 晶体结构图

（a）$Zn_{35}SmO_{35}^{a\sim c}$；（b）$Zn_{35}SmH_nO_{35}$（$n$=1,2,3,4）

以正电荷中心的氧空位为对称点，间隙 H 左右对称置于正电荷中心的两侧，系统中间隙 H 和 V_O 之间的排斥力会相互抵消，掺杂系统的合力变小，导致系统能量下降，稳定性变好[10,13,14]。这在随后的形成能量分析中得到了证实。

基于第一性原理计算了所有 ZnO 模型的电子结构、氧化 - 还原反应、吸收光谱、电偶极矩、有效质量、载流子寿命和迁移率[15]，赝势通过 PBE 泛函描述[16]。通过 Bader 方法计算得出了所有元素的价态。构建赝势的价电子组态分别为 H $1s^1$、Zn $3d^{10}4s^2$、Sm $4f^6 5s^2 5p^6 5d^1 6s^2$、O $2s^2 2p^4$。几何优化是在所有原子自由移动和单胞充分优化的情况下进行的。超胞模型用 Monkhorst-Pack 方法，选取布里渊区 k 点为 3×3×2，截断能取 340eV。把每个原子平面波能量的精度设置为 1.0×10^{-6}eV，作用在每个原子上的力不大于 1.60eV/nm，内应力不大于 0.05 GPa，公差偏移为 1.0×10^{-4} nm。由于 Sm 元素掺杂引入了局域性较强的 4f 电子，而传统 DFT 计算存在自相互作用误差，对强关联体系（特别是含过渡金属 d 态和稀土元素 f 态的系统）描述不足，导致其无法准确预测该体系的电子结构[17]。为使计算得到的 ZnO 带隙值与实验观测相符，本章采用 GGA+U 方法，通过引入 Hubbard-U 参数来校正电子关联效应，从而优化体系能量并修正 ZnO 的带隙值。Hubbard 参数[18] $U_{d,Zn}$ 为 9.5eV，$U_{p,O}$ 为 7.86eV，$U_{d,Sm}$ 为 6eV。

4.1.2 对结构与稳定性的影响

为了更好地研究 Sm 掺杂和点缺陷共存的 ZnO 的性质，计算了体系的形成能和内聚能，以判断复合物形成的难易程度和稳定性。

形成能可用于判断体系掺杂的难易程度，形成能值越低说明掺杂越容易，公式如下[19,20]：

$$E_f[(V_{Zn}H_n)^q]=E_{tot}[(V_{Zn}H_n)^q]-E_{tot}(\text{ZnO,bulk})-\mu_{Sm}-n\mu_{H_i}+2\mu_{Zn}+q(E_F+E_{VBM}) \tag{4-1}$$

$$E_f[(V_OH_n)^q]=E_{tot}[(V_OH_n)^q]-E_{tot}(\text{ZnO,bulk})-\mu_{Sm}-n\mu_{H_i}+\mu_{Zn}+\mu_O+q(E_F+E_{VBM}) \tag{4-2}$$

式中，$E_{tot}(V_{Zn}H_n)^q$ 是单胞的总能量；E_{tot}(ZnO,bulk) 是块体 ZnO 的总能

量，μ_{Sm}、μ_{Zn}、μ_{O} 和 $\mu_{\mathrm{H_i}}$ 分别是 Sm、Zn、O 和 H 原子的化学势。其中，Sm 化学势的上限为金属块体钐的化学势，下限则由稳定的氧化钐（Sm_2O_3）的化学势确定。H 原子的化学势为 $\mu_{\mathrm{H_i}}=\frac{1}{2}E_{\mathrm{H_2}}$，$E_{\mathrm{H_2}}$ 表示 H_2 分子的总能量。富 Zn 或富 O 条件下，实验制备过程和热力学条件不同，但两者计算形式相同。富 Zn 条件下，Zn 最稳定基态金属相原子的能量为 μ_{Zn}。富 O 条件下，O 最稳定基态 O 原子的能量用化学式 $\mu_{\mathrm{O}}=\frac{1}{2}E_{\mathrm{O_2}}$ 来代替，$E_{\mathrm{O_2}}$ 表示 O_2 分子的总能量。Zn 原子的化学势为 $\mu_{\mathrm{Zn}}=E_{\mathrm{ZnO}}(\mathrm{bulk})-\frac{1}{2}E_{\mathrm{O_2}}$，$q$ 表示掺杂体系的总价态，E_{F} 表示费米能级，E_{VBM} 表示价带顶的能量。

内聚能表征体系的稳定性程度，内聚能越大，原子间的结合力就越强，则需要更高的能量才能使键断裂，体系也就越稳定，公式为[19,20]：

$$E_{\mathrm{coh(V+Sm)}}=\frac{n_{\mathrm{Zn}}E_{\mathrm{Zn}}+n_{\mathrm{O}}E_{\mathrm{O}}+n_{\mathrm{Sm}}E_{\mathrm{Sm}}-E_{\mathrm{T}}}{n_{\mathrm{Zn}}+n_{\mathrm{O}}+n_{\mathrm{Sm}}} \tag{4-3}$$

$$E_{\mathrm{coh(V+H_i+Sm)}}=\frac{n_{\mathrm{Zn}}E_{\mathrm{Zn}}+n_{\mathrm{O}}E_{\mathrm{O}}+n_{\mathrm{H_i}}E_{\mathrm{H_i}}+n_{\mathrm{Sm}}E_{\mathrm{Sm}}-E_{\mathrm{T}}}{n_{\mathrm{Zn}}+n_{\mathrm{O}}+n_{\mathrm{H_i}}+n_{\mathrm{Sm}}} \tag{4-4}$$

式中，$E_{\mathrm{coh(V+Sm)}}$ 代表 $Zn_{34}SmO_{36}^{1\sim3}$ 或 $Zn_{35}SmO_{35}^{a\sim c}$ 体系的内聚能；$E_{\mathrm{coh(V+H_i+Sm)}}$ 代表 $Zn_{34}SmH_nO_{36}$（n=1,2,3,4）或 $Zn_{35}SmH_nO_{35}$（n=1,2,3,4）体系的内聚能；E_{T} 表示每个掺杂体系的总能量；E_{Zn}、E_{O}、$E_{\mathrm{H_i}}$ 和 E_{Sm} 分别表示一个自由 Zn、O、H 和 Sm 原子的基态能量。将计算结果代入式（4-1）～式（4-4），得到 $Zn_{34}SmO_{36}^{1\sim3}$ 和 $Zn_{35}SmO_{35}^{a\sim c}$ 体系形成能和内聚能，如表 4-1 所示。

表 4-1 纯 $Zn_{36}O_{36}$ 和含不同点空位的掺杂体系的形成能和内聚能

模型	$d_{\mathrm{Sm\text{-}V}}$ /nm	E_{f}/eV		E_{coh}/eV
		富 Zn	富 O	
$Zn_{36}O_{36}$	—	—	—	—
$Zn_{34}SmO_{36}^{1}$	0.321	10.462	4.008	5.053
$Zn_{34}SmO_{36}^{2}$	0.456	10.988	4.534	5.046
$Zn_{34}SmO_{36}^{3}$	0.560	10.894	4.540	5.047

续表

模型	d_{Sm-V} /nm	E_f/eV		E_{coh}/eV
		富 Zn	富 O	
$Zn_{35}SmO_{35}^{a}$	0.192	−7.576	−7.576	5.222
$Zn_{35}SmO_{35}^{b}$	0.381	−8.313	−8.313	5.232
$Zn_{35}SmO_{35}^{c}$	0.457	−9.986	−8.986	5.242

从表 4-1 可以看出，所有掺杂体系在富 O 条件下的形成能均低于富 Zn 条件下。说明掺杂体系在富 O 条件下更容易形成。此外 $Zn_{34}SmO_{36}^{1}$ 和 $Zn_{35}SmO_{35}^{c}$ 分别在各自的同类掺杂体系中形成能最低，且内聚能最高，说明掺杂最容易且最稳定。这是由于 Sm 和 V_O 均为施主，V_{Zn} 为受主，所以 Sm-V_{Zn} 间距越小，吸引力越大，体系越稳定，而 Sm-V_O 间距相对越小，排斥力越大，越不易形成复合体。所以选择富 O 条件下 $Zn_{34}SmO_{36}^{1}$ 和 $Zn_{35}SmO_{35}^{c}$ 体系作为研究对象，为了方便，下文中忽略化学式右上角标，记为 $Zn_{34}SmO_{36}$ 或 $Zn_{35}SmO_{35}$。在此基础上，引入不同浓度的间隙 H 原子，并考虑价态对体系的形成能和内聚能的影响，计算得到 $Zn_{34}Sm^{3+/2+}H_nO_{36}$（$V_{Zn}^{2-/0}$）($n$=1,2,3,4) 和 $Zn_{35}Sm^{3+/2+}H_nO_{35}$（$V_O^{2+/0}$）（$n$=1,2,3,4）体系形成能和内聚能，结果见表 4-2。

表 4-2 不同 H 浓度下 $Zn_{34}SmH_nO_{36}$ 和 $Zn_{35}SmH_nO_{35}$ 体系的形成能和内聚能

复合体	V_{Zn}^0/V_O^0		V_{Zn}^{2-}/V_O^{2+}	
	Sm^{3+}	Sm^{2+}	Sm^{3+}	Sm^{2+}
	E_f/E_{coh}/eV	E_f/E_{coh}/eV	E_f/E_{coh}/eV	E_f/E_{coh}/eV
$V_{Zn}H_1$	−2.41/5.46	−1.98/5.37	−2.36/5.48	−3.74/5.37
$V_{Zn}H_2$	−2.04/5.44	−1.98/5.36	−1.80/5.25	−3.52/5.25
$V_{Zn}H_3$	−1.70/5.39	−1.18/5.34	−1.06/5.20	−3.33/5.24
$V_{Zn}H_4$	−1.12/5.30	−1.15/5.27	−1.00/5.17	−1.01/4.92
V_OH_1	−1.94/5.39	−1.32/5.26	−2.39/5.49	−1.24/5.59
V_OH_2	−2.27/5.43	−1.66/5.30	−2.51/5.52	−1.90/5.52

续表

复合体	V_{Zn}^{0}/V_{O}^{0}		V_{Zn}^{2-}/V_{O}^{2+}	
	Sm^{3+}	Sm^{2+}	Sm^{3+}	Sm^{2+}
	E_f/E_{coh}/eV	E_f/E_{coh}/eV	E_f/E_{coh}/eV	E_f/E_{coh}/eV
V_OH_3	−2.77/5.47	−2.39/5.38	−3.11/5.57	−5.03/5.67
V_OH_4	−3.45/5.55	−3.09/5.45	−8.02/5.74	−5.34/5.65

为了形象直观，画出不同价态下 $Zn_{34}Sm^{3+/2+}H_nO_{36}$（$V_{Zn}^{2-/0}$）（$n$=1,2,3,4）和 $Zn_{35}Sm^{3+/2+}H_nO_{35}$（$V_O^{2+/0}$）（$n$=1,2,3,4）体系的形成能随 H 浓度变化关系，如图 4-3 所示，$E_f>0$ 表明体系在形成过程中吸热，$E_f<0$ 则放热[21]。

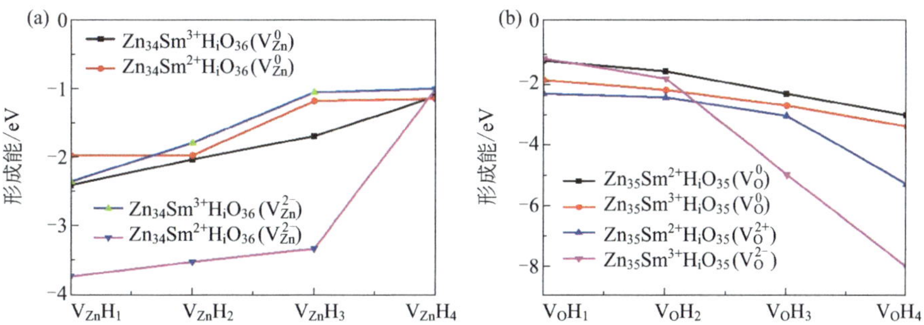

图 4-3　不同 H 浓度下掺杂体系形成能的变化

（a）$Zn_{34}SmH_nO_{36}$；（b）$Zn_{35}SmH_nO_{35}$

结合表 4-2 和图 4-3 可以看出，$Zn_{34}SmH_nO_{36}$（n=1,2,3,4）体系形成能随着 H 浓度的升高而增加，内聚能随着 H 浓度的升高而降低。$Zn_{35}SmH_nO_{35}$（n=1,2,3,4）体系形成能随着 H 浓度的升高而降低，内聚能随着 H 浓度的升高而增加。由于所有体系形成能均为负值，说明所有体系均容易形成，最终分别得出，内聚能较大的 $Zn_{34}Sm^{3+}H_1O_{36}$（V_{Zn}^{2-}）和 $Zn_{35}Sm^{3+}H_4O_{35}$（V_O^{2+}）体系相对最稳定。

4.1.3　对磁学性能的影响

用 GGA+U 的方法计算了纯 ZnO、$Zn_{34}Sm^{3+/2+}H_1O_{36}$（$V_{Zn}^{2-/0}$）和 $Zn_{35}Sm^{3+/2+}H_4O_{35}$（$V_O^{2+/0}$）体系的能带结构，如图 4-4 所示。从图 4-4 可以看

出，所有体系最高价带顶（VBM）和最低导带底（CBM）均位于G点，说明都为直接带隙半导体。由图4-4（a）可知，纯$Zn_{36}O_{36}$带隙值为3.40eV，这与实验值[22]相符合。$Zn_{34}Sm^{3+}H_1O_{36}$（V_{Zn}^0）、$Zn_{34}Sm^{2+}H_1O_{36}$（V_{Zn}^0）、$Zn_{34}Sm^{3+}H_1O_{36}$（V_{Zn}^{2-}）和$Zn_{34}Sm^{2+}H_1O_{36}$（V_{Zn}^{2-}）的禁带宽度分别增大到3.62eV、3.59eV、3.52eV和3.45eV，含有O空位的掺杂体系$Zn_{35}Sm^{3+}H_4O_{35}$（V_O^{2+}）、$Zn_{35}Sm^{2+}H_4O_{35}$（V_O^{2+}）、$Zn_{35}Sm^{3+}H_4O_{35}$（V_O^0）和$Zn_{35}Sm^{2+}H_4O_{35}$（V_O^0）的禁带宽度分别增大到3.91eV、3.89eV、3.85eV和3.83eV，均大于纯$Zn_{36}O_{36}$的禁带宽度。所有体系的导带底与价带顶均向低能级方向移动，但价带顶降低的幅度更大。因此，总的作用效果导致带隙变宽。根据重整化理论，体系中Burstein-Moss效应使体系带隙变宽，多体效应使得体系的带隙变窄[23,24]。对于$Zn_{34}Sm^{3+/2+}H_1O_{36}$（$V_{Zn}^{2-/0}$）和$Zn_{35}Sm^{3+/2+}H_4O_{35}$（$V_O^{2+/0}$）体系，Burstein-Moss效应使体系带隙变宽的程度大于多体效应[25]和内磁矩导致体系能带劈裂使其带隙变窄的程度，所以体系的带隙变宽。在$Zn_{34}Sm^{3+/2+}H_1O_{36}$（$V_{Zn}^{2-/0}$）和$Zn_{35}Sm^{3+/2+}H_4O_{35}$（$V_O^{2+/0}$）掺杂体系中，$Zn_{34}Sm^{3+}H_1O_{36}$（$V_{Zn}^{2-}$）和$Zn_{35}Sm^{3+}H_4O_{35}$（$V_O^{2+}$）体系的带隙相对较窄。带隙窄有利于掺杂体系的可见光效应，这将在吸收光谱和分波态密度分析中进一步证实。由图4-4（b）～（c）可以看出，除了$Zn_{35}Sm^{3+}H_4O_{35}$（V_O^{2+}）和$Zn_{35}Sm^{2+}H_4O_{35}$（V_O^{2+}）体系外，其余掺杂体系均出现杂质能级与平衡时费米能级重合，陷阱效应最显著。$Zn_{34}Sm^{3+}H_1O_{36}$（V_{Zn}^{2-}）杂质能级靠近费米能级附近的范围相对更窄，陷阱效应相对更强。杂质能级上的电子积累的值为$(\Delta n_t)_{max}=\dfrac{N_t}{4n_0}\Delta n$[26]，式中，$(\Delta n_t)_{max}$表示杂质能级上积累电子的最大值；$N_t$是复合中心浓度；$n_0$是平衡电子浓度，所有参数的单位均为$cm^{-3}$。其中$\Delta n_t$越大越有利于陷阱效应的形成，越有利于延长载流子寿命。这将在载流子寿命分析中进一步证实。

此外，ZnO中由于Sm掺杂和点缺陷的引入，杂质能级作为电子跃迁到导带会导致可见光区光吸收增强。这将在吸收系数分析中进一步证实。由于Sm的掺杂，费米能级附近的DOS值增大，这也有利于电子的跃迁。

计算得出纯ZnO、$Zn_{34}Sm^{3+/2+}H_1O_{36}$（$V_{Zn}^{2-/0}$）和$Zn_{35}Sm^{3+/2+}H_4O_{35}$（$V_O^{2+/0}$）体系的态密度和分波态密度，如图4-5所示。

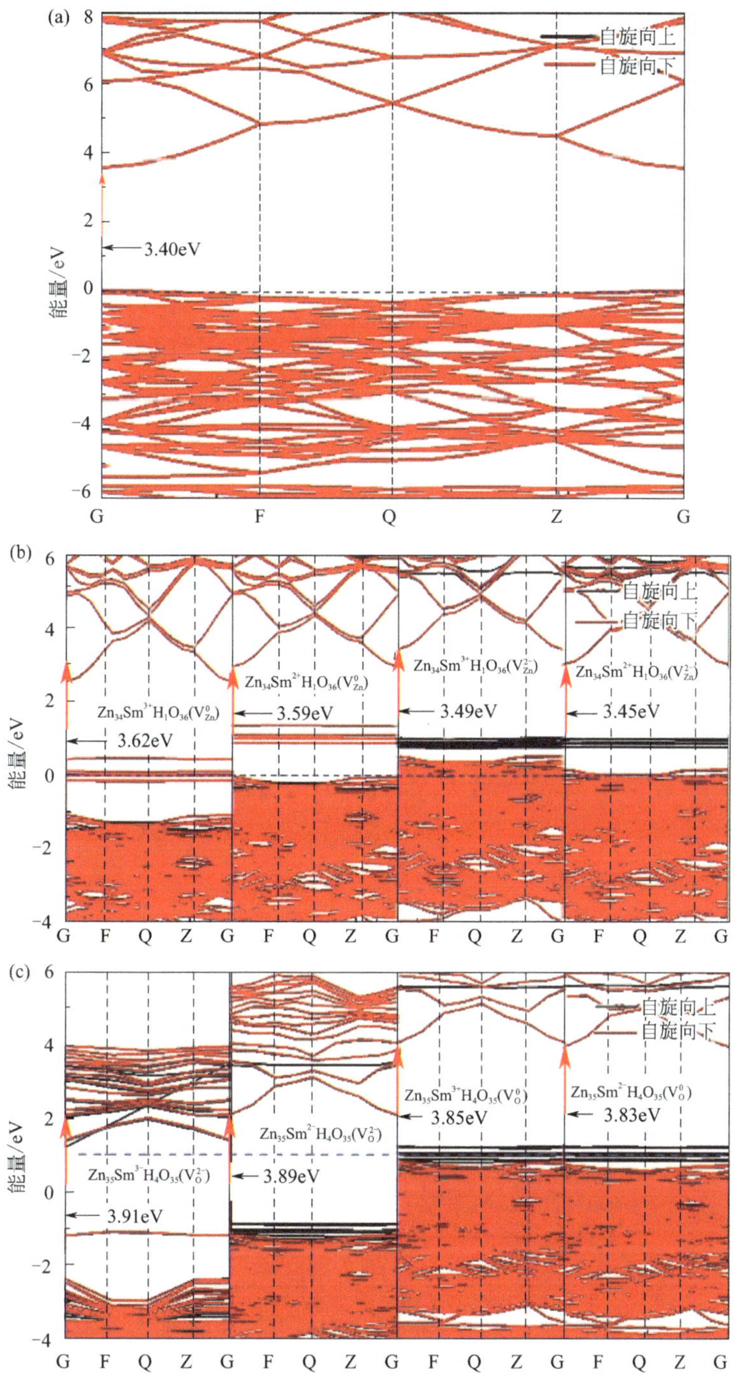

图 4-4 能带结构分布

（a）ZnO；（b）$Zn_{34}Sm^{3+/2+}H_1O_{36}$（$V_{Zn}^{2-/0}$）；（c）$Zn_{35}Sm^{3+/2+}H_4O_{35}$（$V_O^{2+/0}$）

由图 4-5（a）可以看出，$Zn_{36}O_{36}$ 体系上下自旋密度对称，体系无磁性。由图 4-5（b）～（i）可知，$Zn_{34}Sm^{3+/2+}H_1O_{36}$（$V_{Zn}^{2-/0}$）和 $Zn_{35}Sm^{3+/2+}H_4O_{35}$（$V_O^{2+/0}$）体系 DOS 图自旋向上和向下分量是不对称的，说明此类体系均具有磁性。这是由于具有磁性的体系均产生了内建磁场，内建磁场导致的能级劈裂使体系内部产生了磁矩[27]，这与能带结构分析结果一致。

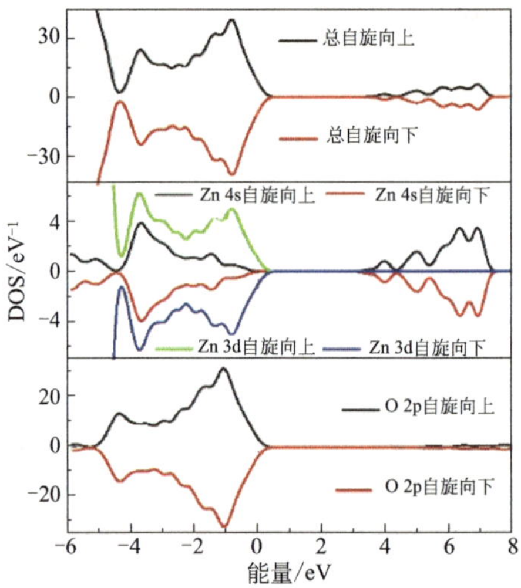

(a) $Zn_{36}O_{36}$

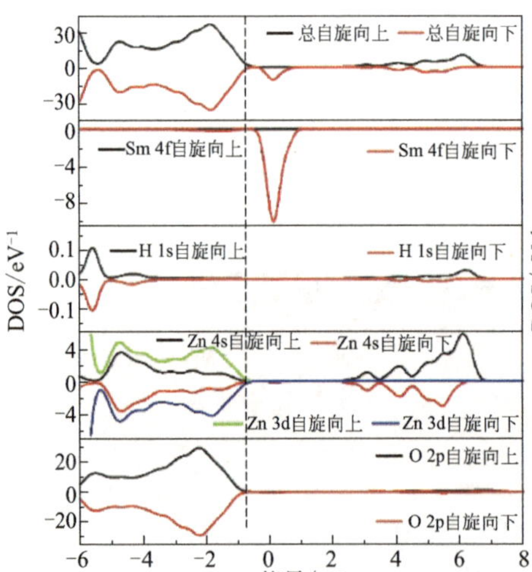

(b) $Zn_{34}Sm^{3+}H_1O_{36}(V_{Zn}^0)$

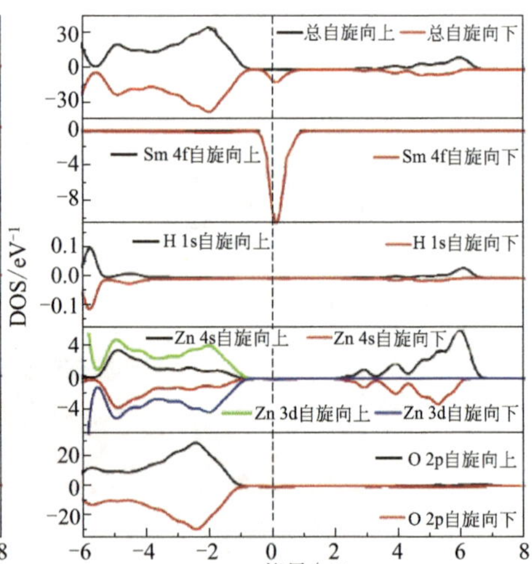

(c) $Zn_{34}Sm^{2+}H_1O_{36}(V_{Zn}^0)$

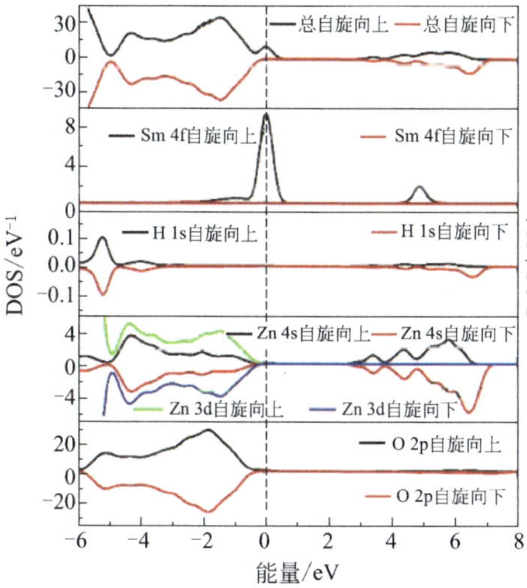

(d) $Zn_{34}Sm^{3+}H_1O_{36}(V_{Zn}^{2-})$

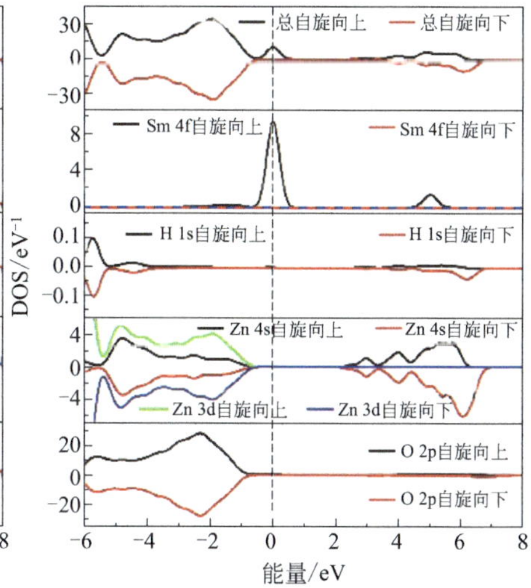

(e) $Zn_{34}Sm^{2+}H_1O_{36}(V_{Zn}^{2})$

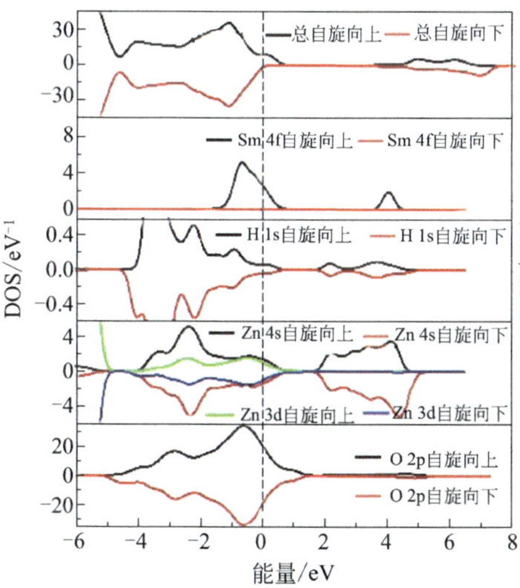

(f) $Zn_{35}Sm^{3+}H_4O_{35}(V_O^{2})$

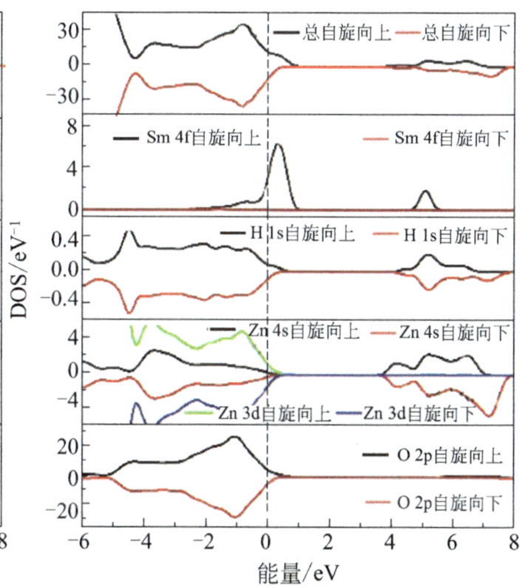

(g) $Zn_{35}Sm^{2+}H_4O_{35}(V_O^{2+})$

图 4-5

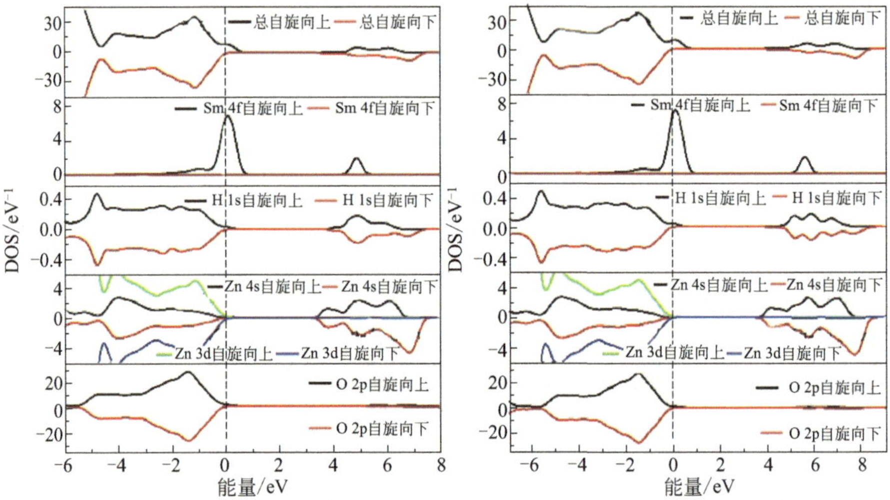

(h) $Zn_{35}Sm^{3+}H_4O_{35}(V_O^0)$　　(i) $Zn_{35}Sm^{2+}H_4O_{35}(V_O^0)$

图 4-5　态密度和分波态密度分布

（a）$Zn_{36}O_{36}$；（b）～（e）$Zn_{34}Sm^{3+/2+}H_1O_{36}$（$V_{Zn}^{2-/0}$）；

（f）～（i）$Zn_{35}Sm^{3+/2+}H_4O_{35}$（$V_O^{2+/0}$）

所有掺杂体系中自旋极化主要来自于 Sm 原子 4f 态的电子和 Zn 原子 4s 态的电子，H 原子 1s 态和 O 原子的 2p 态电子也有轻微的贡献。图 4-5（b）～（e）中，$Zn_{34}Sm^{3+/2+}H_1O_{36}$（$V_{Zn}^{2-/0}$）体系价带顶端的总态密度主要是由 Sm 原子贡献，Zn 4s 态主要影响 4 ～ 8.5eV 范围的 DOS，并出现了杂质。在 $Zn_{34}Sm^{3+/2+}H_1O_{36}$（$V_{Zn}^{2-/0}$）体系中，由于 V_{Zn} 的出现，O 2p 态的局域化减弱，VB 的上部变得分散。合并后的 Sm 原子与 Zn 原子、O 原子的相互作用减弱。图 4-5（g）～（i）中，$Zn_{35}Sm^{3+/2+}H_4O_{35}$（$V_O^{2+/0}$）体系价带顶端的总态密度主要由 Sm 原子贡献，Zn 4s 态对 DOS 也有一定影响，并出现了杂质。在 $Zn_{35}Sm^{3+/2+}H_4O_{35}$（$V_O^{2+/0}$）体系中，由于 V_O 的出现和 H 浓度的增加，O 2p 态与 Sm 4f 态的局域化减弱，而 H 1s 态的局域化增强。所有掺杂体系 DOS 峰值向低能级方向移动，导致 CBM 和 VBM 的移动。不同价态 $Zn_{34}Sm^{3+/2+}H_1O_{36}$（$V_{Zn}^{2-/0}$）和 $Zn_{35}Sm^{3+/2+}H_4O_{35}$（$V_O^{2+/0}$）体系中在 Zn 4s 态与 Sm 4f 态的作用下，禁带带隙变化趋势与能带图分析结果一致。

由成键反键理论[28]可知，反键轨道能量高，成键轨道能量低，在导带中反键态相互作用增强会使导带底上移，减弱会使导带底下移；价带中成键态相互作用增强则价带顶下移，减弱则价带顶上移。

为了定量地说明掺杂体系带隙变化机理，对图 4-5（b）～（i）体系价带中 Zn 3d 态与 O 2p 态形成的 p-d 成键态的分波态密度杂化区域和导带中 Zn 4s 态与 O 2p 态形成的 p-s 反键态的分波态密度杂化区域分别进行积分运算，并把 p-d 成键态和 p-s 反键态积分结果分别进行叠加求和，各体系磁矩的量子态数目见表 4 3。

表 4-3 纯 $Zn_{36}O_{36}$、$Zn_{34}Sm^{3+/2+}H_1O_{36}$（$V_{Zn}^{2-/0}$）和 $Zn_{35}Sm^{3+/2+}H_4O_{35}$（$V_O^{2+/0}$）体系磁矩的量子态数目

模型	价带 p-d	导带 p-s
$Zn_{36}O_{36}$	8	13
$Zn_{34}Sm^{3+}H_1O_{36}$（V_{Zn}^0）	16	11
$Zn_{34}Sm^{2+}H_1O_{36}$（V_{Zn}^0）	16	11
$Zn_{34}Sm^{3+}H_1O_{36}$（V_{Zn}^{2-}）	14	6
$Zn_{34}Sm^{2+}H_1O_{36}$（V_{Zn}^{2-}）	9	7
$Zn_{35}Sm^{3+}H_4O_{35}$（V_O^{2+}）	12	5
$Zn_{35}Sm^{2+}H_4O_{35}$（V_O^{2+}）	14	5
$Zn_{35}Sm^{3+}H_4O_{35}$（V_O^0）	13	6
$Zn_{35}Sm^{2+}H_4O_{35}$（V_O^0）	12	6

由表 4-3 可以看出，$Zn_{34}Sm^{3+/2+}H_1O_{36}$（$V_{Zn}^{2-/0}$）和 $Zn_{35}Sm^{3+/2+}H_4O_{35}$（$V_O^{2+/0}$）体系价带顶 Zn 3d 态与 O 2p 态形成的 p-d 成键态的量子态数目均大于 $Zn_{36}O_{36}$ 体系价带顶 Zn 3d 态与 O 2p 态形成的 p-d 成键态的量子态数目，表明所有体系价带顶的 p-d 成键态作用均增强，价带顶向低能级方向移动。对于导带底，$Zn_{34}Sm^{3+/2+}H_1O_{36}$（$V_{Zn}^{2-/0}$）和 $Zn_{35}Sm^{3+/2+}H_4O_{35}$（$V_O^{2+/0}$）体系导带底 Zn 4s 态与 O 2p 态形成的 p-s 反键态的量子态数目均小于 $Zn_{36}O_{36}$ 体系导带底 Zn 4s 态与 O 2p 态形成的 p-s 反键态的量子态数目，表明所有体系导带底的 p-s 反键态作用均减弱，导带底向低能级方向移动。总体来看，$Zn_{34}Sm^{3+/2+}H_1O_{36}$（$V_{Zn}^{2-/0}$）和 $Zn_{35}Sm^{3+/2+}H_4O_{35}$（$V_O^{2+/0}$）掺杂体系价带顶下移量多于导带底下移量，所以体系带隙变宽。这与带隙分析结果相吻合。

为进一步明确具有磁性的体系的磁性来源，计算得出不同价态 $Zn_{34}Sm^{3+/2+}H_1O_{36}$（$V_{Zn}^{2-/0}$）和 $Zn_{35}Sm^{3+/2+}H_4O_{35}$（$V_O^{2+/0}$）体系中每个元素贡献的磁矩和体系的总磁矩，计算结果如表 4-4 所示。

表 4-4　不同价态 $Zn_{34}Sm^{3+/2+}H_1O_{36}$（$V_{Zn}^{2-/0}$）和 $Zn_{35}Sm^{3+/2+}H_4O_{35}$（$V_O^{2+/0}$）体系的原子磁矩和总磁矩

模型	μ_{Zn}/μ_B	μ_O/μ_B	μ_{Sm}/μ_B	μ_H/μ_B	μ/μ_B
$Zn_{34}Sm^{3+}H_1O_{36}$（V_{Zn}^0）	1	0.96	0.93	0.63	5.80
$Zn_{34}Sm^{2+}H_1O_{36}$（V_{Zn}^0）	1	0.95	0.80	0.63	−5.58
$Zn_{34}Sm^{3+}H_1O_{36}$（V_{Zn}^{2-}）	1	0.96	0.92	0.63	5.56
$Zn_{34}Sm^{2+}H_1O_{36}$（V_{Zn}^{2-}）	1	0.96	0.93	0.63	5.62
$Zn_{35}Sm^{3+}H_4O_{35}$（V_O^{2+}）	1	0.95	0.90	1.16	5.49
$Zn_{35}Sm^{2+}H_4O_{35}$（V_O^{2+}）	1	0.95	0.90	1.14	5.46
$Zn_{35}Sm^{3+}H_4O_{35}$（V_O^0）	1	0.95	0.90	1.15	5.44
$Zn_{35}Sm^{2+}H_4O_{35}$（V_O^0）	1	0.92	0.95	1.07	4.82

由表 4-4 可知，总磁矩为负数是体系电子极化方向改变导致的，掺杂体系的磁矩由 Zn 原子、Sm 原子、O 原子和 H 原子贡献。这与上述态密度分析结果均一致。

另一方面，可由晶体电场分裂分析具有磁性体系的磁性来源。电极化强度 P 通过式（4-5）与式（4-6）计算：

$$P=\sum_{i=1}^{n} p_i / \Delta V \tag{4-5}$$

$$p_i = qd \tag{4-6}$$

式中，p_i 表示沿 z 轴的一对正负电荷产生的电偶极矩；ΔV 表示晶格体积。计算得出，不同价态 $Zn_{34}Sm^{3+/2+}H_1O_{36}$（$V_{Zn}^{2-/0}$）体系的电极化强度分别为 $2.647C/m^2$、$2.315C/m^2$、$2.634C/m^2$、$2.345C/m^2$；不同价态 $Zn_{35}Sm^{3+/2+}H_4O_{35}$（$V_O^{2+/0}$）体系的电极化强度分别为 $1.153C/m^2$、$1.002C/m^2$、$1.146C/m^2$、$1.009C/m^2$。这是由于 ZnO 具有单极性结构，其次空位会导致晶格向内塌缩，使局部体积减小。同时空位还能捕获附近电子，在局部产生电偶极矩，即产生电极化强度，从而电极化强度调控晶体电子自旋极化分布，导致掺杂体系产生磁性。这与 Jahn-Teller 效应 [29] 相吻合。

4.1.4　对光学性能的影响

光催化剂可以分解水产生氧（O_2）和氢（H_2），被阳光照射时，光催化剂价带中的电子受激发跃迁到导带中，相应的空穴留在价带中。在光催化过程中，水分子发生氧化 - 还原反应。光生成的电子将参与还原反应生成 H_2，空穴将参与氧化反应生成 O_2，反应式如下：

$$2H^+ + 2e^- \longrightarrow H_2 \tag{4-7}$$

$$H_2O + 2h^+ \longrightarrow \frac{1}{2}O_2 + 2H^+ \tag{4-8}$$

但氧化 - 还原反应分解水的电势还取决于 pH 值。根据文献中氧化 - 还原电位[30]，$E_{H^+/H_2} = -4.44eV + pH \times 0.059eV$，$E_{O_2/H_2O} = -5.67eV + pH \times 0.059eV$，计算得出在 pH=0 的条件下，还原电势为 −4.44eV，氧化电势为 −5.67eV；在 pH=7 的条件下，还原电势为 −4.03eV，氧化电势为 −5.26eV。水分解反应的最低能量为一个定值，为 1.23eV。计算得出 $Zn_{34}Sm^{3+/2+}H_1O_{36}$（$V_{Zn}^{2-/0}$）和 $Zn_{35}Sm^{3+/2+}H_4O_{35}$（$V_O^{2+/0}$）体系带边位置如图 4-6 所示。掺杂体系氧化 - 还原反应的强弱主要由还原电势和氧化电势来决定。由图 4-6 可知，所有掺杂体系电势差均超过了水分解的电势 1.23eV，均可以分解水制氢制氧，因此在热力学上对光催化应用有利。与纯 ZnO 相比，$Zn_{34}Sm^{3+/2+}H_1O_{36}$（$V_{Zn}^{2-/0}$）和 $Zn_{35}Sm^{3+/2+}H_4O_{35}$（$V_O^{2+/0}$）体系还原电势和氧化电势均降低，所有掺杂体系还原性均减弱，氧化性均增加。在所有掺杂体系中，$Zn_{35}Sm^{3+}H_4O_{35}$（V_O^{2+}）氧化性最好。

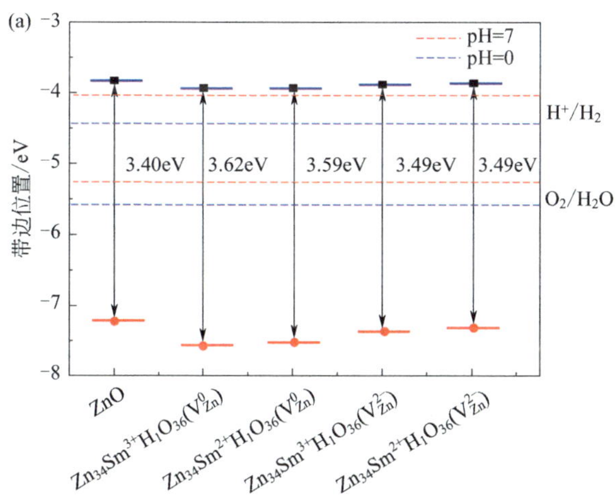

图 4-6

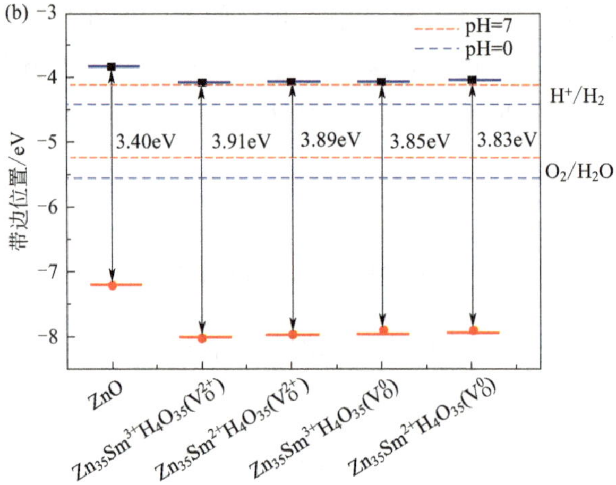

图 4-6 带边位置分布

（a）纯 $Zn_{36}O_{36}$ 和 $Zn_{34}Sm^{3+/2+}H_1O_{36}$（$V_{Zn}^{2-/0}$）；（b）纯 $Zn_{36}O_{36}$ 和 $Zn_{35}Sm^{3+/2+}H_4O_{35}$（$V_O^{2+/0}$）

为了更好地了解不同价态体系［$Zn_{34}Sm^{3+/2+}H_1O_{36}$（$V_{Zn}^{2-/0}$）和 $Zn_{35}Sm^{3+/2+}H_4O_{35}$（$V_O^{2+/0}$）］的光吸收性能，本节通过 GGA+$U$ 的方法计算了 $Zn_{34}Sm^{3+/2+}H_1O_{36}$（$V_{Zn}^{2-/0}$）和 $Zn_{35}Sm^{3+/2+}H_4O_{35}$（$V_O^{2+/0}$）体系的光学吸收系数。在线性响应范围内，固体的宏观光学响应函数由光的复介电函数 $\varepsilon(\omega)=\varepsilon_1(\omega)+i\varepsilon_2(\omega)$ 描述。介电函数的实部 $\varepsilon_1(\omega)$ 和虚部 $\varepsilon_2(\omega)$ 计算表达式为[30]：

$$\varepsilon_1(\omega)=1+\frac{2}{\pi}\rho_0\int_0^{\infty}\frac{\omega'\varepsilon_2(\omega)}{\omega'^2-\omega^2}d\omega \tag{4-9}$$

$$\varepsilon_2(\omega)=\frac{C}{\omega^2}\sum_{V,C}\int_{BZ}\frac{2}{(2\pi)^3}\left|M_{CV}(k)\right|^2\delta(E_C^k-E_V^k-\hbar\omega)d^3k \tag{4-10}$$

式中，ω 为入射光子的频率；下标 C 表示导带；下标 V 表示价带；$\hbar$ 为普朗克常量；k 为倒置晶格向量；$\left|M_{CV}(k)\right|^2$ 为动量跃迁矩阵元；E_C^k 和 E_V^k 分别是导带底和价带顶上的能级。

吸收系数 $\alpha(\omega)$ 描述了光波传播单位距离内光强衰减的百分比，$\alpha(\omega)$ 表达式为[30]：

$$\alpha(\omega)=\sqrt{2}\omega\left[\sqrt{\varepsilon_1^2(\omega)+\varepsilon_2^2(\omega)}-\varepsilon_1(\omega)\right]^{\frac{1}{2}} \tag{4-11}$$

在可见光波长 390 ～ 780nm 范围内，$Zn_{34}Sm^{3+/2+}H_1O_{36}$（$V_{Zn}^{2-/0}$）和

$Zn_{35}Sm^{3+/2+}H_4O_{35}$（$V_O^{2+/0}$）体系的光吸收系数与波长关系如图 4-7 所示，图中还与纯 ZnO 的计算结果进行比较。由图 4-7 中可知，当波长大于 420nm 时，所有掺杂体系吸收光谱都发生了红移现象，在同类体系中，$Zn_{34}Sm^{3+}H_1O_{36}$（V_{Zn}^0）和 $Zn_{35}Sm^{3+}H_4O_{35}$（V_O^{2+}）体系红移分别最显著，吸收强度分别最强。且 $Zn_{35}Sm^{3+}H_4O_{35}$（V_O^{2+}）体系红移效果强于 $Zn_{34}Sm^{3+}H_1O_{36}$（V_{Zn}^0）体系。计算结果与能带结构分析结果相一致。

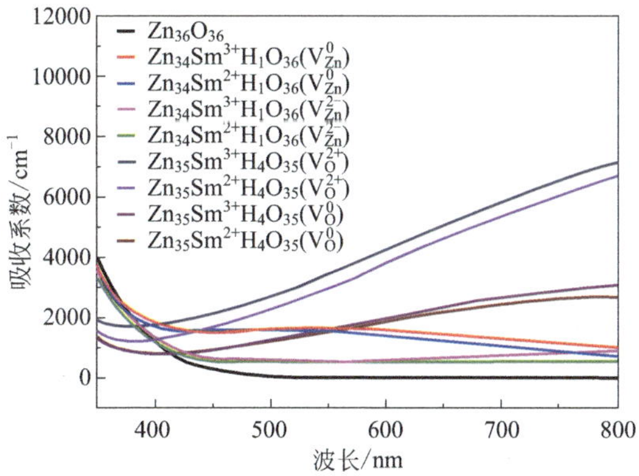

图 4-7 不同价态 $Zn_{34}SmH_1O_{36}$ 和 $Zn_{35}SmH_4O_{35}$ 体系的吸收光谱

光催化剂性能也受载流子活性的影响，而载流子活性与电偶极矩有关。掺杂、空位和间隙原子均会在 ZnO 中引入极性单元，导致体系局部发生畸变产生电偶极矩，即内建电场。由公式 $\mu=\varepsilon_0 E(\varepsilon_r-1)V$ 可知，电偶极矩 μ 与电场强度 E 成正比，电偶极矩越大，系统内电场越强，载流子活性越好。电偶极矩 μ 可通过 Debye 方程 $\mu=neR$ [30] 计算（n 为总的电子数，e 为电子电荷，R 为正负电荷中心的距离）。$Zn_{34}Sm^{3+/2+}H_1O_{36}$（$V_{Zn}^{2-/0}$）和 $Zn_{35}Sm^{3+/2+}H_4O_{35}$（$V_O^{2+/0}$）体系电偶极矩计算结果见表 4-5。

表 4-5 纯 ZnO、$Zn_{34}Sm^{3+/2+}H_1O_{36}$（$V_{Zn}^{2-/0}$）和 $Zn_{35}Sm^{3+/2+}H_4O_{35}$（$V_O^{2+/0}$）体系的载流子有效质量、有效质量比值 D 及电偶极矩 μ

模型	m_X^*/m_0	$m_{G\to F}^*$	$m_{G\to Z}^*$	$\overline{m}_X^*$	D	μ /（$\times10^{-30}$C·m）
ZnO	m_e^*/m_0	0.22	0.17	0.02	1.16	0
	m_e^*/m_0	0.26[12]	0.24[12]	—		
	m_h^*/m_0	0.22	0.21	0.02		

续表

模型	m_X^*/m_0	$m_{G\to F}^*$	$m_{G\to Z}^*$	$\overline{m}_X^*$	D	μ /（$\times10^{-30}$C·m）
ZnO	m_h^*/m_0	0.59[12]	0.57[12]	—	1.16	0
$Zn_{34}Sm^{3+}H_1O_{36}$（V_{Zn}^0）	m_e^*/m_0	0.73	4.30	0.15	2.47	13.50
	m_h^*/m_0	2.50	5.81	0.37		
$Zn_{34}Sm^{2+}H_1O_{36}$（V_{Zn}^0）	m_e^*/m_0	0.73	4.53	0.15	2.44	11.81
	m_h^*/m_0	2.47	5.92	0.38		
$Zn_{34}Sm^{3+}H_1O_{36}$（V_{Zn}^{2-}）	m_e^*/m_0	3.12	1.28	0.15	3.39	13.53
	m_h^*/m_0	5.16	5.54	0.49		
$Zn_{34}Sm^{2+}H_1O_{36}$（V_{Zn}^{2-}）	m_e^*/m_0	2.07	2.69	0.22	1.91	11.96
	m_h^*/m_0	2.63	7.63	0.43		
$Zn_{35}Sm^{3+}H_4O_{35}$（V_O^{2+}）	m_e^*/m_0	2.43	10.89	0.46	1.43	5.54
	m_h^*/m_0	3.42	16.14	0.66		
$Zn_{35}Sm^{2+}H_4O_{35}$（V_O^{2+}）	m_e^*/m_0	11.14	39.96	1.95	1.22	4.81
	m_h^*/m_0	15.13	41.36	2.39		
$Zn_{35}Sm^{3+}H_4O_{35}$（V_O^0）	m_e^*/m_0	5.93	19.04	1.01	1.54	5.50
	m_h^*/m_0	7.57	44.28	1.54		
$Zn_{35}Sm^{2+}H_4O_{35}$（V_O^0）	m_e^*/m_0	2.95	8.58	0.48	1.82	4.84
	m_h^*/m_0	6.14	13.34	0.87		

注：m_0 表示自由电子的质量，大小为 9.109×10^{-31} kg。

由表 4-5 可知，所有掺杂体系的电偶极矩均大于纯 ZnO 的电偶极矩；同类掺杂体系的电偶极矩相比较，$Zn_{34}Sm^{3+}H_1O_{36}$（V_{Zn}^{2-}）体系和 $Zn_{35}Sm^{3+}H_4O_{35}$（V_O^{2+}）体系的电偶极矩较大。电偶极矩越大，内建电场越强，内建电场能有效提高电子与空穴在材料内部的转移速率，有助于实现高效的载流子分离，提高载流子的活性，进而促进光催化反应的发生。因此，$Zn_{34}Sm^{3+}H_1O_{36}$（V_{Zn}^{2-}）体系的光催化载流子活性最强。

载流子有效质量会影响光催化剂的性能。半导体中受光照激发产生空穴 - 电子对的速率直接影响光催化剂的量子效率。载流子有效质量表征电子和空穴分离的快慢程度，影响载流子寿命。载流子的有效质量可用式（4-12）来计算，载流子的平均有效质量计算用式（4-13）来计算。

$$m^* = \hbar^2 (\mathrm{d}^2 E / \mathrm{d}k^2)^{-1} \tag{4-12}$$

$$1 / \overline{m}^* = (1/3)(1/m^*_{\mathrm{G \to F}} + 2/m^*_{\mathrm{G \to Z}}) \tag{4-13}$$

式中，$\hbar$ 和 k 分别代表普朗克常数和波矢的方向。G → F 和 G → Z 方向分别表示 y 方向的高对称点和 z 方向的高对称点。为了更加形象地比较体系电子和空穴分离的快慢程度，通常采用空穴和电子有效质量的比值 D 来表示[30]：

$$D = m^*_{\mathrm{h}} / m^*_{\mathrm{e}} \tag{4-14}$$

式中，m^*_{h} 和 m^*_{e} 分别表示空穴和电子的有效质量。D 值越大，电子和空穴越容易分离，越有利于光催化。

光生电子和空穴的相对速率直接影响光催化的量子效率，掺杂体系光催化的量子效率，载流子的传输速率 v 表达式为[31,32]：

$$v = \frac{hk}{m^*} \tag{4-15}$$

由式（4-13）可知，载流子有效质量越大，传输速率越小，越不易移动。$Zn_{34}Sm^{3+/2+}H_1O_{36}$（$V_{Zn}^{2-/0}$）和 $Zn_{35}Sm^{3+/2+}H_4O_{35}$（$V_O^{2+/0}$）体系载流子有效质量和 D 值计算结果如表 4-5 所示。

由表 4-5 可知，纯 ZnO 的有效质量与实验文献值相近[12]，$Zn_{34}Sm^{3+/2+}H_1O_{36}$（$V_{Zn}^{2-/0}$）和 $Zn_{35}Sm^{3+/2+}H_4O_{35}$（$V_O^{2+/0}$）体系有效质量沿 G → F 方向与沿 G → Z 方向不同，电子和空穴有效质量表现出各向异性的特征。不同价态的体系 [$Zn_{34}Sm^{3+/2+}H_1O_{36}$（$V_{Zn}^{2-/0}$）和 $Zn_{35}Sm^{3+/2+}H_4O_{35}$（$V_O^{2+/0}$）]，在 G → F 方向和 G → Z 方向上空穴的有效质量均大于电子的有效质量，则体系空穴重电子轻，电子有效质量相对均小，导致电子传输速率大容易移动。所以体系中电子移动速率大于空穴移动速率。所有掺杂体系的 D 值均大于 1，说明空穴和电子较容易分离。这将对材料作为光催化剂十分有利。同类掺杂体系相比较，$Zn_{34}Sm^{3+}H_1O_{36}$（V_{Zn}^{2-}）体系和 $Zn_{35}Sm^{2+}H_4O_{35}$（V_O^0）体系的 D 值较大，且 $Zn_{34}Sm^{3+}H_1O_{36}$（V_{Zn}^{2-}）＞ $Zn_{35}Sm^{2+}H_4O_{35}$（V_O^0）。计算结果表明，所有掺杂体系中，$Zn_{34}Sm^{3+}H_1O_{36}$（V_{Zn}^{2-}）体系的空穴和电子更不易复合，寿命相对最长。这与电偶极矩分析结果相一致，在载流子迁移率和寿命分析中将进一步印证。

根据形变势能理论可知，体相材料的载流子迁移率公式和寿命公式 [33,34] 为：

$$\mu^{3D} = \frac{2^{\frac{3}{2}}\pi^{\frac{1}{2}}}{3}\frac{c^{3D}\hbar^4 e}{E_{\mathrm{I}}^2 \mid m^* \mid^{\frac{5}{2}} (k_{\mathrm{B}}T)^{\frac{3}{2}}} \tag{4-16}$$

$$\tau = \frac{\mu^{3D} m^*}{q} \tag{4-17}$$

$$E_{\mathrm{I}} = \Delta E_i / (\Delta l / l_0) \tag{4-18}$$

弹性模量定义 [35] 为：

$$c^{3D} = 2(E - E_0) / \left(\frac{\Delta l}{l_0}\right)^2 V_0 \tag{4-19}$$

式中，k_{B} 为玻尔兹曼常数；T 为温度，设定室温 300K；E_{I} 为形变势能常数；c^{3D} 为弹性模量；ΔE_i 表示某一传输方向上掺杂体系导带底的能级值与未掺杂 ZnO 体系导带底的能级值之差，或某一传输方向掺杂体系价带顶的能级值与未掺杂 ZnO 体系价带顶的能级值之差；l_0 和 Δl 分别表示沿传输方向的晶格常数和晶格常数的变化值；E 为掺杂体系总能量；E_0 平衡条件下的总能量；V_0 是体系平衡后的体积。结合式（4-18）、式（4-19）、式（4-16）和式（4-17）可计算得出掺杂体系形变势能、弹性模量、载流子迁移率和寿命，计算结果见表 4-6。

从表 4-6 可以看出，所有掺杂体系的形变势能、弹性模量都具有各向异性的特点。结合表 4-6 计算结果与式（4-16）发现，随着 c^{3D} 增大、E_{I} 减小、m^* 减小，迁移率 μ^{3D} 增大。由计算结果和式（4-17）可知，载流子寿命 τ 与 μ^{3D} 和 m^* 成正比。从表 4-6 可以看出，纯 $Zn_{36}O_{36}$ 的迁移率计算结果与文献值相符。不同价态 $Zn_{34}Sm^{3+/2+}H_1O_{36}$（$V_{Zn}^{2-/0}$）和 $Zn_{35}Sm^{3+/2+}H_4O_{35}$（$V_O^{2+/0}$）体

系的空穴或电子迁移率都表现出各向异性的特点。对于不同价态 $Zn_{34}Sm^{3+/2+}H_1O_{36}$（$V_{Zn}^{2-/0}$）掺杂体系而言，$Zn_{34}Sm^{3+}H_1O_{36}$（$V_{Zn}^{2-}$）体系空穴和电子的迁移率最大，空穴在体系中弛豫时间最长，空穴寿命最长。对于不同价态 $Zn_{35}Sm^{3+/2+}H_4O_{35}$（$V_O^{2+/0}$）掺杂体系而言，$Zn_{35}Sm^{3+}H_4O_{35}$（$V_O^{2+}$）体系空穴和电子的迁移率最大，电子在体系中弛豫时间最长，电子寿命最长。这与 *D* 值分析结果相吻合。

综合考虑影响掺杂体系光催化性能的四种因素：电偶极矩、载流子寿命、吸收光谱和光催化氧化还原能力，发现载流子寿命是决定 Sm 掺杂 ZnO 光催化性能的核心因素，其直接影响光生电荷的迁移和反应效率。其中，$Zn_{34}Sm^{3+}H_1O_{36}$（V_{Zn}^{2-}）体系展现出显著优势——不仅具有最长的载流子寿命，同时兼具合适的能带位置和稳定的缺陷结构，表现出的析氧催化活性最优，是最具潜力的分解水制氧光催化剂材料。

表 4-6 沿 G → F 或 G → Z 方向，$Zn_{34}Sm^{3+/2+}H_1O_{36}$（$V_{Zn}^{2-/0}$）和 $Zn_{35}Sm^{3+/2+}H_4O_{35}$（$V_O^{2+/0}$）掺杂体系的形变势能、弹性模量、迁移率和寿命

模型	方向	载流子	E_1/eV	c^{3D} /($\times10^{11}$J/m^2)	μ^{3D} /[cm^2/(V·s)]	τ /($\times10^{-15}$s)
$Zn_{36}O_{36}$	G → F	h^+	62.87	5.70	5.21	7.85
		e^-	320.43		1.47	2.22
	G → Z	h^+	37.14	5.70	9.91	1.43
		e^-	189.32		2.77	3.99
$Zn_{34}Sm^{3+}H_1O_{36}$（V_{Zn}^0）	G → F	h^+	18.43	3.74	0.67	9.56
		e^-	43.54		2.65	1.10
	G → Z	h^+	43.13	20.45	0.82	2.74
		e^-	101.89		3.15	0.77
$Zn_{34}Sm^{2+}H_1O_{36}$（V_{Zn}^0）	G → F	h^+	32.11	6.70	4.16	5.85
		e^-	61.85		2.36	6.79
	G → Z	h^+	74.58	36.13	4.91	1.62
		e^-	143.68		2.46	6.33
$Zn_{34}Sm^{3+}H_1O_{36}$（V_{Zn}^{2-}）	G → F	h^+	30.29	4.26	4.71	20.38
		e^-	60.37		4.17	27.39

续表

模型	方向	载流子	E_1/eV	c^{3D} /($\times10^{11}$J/m^2)	μ^{3D} /[cm^2/(V·s)]	τ /($\times10^{-15}$s)
$Zn_{34}Sm^{3+}H_1O_{36}$ (V_{Zn}^{2-})	G → Z	h^+	42.57	8.41	8.94	22.81
		e^-	84.84		3.87	26.83
$Zn_{34}Sm^{2+}H_1O_{36}$ (V_{Zn}^{2-})	G → F	h^+	55.58	26.33	4.16	7.41
		e^-	135.74		1.42	1.67
	G → Z	h^+	130.87	142.64	3.31	1.43
		e^-	315.93		2.39	1.13
$Zn_{35}Sm^{3+}H_4O_{35}$ (V_O^{2+})	G → F	h^+	2.33	14.61	7.76	15.02
		e^-	2.54		15.30	21.18
	G → Z	h^+	26.74	193.14	4.58	14.53
		e^-	29.04		3.61	22.31
$Zn_{35}Sm^{2+}H_4O_{35}$ (V_O^{2+})	G → F	h^+	44.25	141.08	4.96	4.27
		e^-	222.62		4.21	2.67
	G → Z	h^+	9.71	67.90	4.02	9.45
		e^-	48.84		1.23	2.79
$Zn_{35}Sm^{3+}H_4O_{35}$ (V_O^0)	G → F	h^+	11.78	53.84	1.51	6.49
		e^-	250.15		6.16	2.08
	G → Z	h^+	4.93	94.44	1.82	4.59
		e^-	104.76		3.34	3.61
$Zn_{35}Sm^{2+}H_4O_{35}$ (V_O^0)	G → F	h^+	9.01	92.89	1.88	7.21
		e^-	100.22		3.79	6.37
	G → Z	h^+	7.48	64.02	2.71	2.25
		e^-	83.20		2.63	1.28

本节采用密度泛函理论研究了不同价态的 Sm 离子（$Sm^{3+/2+}$）和点缺陷（$V_{Zn}^{2-/0}$/$V_O^{2+/0}$，H_i）共存的 ZnO 系统的电子结构、磁性和光催化性能，并与纯 ZnO 作了比较。

计算结果表明，两种体系中，内聚能最大且形成能相对最小的体系分

别为 $Zn_{34}Sm^{3+}H_1O_{36}$（V_{Zn}^{2-}）和 $Zn_{35}Sm^{3+}H_4O_{35}$（V_O^{2+}）体系，说明这两个体系最容易掺杂且最稳定。研究发现，对于 $Zn_{34}Sm^{3+/2+}H_1O_{36}$（$V_{Zn}^{2-/0}$）掺杂体系，$Zn_{34}Sm^{3+}H_1O_{36}$（$V_{Zn}^{2-}$）体系带隙相对最窄，氧化性相对较强，电偶极矩最大，空穴活性最强，寿命最长，最有利于作为分解水制氧的光催化剂。对于 $Zn_{35}Sm^{3+/2+}H_4O_{35}$（$V_O^{2+/0}$）掺杂体系，$Zn_{35}Sm^{3+}H_4O_{35}$（$V_O^{2+}$）体系红移最显著，氧化性相对最强，电偶极矩最大，电子活性最强，电子寿命最长，最有利于作为分解水制氢的光催化剂。而 $Zn_{34}Sm^{3+}H_1O_{36}$（V_{Zn}^{2-}）和 $Zn_{35}Sm^{3+}H_4O_{35}$（V_O^{2+}）体系相比，$Zn_{34}Sm^{3+}H_1O_{36}$（V_{Zn}^{2-}）体系更有利于作为分解水制氧的光催化剂。$Zn_{34}Sm^{3+}H_1O_{36}$（V_{Zn}^{2-}）和 $Zn_{35}Sm^{3+}H_4O_{35}$（V_O^{2+}）体系均具有磁性。

4.2 应变对 ZnO:Sm 磁光性能的影响

通过 4.1 节的计算可知，$Zn_{34}SmO_{36}$ 和 $Zn_{34}SmH_iO_{36}$ 体系（Sm 为 +3 价，V_{Zn} 为 −2 价，由于价态与默认价态值相吻合，为了方便下文省略价态标注）最容易掺杂且最稳定。在实验上掺杂会改变体系的晶格常数，热膨胀系数以及样品与衬底之间晶格不匹配问题也会使体系的晶格发生应变，而应变会引起掺杂体系电子结构和带隙的改变，从而引起体系光学性能和磁性的改变。因此本节将掺杂体系的点缺陷价态固定，考虑应变对掺杂体系稳定性、光催化性能和磁性的影响。研究结果表明，当压应变为 –2% 时，$Zn_{34}SmH_iO_{36}$ 体系作为光催化剂相对较好。无论是拉应变还是压应变，$Zn_{34}SmO_{36}$ 和 $Zn_{34}SmH_iO_{36}$ 体系均具有磁性，且间隙 H 能提高掺杂体系的磁性。这与 RKKY 磁性理论相符。另外，在无外应变条件下，$Zn_{34}SmH_iO_{36}$ 体系产生了空穴自旋极化率 100% 半金属化的特性。这对新型自旋孔注入源稀磁性半导体和 ZnO 基光催化剂的设计和制备具有一定理论指导。

4.2.1 模型与计算方法

为了探究不同应变条件下 Sm 掺杂、Zn 空位与间隙 H 共存 ZnO 体系的晶体结构、稳定性、光学性质以及电子结构的变化，构建了 $Zn_{36}O_{36}$ 超胞模型，如图 4-8（a）所示。Sm 和 Zn 空位相对位置不同的 $Zn_{34}SmO_{36}^{1\sim5}$ 超胞模型（Zn 空位位于 Sm 原子最近邻、次近邻、次次近邻等，由近及远分别为 1、2、3、4、5 位置），如图 4-8（b）所示。在图 4-8（b）的基础上，Zn 空位固定在位置 1 处（Sm-V_{Zn} 间距为 0.321nm），引入间隙 H，分别构建了 Sm 掺杂和 Zn 空位以及间隙 H 共存的 $Zn_{34}SmH_iO_{36}^{a\sim c}$ 超胞模型，间隙 H 分别位于 a、b 和 c 位置，如图 4-8（c）所示。根据实验文献可知：水热生长 ZnO 过程中注入 H_2，室温下可以得到 H-V_{Zn} 的复合体，因此能够获得 $Zn_{34}SmH_iO_{36}$ 掺杂体系。由于三维应变只导致半导体材料能级发生移动，而双轴应变会导致半导体材料的能带出现分裂，并且应变能引起掺杂体系电子结构和带隙的改变，从而导致光学性能和磁性发生改变。根据纯 ZnO 的晶格参数，调整压应变 −6%、−4%、−2% 或拉应变 +2%、+4%、+6% 时超胞晶格参数，几何结构优化时，固定超胞晶格参数，只优化各原子占位。本节同时对 $Zn_{34}SmO_{36}$ 和 $Zn_{34}SmH_iO_{36}$ 超胞模型的 *a* 轴和 *b* 轴分别施加应变量，*c* 轴充分弛豫，应变的设置仍未超出理论研究的边界值（拉应变 10%，压应变 −10%）。在此基础上计算不同应变下体系的稳定性、电子结构以及光学、磁学性质。本节所研究的 $Zn_{34}SmO_{36}$ 和 $Zn_{34}SmH_iO_{36}$ 体系中 Sm 的掺杂浓度（原

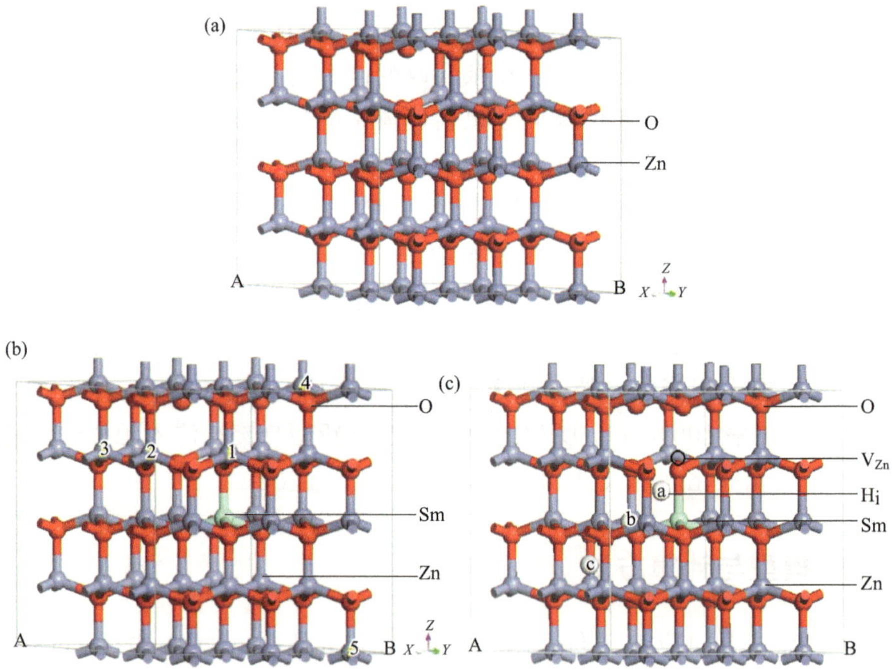

图 4-8　模型

（a）$Zn_{36}O_{36}$；（b）不同间距 Sm-V_{Zn} 的 $Zn_{34}SmO_{36}^{1\sim5}$；

（c）不同间距 Sm-H 的 $Zn_{34}SmH_iO_{36}^{a\sim c}$

子分数）分别为 1.41% 和 1.39%，尚未超过实验值。因此 ZnO 结构未发生相变，保证了掺杂体系的六方纤锌矿结构。实验上 Zn 空位浓度最高可达 9.375%，本节中 Zn 空位浓度为 2.21%，因此 Zn 空位在所构建的模型中可以实现。

本节中所使用的 CASTEP 模块下计算参数设置与 4.1.1 小节中相同。此外，本节还采用了 MS 软件中的 FORCITE[35-37] 模块对掺杂体系进行了分子动力学模拟计算，系综选取为 NVT（恒定原子数 N、体积 V 和温度 T），温度采用 Nosé-Hoover thermostat 模拟实验的室温条件（T=300K），动力学时间步长为 1fs，总持续时间为 5ps，总计算步数为 5000 步。

4.2.2 对结构与稳定性的影响

无外应变时，$Zn_{36}O_{36}$、不同 Sm-V_{Zn} 间距的 $Zn_{34}SmO_{36}$ 以及不同 Sm-H 间距的 $Zn_{34}SmH_iO_{36}$ 体系结构优化后的晶格参数和形成能 E_f 计算结果见表 4-7，Sm 离子为 +3 价，与实验结果相符合。同时，掺杂体系 $Zn_{34}SmH_iO_{36}$ 中作为价电子组态的 H $1s^1$ 中未填充满的 s 态轨道电荷转移趋近 +1，表明掺杂体系中 H_i 原子为 +1 价，与实验结果相吻合 [18]。由表 4-7 可知，在无外应变条件下，与 $Zn_{36}O_{36}$ 体系相比，$Zn_{34}SmO_{36}$ 体系晶格参数增大，体积也增大。这是由于掺入的 Sm^{3+} 的离子半径（0.108nm）大于被替换的 Zn^{2+} 的离子半径（0.074nm），其次，由于 Sm^{3+} 替换 Zn^{2+} 后，多余的正电荷产生排斥力，从而导致晶体体积也变大。因此，在离子半径和正电荷排斥力共同作用下，$Zn_{34}SmO_{36}$ 的体积变大，这与实验结果相吻合。同时，由表 4-7 可知，在引入间隙 H 的条件下，与 $Zn_{34}SmO_{36}$ 体系相比，$Zn_{34}SmH_iO_{36}$ 体系的晶格参数减小，折合后的掺杂体系体积也减小。在 $Zn_{34}SmH_iO_{36}$ 掺杂体系中，Sm^{3+} 的离子半径（0.108nm）大于 Zn^{2+} 离子半径（0.074nm），Zn 空位与周围 O 之间存在排斥力，多余正电荷之间存在排斥力，H 与 O 之间、Zn 空位与 H 之间、Zn 空位与 Sm 之间存在吸引力，且 Zn 空位的存在导致间隙 H 原子几何优化后进入 Zn 空位，H 原子的半径也小于 Zn 原子。综合考虑，H 与 O 之间、Zn 空位与 H 之间、Zn 空位与 Sm 之间吸引力的总效果大于 Sm 的半径效应和 Zn 空位与周围 O 之间的排斥力以及多余的正电荷之间的排斥力总效果，导致 $Zn_{34}SmH_iO_{36}$ 体系的体积减小。

形成能 E_f 可以表征体系的稳定性和掺杂的难易程度。$Zn_{34}SmO_{36}$ 体系和 $Zn_{34}SmH_iO_{36}$ 体系形成能公式表示为：

$$E_f(Zn_{34}SmO_{36}) = E_{Zn_{34}SmO_{36}} - E_{Zn_{36}O_{36}} + n_{Zn}\mu_{Zn} - n_{Sm}\mu_{Sm} \tag{4-20}$$

$$E_f(Zn_{34}SmH_iO_{36}) = E_{Zn_{34}SmH_iO_{36}} - E_{Zn_{36}O_{36}} + n_{Zn}\mu_{Zn} - n_{Sm}\mu_{Sm} - n_H\frac{\mu_{H_2}}{2} \tag{4-21}$$

式中，$E_{Zn_{34}SmO_{36}}$ 代表 $Zn_{34}SmO_{36}^{1\sim3}$ 体系总能量；$E_{Zn_{34}SmH_iO_{36}}$ 代表 $Zn_{34}SmH_iO_{36}^{a\sim c}$ 体系总能量；$E_{Zn_{36}O_{36}}$ 是与掺杂体系等大的未掺杂 $Zn_{36}O_{36}$ 体系总能量；n_{Zn} 是被替换 Zn 原子的个数；n_{Sm} 是掺杂 Sm 原子的个数；n_H 是间隙 H 原子的个数；μ_{Zn}、μ_{Sm} 和 μ_{H_2} 以及富 Zn 或富 O 条件下相关参数的意义和计算方法均与 4.1 节形成能阐述相同。

无外应变条件下，掺杂体系形成能的计算结果如表 4-7 所示。从表中可以看出，$Zn_{34}SmO_{36}^{1\sim5}$ 和 $Zn_{34}SmH_iO_{36}^{a\sim c}$ 体系在富 O 条件下的形成能均低于富 Zn 条件下的形成能，说明 $Zn_{34}SmO_{36}^{1\sim5}$ 和 $Zn_{34}SmH_iO_{36}^{a\sim c}$ 体系在富 O 条件下更易形成，稳定性更好。与 $Zn_{34}SmO_{36}$ 体系相比，$Zn_{34}SmH_iO_{36}^{a\sim c}$ 体系形成能降低，说明 H 原子可以以间隙的形式进入 ZnO 中，并且使得体系更稳定。此外，从表 4-7 看出，当 Sm-V_{Zn} 间距为 0.321nm 时，$Zn_{34}SmO_{36}^{1}$ 体系形成能最低，掺杂最容易，体系最稳定。当 Sm-H 间距为 0.117nm 时，$Zn_{34}SmH_iO_{36}^{a}$ 体系形成能最低，体系最稳定。因此后续讨论中只以富 O 条件下 $Zn_{34}SmO_{36}^{1}$ 和 $Zn_{34}SmH_iO_{36}^{a}$ 作为研究对象进行研究，为了方便，以下研究时化学式右上角忽略，分别简写为 $Zn_{34}SmO_{36}$ 和 $Zn_{34}SmH_iO_{36}$，用来研究掺杂体系的电子结构、光催化性能和磁性。

表 4-7 无外应变时所有体系几何优化后的晶格常数、体积和形成能

模型	Sm-V_{Zn} 或 Sm-H/nm	a/nm	c/nm	V/nm^3	富 Zn E_f/eV	富 O E_f/eV
$Zn_{36}O_{36}$	—	0.328	0.530	0.049	—	—
$Zn_{34}SmO_{36}^{1}$	0.321	0.334	0.535	0.051	14.462	−5.992
$Zn_{34}SmO_{36}^{2}$	0.456	0.333	0.536	0.052	14.988	−5.446
$Zn_{34}SmO_{36}^{3}$	0.560	0.328	0.536	0.052	14.894	−5.360
$Zn_{34}SmO_{36}^{4}$	0.649	0.311	0.535	0.052	14.878	−5.342
$Zn_{34}SmO_{36}^{5}$	0.765	0.308	0.536	0.051	14.786	−5.250
$Zn_{34}SmH_iO_{36}^{a}$	0.117	0.333	0.496	0.051	−3.127	−23.011

续表

模型	Sm-V_{Zn} 或 Sm-H/nm	a/nm	c/nm	V/nm^3	富 Zn E_f/eV	富 O E_f/eV
$Zn_{34}SmH_iO_{36}^b$	0.218	0.333	0.531	0.050	−2.495	−22.949
$Zn_{34}SmH_iO_{36}^c$	0.444	0.334	0.533	0.048	−1.906	−19.548

为了讨论应变对体系形成能的影响，本节计算了不同应变条件下 $Zn_{34}SmO_{36}$ 和 $Zn_{34}SmH_iO_{36}$ 体系的形成能。掺杂体系形成能随应变的变化趋势如图 4-9 所示。从图 4-9 中可以看出，与 $Zn_{34}SmO_{36}$ 体系相比，含有间隙 H 的 $Zn_{34}SmH_iO_{36}$ 体系形成能相对更低，体系相对更稳定。与无外应变时相比，随着拉 / 压应变的增加，$Zn_{34}SmO_{36}$ 和 $Zn_{34}SmH_iO_{36}$ 体系的形成能相对都增加，稳定性相对都下降。计算结果表明，虽然 $Zn_{34}SmO_{36}$ 和 $Zn_{34}SmH_iO_{36}$ 体系随着拉 / 压应变的增加，形成能增加，稳定性下降，但在富 O 条件下形成能均为负值，说明稳定性仍然很高。

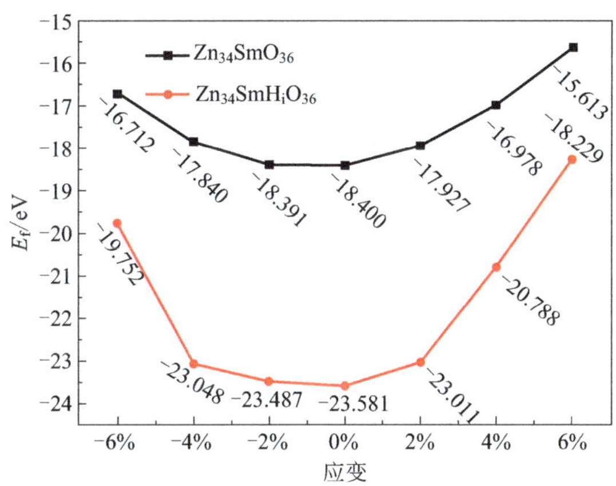

图 4-9 不同应变条件下 $Zn_{34}SmO_{36}$ 和 $Zn_{34}SmH_iO_{36}$ 体系的形成能

为了进一步验证 $Zn_{34}SmO_{36}$ 和 $Zn_{34}SmH_iO_{36}$ 体系的动力学稳定性，对体系进行了分子动力学（molecular dynamics，MD）模拟计算。计算得出 $Zn_{34}SmO_{36}$ 和 $Zn_{34}SmH_iO_{36}$ 体系平衡前后结构俯视图以及能量波动图，如图 4-10 所示。$Zn_{34}SmO_{36}$ 和 $Zn_{34}SmH_iO_{36}$ 体系在室温（300K）条件下，持续时间 5ps 后，掺杂体系的结构几乎没有改变，如图 4-10（a）、（b）所示。$Zn_{34}SmO_{36}$ 和 $Zn_{34}SmH_iO_{36}$ 体系中所有原子均在各自平衡位置附近振动，如图 4-10（c）、（d）所示。$Zn_{34}SmO_{36}$ 和 $Zn_{34}SmH_iO_{36}$ 体系结构和能量波动的

计算结果进一步验证了两种掺杂体系均具有稳定性，这与体系形成能分析结果相吻合。

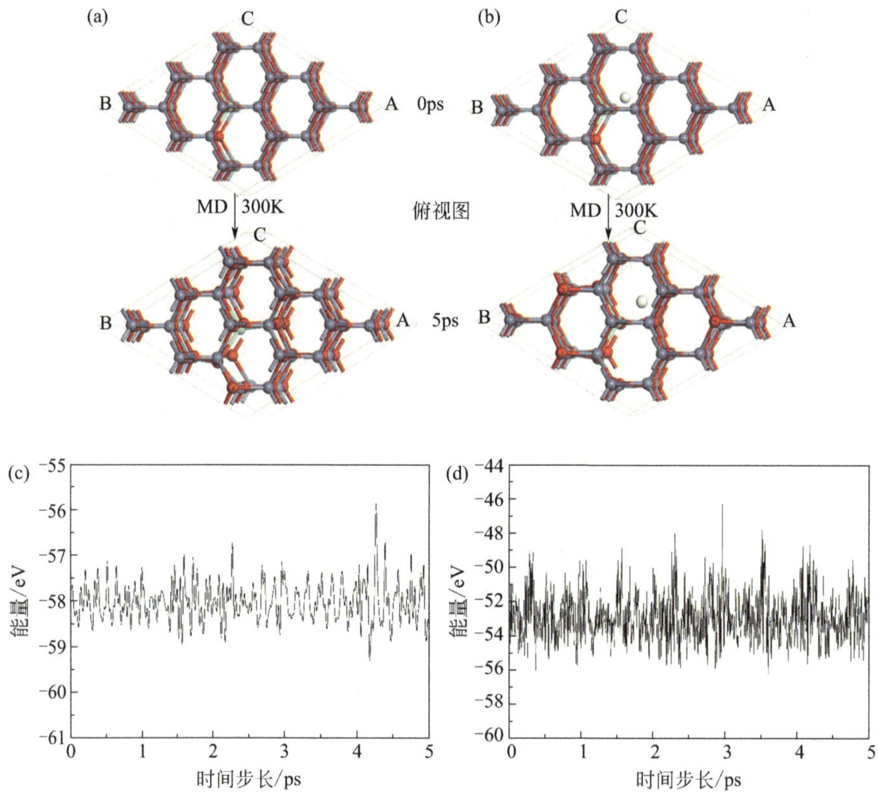

图 4-10 $Zn_{34}SmO_{36}$ 和 $Zn_{34}SmH_iO_{36}$ 体系平衡前后结构俯视图以及能量波动图

（a）$Zn_{34}SmO_{36}$ 平衡前后结构俯视图；（b）$Zn_{34}SmH_iO_{36}$ 平衡前后结构俯视图；

（c）$Zn_{34}SmO_{36}$ 平衡前后能量波动图；（d）$Zn_{34}SmH_iO_{36}$ 平衡前后能量波动图

4.2.3 对磁学性能的影响

为了讨论不同掺杂方式对体系能带结构的影响，计算了无外应变条件下 $Zn_{36}O_{36}$、$Zn_{34}SmO_{36}$、$Zn_{34}SmH_iO_{36}$ 的能带结构，如图 4-11 所示。

由图 4-11（a）可知，无外应变条件下，未掺杂的 $Zn_{36}O_{36}$ 带隙宽度为 3.40eV，这与文献 [23] 的实验结果相符合。无外应变条件下，$Zn_{34}SmO_{36}$ 的能带结构如图 4-11（b）所示。可以看出，在无外应变条件下，Sm 的掺入和 Zn 空位没有改变 ZnO 直接带隙的性质，$Zn_{34}SmO_{36}$ 的带隙宽度为 3.43eV，与未掺杂 $Zn_{36}O_{36}$ 相比，$Zn_{34}SmO_{36}$ 体系的带隙变宽。这与文献 [23]

所得结果相一致。虽然 $Zn_{34}SmO_{36}$ 掺杂体系的磁矩会使占据在导带底附近能级上的电子发生明显的能级分裂，导致体系带隙变窄，但对于 $Zn_{34}SmO_{36}$ 体系，Burstein-Moss 效应使体系带隙变宽的程度大于多体效应[22-24]和内磁矩导致体系能带劈裂使其带隙变窄的程度，所以体系的带隙变宽。

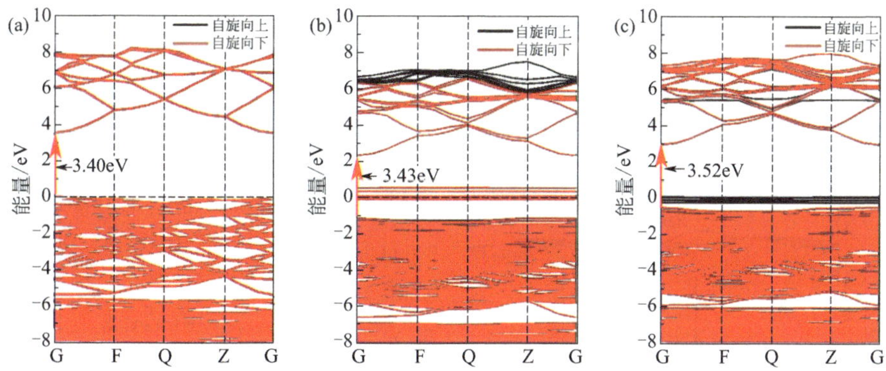

图 4-11 无外应变条件下体系能带结构分布

（a）$Zn_{36}O_{36}$；（b）$Zn_{34}SmO_{36}$；（c）$Zn_{34}SmH_iO_{36}$

计算得到无外应变条件下 $Zn_{34}SmH_iO_{36}$ 的能带结构，如图 4-11（c）所示。由图 4-11（c）可知，Sm 掺杂和 Zn 空位、间隙 H 共存没有改变 ZnO 直接带隙的性质，同时，$Zn_{34}SmH_iO_{36}$ 体系具有磁性，总磁矩为 $5.57\mu_B$。计算得到 $Zn_{34}SmH_iO_{36}$ 的带隙宽度为 3.52eV，与 $Zn_{34}SmO_{36}$ 体系相比，$Zn_{34}SmH_iO_{36}$ 的带隙变宽。虽然掺杂体系中占据在导带底附近能级上的电子在磁矩的影响下发生明显的能级分裂，导致 $Zn_{34}SmH_iO_{36}$ 带隙变窄，但是从重整化理论角度讲，$Zn_{34}SmH_iO_{36}$ 体系中 Burstein-Moss 效应强于多体效应和内磁矩的影响，所以总的效果是体系带隙变宽。三种体系带隙大小的顺序为：$Zn_{36}O_{36} < Zn_{34}SmO_{36} < Zn_{34}SmH_iO_{36}$。

为了讨论应变对 $Zn_{34}SmO_{36}$ 与 $Zn_{34}SmH_iO_{36}$ 体系带隙的影响，计算得到不同应变条件下 $Zn_{34}SmO_{36}$ 与 $Zn_{34}SmH_iO_{36}$ 体系的能带结构，如图 4-12 所示。从图中可以看出，应变并不改变 $Zn_{34}SmO_{36}$ 和 $Zn_{34}SmH_iO_{36}$ 体系直接带隙的性质，同时，带隙中央的杂质能级依然处于费米能级附近。

从图 4-12（a）～（f）和图 4-12（g）～（l）可知，当压应变程度在 −2% ～ −6% 的范围内时，随着压应变的增加，$Zn_{34}SmO_{36}$ 和 $Zn_{34}SmH_iO_{36}$ 体系带隙均变宽。这是由于 Burstein-Moss 效应强于多体效应与内建磁场的效应，所以体系带隙变宽。当拉应变程度在 +2% ～ +6% 的范围内时，随着拉应变的增加，$Zn_{34}SmO_{36}$ 和 $Zn_{34}SmH_iO_{36}$ 体系的带隙均变窄。从重整化理论角度讲，$Zn_{34}SmO_{36}$ 体系中 Burstein-Moss 效应弱于多体效应与内建磁场效应，所以体系带隙变窄。与相同应变条件下 $Zn_{34}SmO_{36}$ 体系作横向比较，$Zn_{34}SmH_iO_{36}$ 体系带隙较宽，这与无外应变条件下变化规律相一致。

从图 4-12（a）～（f）和图 4-12（g）～（l）可以看出，所有体系都产生了浅杂质能级，因此价带顶电子可以吸收较低能量的光子跃迁到杂质能级，然后从杂质能级跃迁到导带底。这种分级跃迁改善了掺杂体系的可见光效应，从而使体系吸收光谱红移。这将在吸收光谱分析中得到进一步分析。

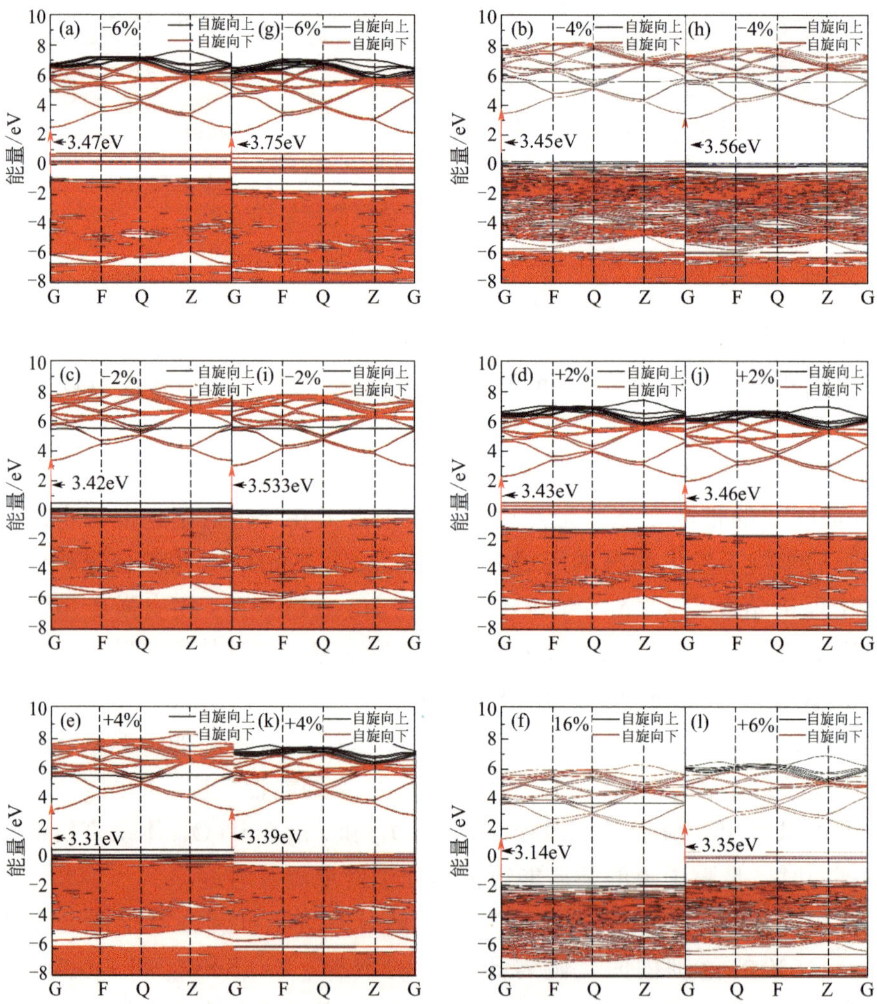

图 4-12　应变 -6% ~ +6% 范围能带结构分布

（a）~（f）$Zn_{34}SmO_{36}$；（g）~（l）$Zn_{34}SmH_iO_{36}$

为了分析掺杂体系的磁性来源与机理，计算得出无外应变条件下纯 $Zn_{36}O_{36}$、$Zn_{34}SmO_{36}$ 和 $Zn_{34}SmH_iO_{36}$ 体系的总态密度，如图 4-13 所示。由图 4-13（a）可以看出，纯 $Zn_{36}O_{36}$ 体系无磁性，磁矩为 0。由图 4-13（b）和（c）可以看出，$Zn_{34}SmO_{36}$ 和 $Zn_{34}SmH_iO_{36}$ 在导带中自旋向上和自旋向下的 DOS 分布不对称，表明 $Zn_{34}SmO_{36}$ 和 $Zn_{34}SmH_iO_{36}$ 体系表现出磁性。$Zn_{34}SmO_{36}$ 和 $Zn_{34}SmH_iO_{36}$ 体系的总磁矩分别为 $5.54\mu_B$ 和 $5.56\mu_B$。

在费米面处多数载流子的态密度（$N\uparrow$）与少数载流子（$N\downarrow$）归一化的态密度之差为自旋极化率 p，可通过下式来计算：

$$p=\frac{N\uparrow-N\downarrow}{N\uparrow+N\downarrow} \tag{4-22}$$

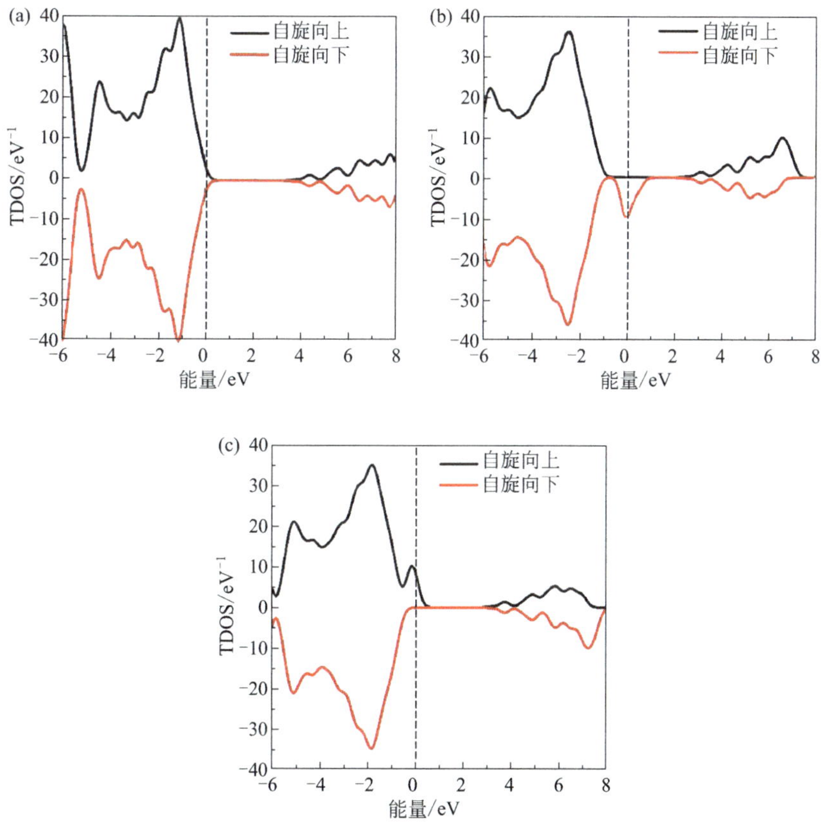

图 4-13　无外应变体系总态密度分布

（a）$Zn_{36}O_{36}$；（b）$Zn_{34}SmO_{36}$；（c）$Zn_{34}SmH_iO_{36}$

结合式（4-22）和图 4-13（c）可以发现，$Zn_{34}SmH_iO_{36}$ 体系费米能级进入自旋向上的价态顶态密度中，$N\uparrow > 0$；费米能级进入自旋向下无态密度分布，所以 $N\downarrow=0$，则 $p=1$，$Zn_{34}SmH_iO_{36}$ 体系产生了空穴自旋极化率 100% 半金属化的特性。这一结果对设计和制备新型自旋空穴注入源稀磁半导体具有应用价值。

计算得到 $Zn_{34}SmO_{36}$ 和 $Zn_{34}SmH_iO_{36}$ 体系在不同应变条件下的总态密度，如图 4-14（a）～（f）和（g）～（l）所示。所有图中左侧代表不同应变条

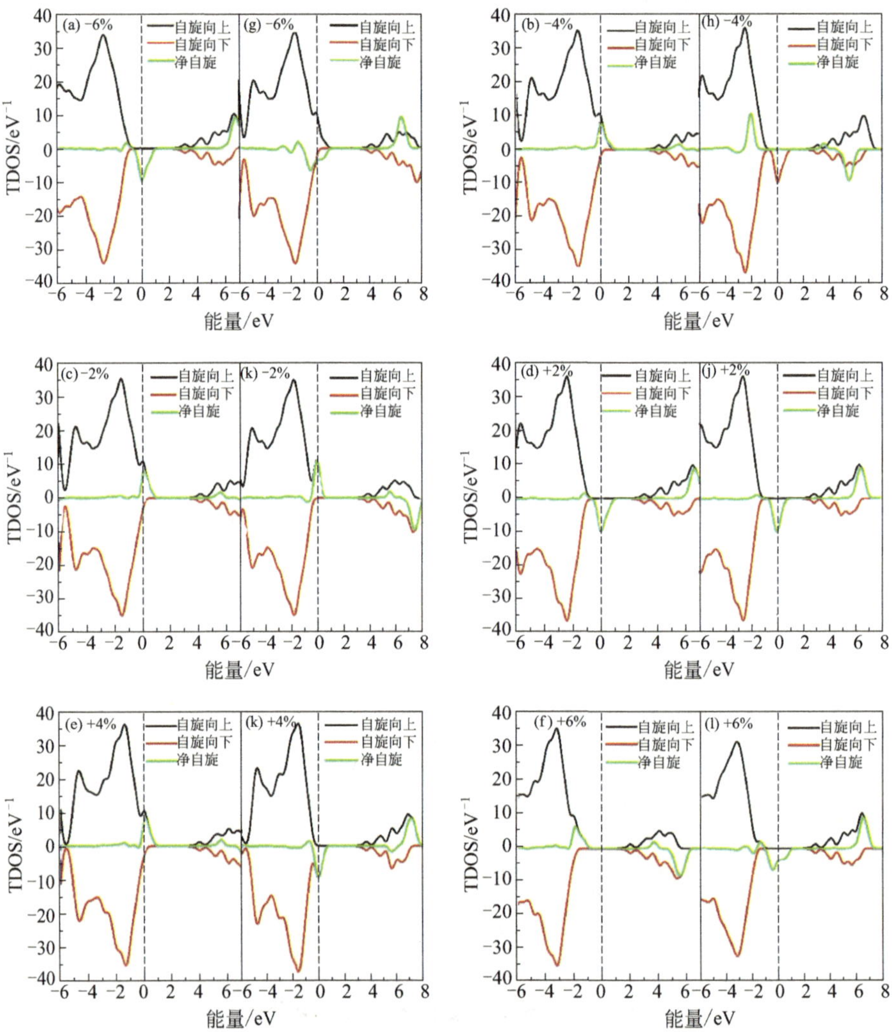

图 4-14 应变 -6% ～ +6% 的总态密度分布

（a）～（f）$Zn_{34}SmO_{36}$；（g）～（l）$Zn_{34}SmH_iO_{36}$

件下 $Zn_{34}SmO_{36}$ 体系总态密度，右侧代表不同应变条件下 $Zn_{34}SmH_iO_{36}$ 体系总态密度。从图 4-14（a）～（f）和（g）～（l）可以看出，无论是在压应变还是在拉应变条件下，$Zn_{34}SmO_{36}$ 和 $Zn_{34}SmH_iO_{36}$ 体系总态密度上下分布均具有不对称性。需要说明的是，图 4-14（a）～（f）和（g）～（l）中净自旋态密度均不是一条过 0 的直线，图中用绿线表示，说明不同应变下所有掺杂体系均具有净磁矩。

为了讨论应变对 $Zn_{34}SmO_{36}$ 和 $Zn_{34}SmH_iO_{36}$ 体系总磁矩的影响，计算了不同应变条件下 $Zn_{34}SmO_{36}$ 和 $Zn_{34}SmH_iO_{36}$ 体系的总磁矩，如表 4-8 所示。可以看出，对于 $Zn_{34}SmO_{36}$ 体系，无论是在压应变还是拉应变条件下，随着应变的增加，体系的总磁矩减小，在无外应变条件下体系的总磁矩最大。对于 $Zn_{34}SmH_iO_{36}$ 体系，随着拉 / 压应变程度增加，体系的总磁矩减小，在拉应变为 +2% 时体系磁矩最大。在相同应变条件下，$Zn_{34}SmO_{36}$ 和 $Zn_{34}SmH_iO_{36}$ 体系总磁矩相比较，在引入间隙 H 的条件下，体系总磁矩均增加。计算结果表明，间隙 H 的引入对掺杂体系总磁矩提高更有利。

表 4-8 不同应变下 $Zn_{34}SmO_{36}$ 和 $Zn_{34}SmH_iO_{36}$ 体系的总磁矩

应变	$Zn_{34}SmO_{36}$ 磁矩 /μ_B	$Zn_{34}SmH_iO_{36}$ 磁矩 /μ_B
−6%	5.43	5.51
−4%	5.45	5.55
−2%	5.45	5.56
0%	5.54	5.55
+2%	5.53	5.59
+4%	5.45	5.54
+6%	5.44	5.53

接下来分析 $Zn_{34}SmO_{36}$ 和 $Zn_{34}SmH_iO_{36}$ 体系产生磁性的机理。由于应变是实际存在的，所以选定同类掺杂体系在应变 −6% ～ +6% 范围内磁矩相对较大的两种体系作为代表研究磁性机理。即，拉应变为 +2% 时的 $Zn_{34}SmO_{36}$ 体系（磁矩为 5.53μ_B）和拉应变为 +2% 时的 $Zn_{34}SmH_iO_{36}$ 体系（磁矩为 5.59μ_B）。首先，分析 $Zn_{34}SmO_{36}$ 体系的磁性来源。计算可知，$Zn_{34}SmO_{36}$ 体系中，Sm 原子的磁矩为 −5.59μ_B，距离 Sm 原子近邻的三个 O 原子磁矩均

为 0.02μ_B，次近邻的一个 O 原子磁矩为 0.04μ_B，其它原子均无磁性。结果表明，掺杂体系的磁性来源于 Sm 原子和 O 原子。为了验证分析 $Zn_{34}SmO_{36}$ 体系分波态密度的原子磁性机理，计算得到 $Zn_{34}SmO_{36}$ 体系的分波态密度，如图 4-15（a）所示。从图 4-15（a）中可以看出，$Zn_{34}SmO_{36}$ 体系的 O 2p 轨道、Sm 4f 轨道的分波态密度上旋与下旋是不对称的，并且 O 2p 轨道与 Sm 4f 轨道之间存在强烈的轨道杂化耦合交换作用，所以产生净磁矩，导致 $Zn_{34}SmO_{36}$ 体系呈现磁性。这与 Zener 等 RKKY 理论相符。其次，计算得到 $Zn_{34}SmH_iO_{36}$ 体系中原子的磁矩，其中，Sm 原子的磁矩为 −5.64μ_B，Sm 原子近邻的三个 O 原子磁矩为 0.03μ_B、次近邻的两个 O 原子的磁矩为 0.01μ_B，其他原子均无磁性。$Zn_{34}SmH_iO_{36}$ 体系的分波态密度分布如图 4-15（b）所示。从图 4-15（b）中可以看出，$Zn_{34}SmH_iO_{36}$ 体系的 O 2p 轨道、Sm 4f 的分波态密度上旋与下旋是不对称的，并且 O 2p 轨道与 Sm 4f 轨道之间存在强烈的轨道杂化耦合交换作用，所以体系产生净磁矩，$Zn_{34}SmH_iO_{36}$ 体系呈现磁性。这与 Zener 等 RKKY 理论相符。

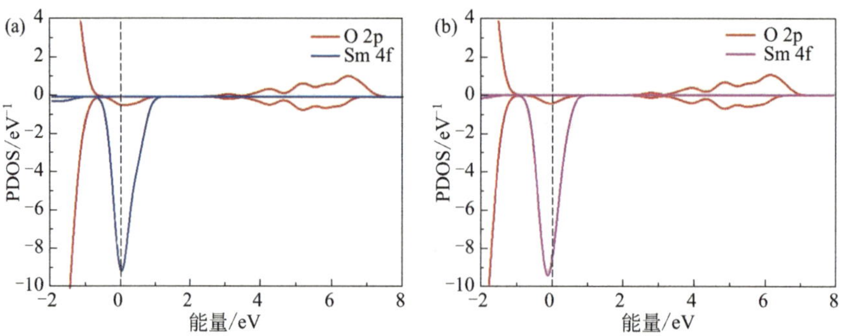

图 4-15 拉应变 ε=+2% 的分波态密度分布

（a）$Zn_{34}SmO_{36}$；（b）$Zn_{34}SmH_iO_{36}$

为了进一步讨论在应变条件下 $Zn_{34}SmO_{36}$ 与 $Zn_{34}SmH_iO_{36}$ 体系电子层面的磁性机理，选择应变条件下磁矩相对较大的两种体系作为代表研究磁性机理，即计算了在拉应变为 +2% 时 $Zn_{34}SmO_{36}$ 与 $Zn_{34}SmH_iO_{36}$ 体系的净自旋密度分布，如图 4-16 所示。图中蓝色区域表示体系自旋向上或向下的净磁矩。从图中可以看出，$Zn_{34}SmO_{36}$ 与 $Zn_{34}SmH_iO_{36}$ 体系的总磁矩主要由 Sm 原子电子自旋极化所贡献，而 O 原子的电子自旋极化也有贡献，但与 Sm 原子自旋极化方向正好相反。这与掺杂体系原子磁性来源和分波态密度分析的结果相一致。

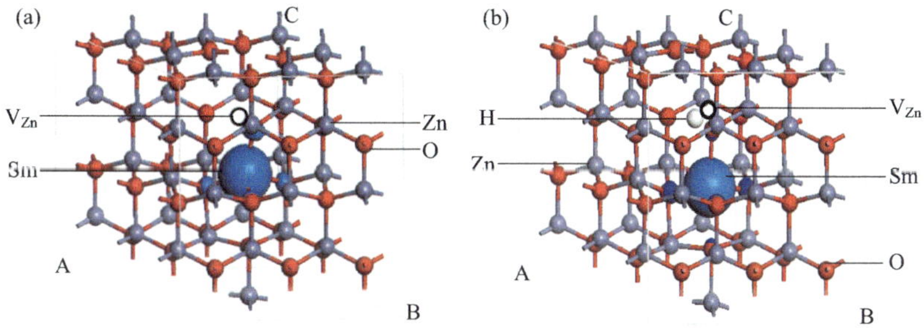

图 4-16 拉应变 ε=+2% 的自旋密度分布图

（a）$Zn_{34}SmO_{36}$；（b）$Zn_{34}SmH_iO_{36}$

为了进一步说明在拉应变为 +2% 时 $Zn_{34}SmO_{36}$ 与 $Zn_{34}SmH_iO_{36}$ 体系的磁性机理，计算了 $Zn_{34}SmO_{36}$ 与 $Zn_{34}SmH_iO_{36}$ 体系的第二种磁性来源，即晶体电场分裂。电极化强度计算同式（4-5）和式（4-6）。计算得出，拉应变为 +2% 时，$Zn_{34}SmO_{36}$ 体系的电极化强度为 1.097C/m²，而 $Zn_{34}SmH_iO_{36}$ 体系的电极化强度为 1.086C/m²。这是由于 Zn 空位和拉应变会导致晶格畸变，同时 Zn 空位还能捕获附近电子使局部产生电偶极矩，掺杂体系产生电极化强度，从而产生晶体电场分裂，导致 $Zn_{34}SmO_{36}$ 与 $Zn_{34}SmH_iO_{36}$ 体系大多数自旋电子同向极化。这是 $Zn_{34}SmO_{36}$ 与 $Zn_{34}SmH_iO_{36}$ 体系磁性的另一种来源。

4.2.4 对光学性能的影响

下面讨论应变对 $Zn_{34}SmO_{36}$ 与 $Zn_{34}SmH_iO_{36}$ 体系的吸收光谱的影响。依据 4.1 节中式（4-7）～式（4-9），计算得到不同应变条件下 $Zn_{34}SmO_{36}$ 与 $Zn_{34}SmH_iO_{36}$ 体系的吸收光谱，分别如图 4-17（a）和（b）所示。由图 4-17（a）可知，与纯 $Zn_{36}O_{36}$ 相比，在波长为 390 ～ 780nm 的可见光范围内，不管是拉应变还是压应变，$Zn_{34}SmO_{36}$ 体系吸收光谱均发生红移现象。随着拉应变的增加，$Zn_{34}SmO_{36}$ 体系吸收峰向低能级方向移动，其中拉应变为 +6% 时，吸收峰的强度增强效果最为明显。计算结果与能带结构分析结果相一致。由图 4-17（b）可知，与纯 $Zn_{36}O_{36}$ 相比，在波长 390 ～ 780nm 的可见光范围内，不管是拉应变还是压应变，$Zn_{34}SmH_iO_{36}$ 体系吸收光谱均发生红移现象，其中压应变为 −2% 时，效果最为明显。计算结果与能带结构分析结果相一致。

氢气是一种有前途的绿色能源，氧气是人类生活的必需品，光催化剂可以在光照条件下分解水产生 O_2 和 H_2。光催化水分解反应用式（4-23）表示：

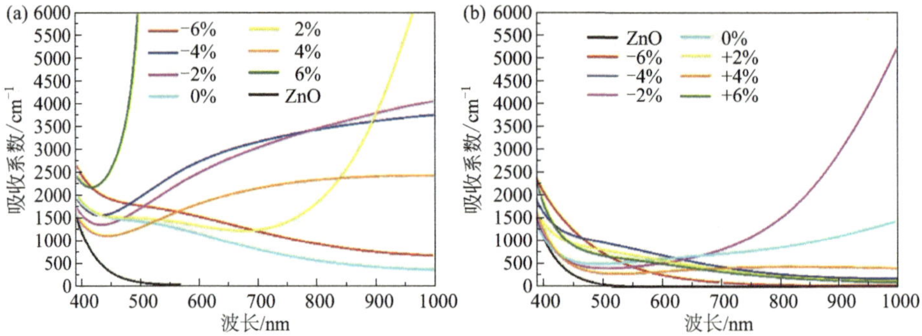

图 4-17 不同应变下吸收光谱分布

(a) $Zn_{34}SmO_{36}$; (b) $Zn_{34}SmH_iO_{36}$

$$H_2O(l) \longrightarrow H_2(g) + \frac{1}{2}O_2(g) \tag{4-23}$$

图 4-18 为光催化剂中水分子氧化还原反应示意图。

氧化还原反应的电势还取决于 pH 值。根据 $E^{red} = -4.44eV + pH \times 0.059eV$ 和 $E^{oxd} = -5.67eV + pH \times 0.059eV$（$E^{red}$ 和 E^{oxd} 分别表示还原和氧化电势）[28]，计算得出在 pH=0 条件下，用于光催化的还原反应（H^+/H_2）电势常用值为 −4.44eV，氧化反应（O_2/H_2O）电势常用值为 −5.67eV；在 pH=7 条件下，用于光催化的还原反应（H^+/H_2）电势常用值为 −4.03eV，氧化反应（O_2/H_2O）电势常用值为 −5.26eV。光催化材料分解水产生 H_2 和 O_2 的必要条件是，材料的带隙必须大于 1.23eV。这是因为 $E_g=U_e+U_h$，而氧化还原电势必须满足：$U_e \geqslant \eta_{HER}$，$U_h \geqslant \eta_{OER}+1.23$，$U_e$ 与 U_h 分别表示电子和空穴的驱动力，即电子的还原能力和空穴的氧化能力，η_{HER} 与 η_{OER} 分别表示析氢（HER）反应、析氧反应（OER）的过电势，理想状态下，η_{HER} 与 η_{OER} 应均为 0。

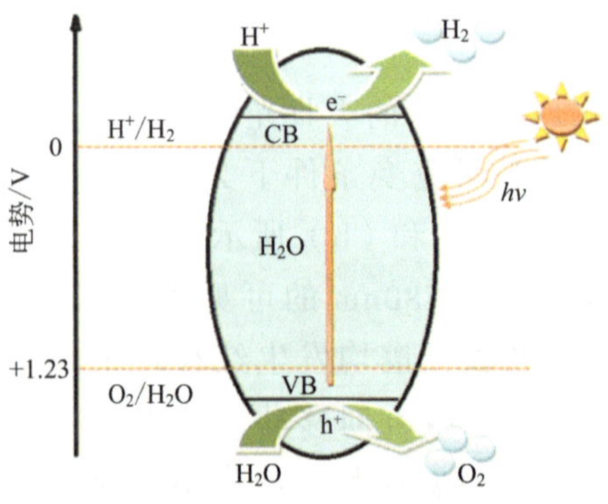

图 4-18 水分子氧化还原反应示意图

为了更好地分析掺杂体系在应变条件下氧化还原能力的变化，由图 4-12 计算得出应变为 −6% ～ +6% 范围内 $Zn_{34}SmO_{36}$ 与 $Zn_{34}SmH_iO_{36}$ 体系的导带底和价带顶位置，如图 4-19 所示。由图 4-19 可以看出，在 pH=7 的条件下，

$Zn_{34}SmO_{36}$ 与 $Zn_{34}SmH_iO_{36}$ 体系电势差均超过了水分解的电势，因此，均可以分解水制氢、制氧。半导体的导带位置越高，光生电子还原性越强，价带位置越低，光生空穴氧化性越强。由图 4-19（a）可知，在无间隙 H 存在的条件下，相同应变下 $Zn_{34}SmO_{36}$ 体系导带底与价带顶位置同时上移或下移。计算结果表明，当压应变为 −2% 时，$Zn_{34}SmO_{36}$ 体系导带底上移相对最大，体系电子还原性相对最强。当压应变为 −6% 时，$Zn_{34}SmO_{36}$ 体系价带顶下移相对最大，空穴氧化性相对最强。由图 4-19（b）可知，在相同应变下，引入间隙 H 后 $Zn_{34}SmH_iO_{36}$ 体系空穴氧化和电子还原的变化规律与 $Zn_{34}SmO_{36}$ 体系类同。其中，当压应变为 −2% 时，$Zn_{34}SmH_iO_{36}$ 体系导带底上移相对最大，体系电子还原性相对最强。当拉应变为 +6% 时，$Zn_{34}SmH_iO_{36}$ 体系价带顶下移相对最大，空穴氧化性相对最强。

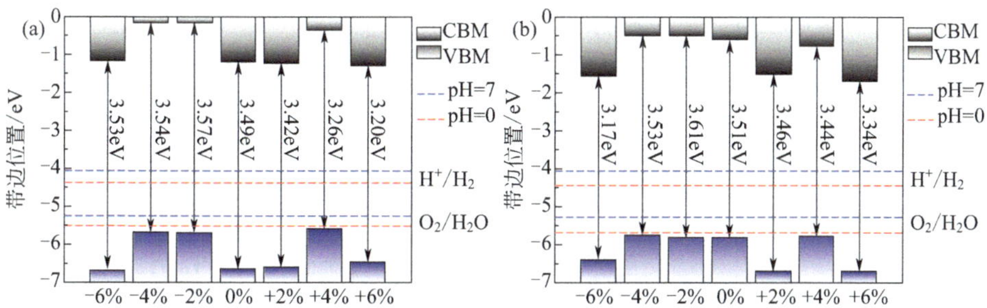

图 4-19　带边位置分布

（a）$Zn_{34}SmO_{36}$；（b）$Zn_{34}SmH_iO_{36}$

在一定程度上可以通过提高光生载流子在半导体内的转移和分离来提高光催化材料的反应活性。内建电场的存在会对载流子的转移产生重要的促进作用。ZnO 是单极性（*c* 轴方向）半导体材料，掺杂、空位和应变均会在 ZnO 中引入极性单元，导致体系局部晶格畸变产生电偶极矩，即在极性 ZnO 半导体中产生内建电场。根据德拜方程 $\mu=neR$，分别计算了不同应变条件下 $Zn_{34}SmO_{36}$ 和 $Zn_{34}SmH_iO_{36}$ 体系的电偶极矩，计算结果列于表 4-9 中。从表 4-9 可以看出，在无外应变的条件下，$Zn_{34}SmO_{36}$ 体系的电偶极矩大于 $Zn_{34}SmH_iO_{36}$。在拉应变条件下，与无外应变体系相比，同类掺杂体系电偶极矩均增加。并且随着拉应变的增加，掺杂体系的电偶极矩逐渐增大。在压应变的条件下，与无外应变体系相比，同类掺杂体系电偶极矩均减小，并且随着压应变增加，掺杂体系的电偶极矩逐渐减小。其中，当拉应变为 +6% 时，$Zn_{34}SmO_{36}$ 和 $Zn_{34}SmH_iO_{36}$ 体系电偶极矩相对最强，内建电场最强，载流子活性最强。但是，相同应变下，$Zn_{34}SmO_{36}$ 和 $Zn_{34}SmH_iO_{36}$ 体系横向比较，电偶极矩差别不是很大。

表 4-9 不同应变下 $Zn_{34}SmO_{36}$ 和 $Zn_{34}SmH_iO_{36}$ 体系的电偶极矩

模型	应变 ε	μ / ($\times10^{-30}$ C · m)
$Zn_{34}SmO_{36}$	0%	187.60
	+2%	191.86
	+4%	196.28
	+6%	200.56
	−2%	183.46
	−4%	179.26
	−6%	175.22
$Zn_{34}SmH_iO_{36}$	0%	187.04
	+2%	190.18
	+4%	196.95
	+6%	202.61
	−2%	183.12
	−4%	178.81
	−6%	173.49

除了电偶极矩外，有效质量也影响光催化活性。半导体材料受到光激发产生电子 - 空穴对，电子和空穴的有效质量表征电子和空穴的分离速度，影响着载流子寿命。这对于光催化剂具有非常重要的影响。因此，在不同应变条件下，很有必要分析 $Zn_{34}SmO_{36}$ 和 $Zn_{34}SmH_iO_{36}$ 体系载流子有效质量。根据图 4-12（a）～（f）和图 4-12（g）～（l）分别计算了不同应变条件下 $Zn_{34}SmO_{36}$ 和 $Zn_{34}SmH_iO_{36}$ 体系沿高对称点 G → F 和 G → Z 方向载流子的有效质量，计算方法与 4.1 节式（4-12）～式（4-14）相同，计算结果见表 4-10。

表 4-10 不同应变 $Zn_{34}SmO_{36}$ 和 $Zn_{34}SmH_iO_{36}$ 体系的载流子平均有效质量和比值 D

模型	应变 ε	$\overline{m_h^*}/m_0$	$\overline{m_e^*}/m_0$	D
$Zn_{34}SmO_{36}$	0%	0.85	0.61	1.40

续表

模型	应变 ε	$\overline{m}_h^* / m_0$	$\overline{m}_e^* / m_0$	D
$Zn_{34}SmO_{36}$	+2%	1.32	1.00	1.32
	+4%	3.09	0.63	4.94
	+6%	15.98	0.95	16.68
	−2%	8.43	0.62	13.71
	−4%	6.76	0.62	10.96
	−6%	2.46	0.61	4.03
$Zn_{34}SmH_iO_{36}$	0%	0.78	0.63	1.24
	+2%	0.81	0.60	1.35
	+4%	0.92	0.61	1.49
	+6%	0.96	0.62	1.54
	−2%	3.95	0.62	6.84
	−4%	3.90	0.62	6.31
	−6%	3.26	0.58	5.59

注：m_0 表示自由电子的质量。

光生电子和空穴的相对速率直接影响光催化的量子效率，$Zn_{34}SmO_{36}$ 和 $Zn_{34}SmH_iO_{36}$ 体系光催化的量子效率、载流子的传输速率 v 表达式同式（4-15）。从表 4-10 可以看出，在不同应变条件下，两种体系 $Zn_{34}SmO_{36}$ 和 $Zn_{34}SmH_iO_{36}$ 空穴和电子的有效质量相对比值 D 均大于 1，有利于电子和空穴的快速分离，延长载流子寿命。结果显示，所有体系空穴有效质量相对均大于电子有效质量。根据式（4-15）可知，空穴有效质量相对较大，进而传输速率小不易移动。电子有效质量相对均小，导致电子传输速率大容易移动。且掺杂体系有效质量比值 D 随着拉应变的增加而增大，随着压应变增加而减小。其中，在拉应变为 +6% 的条件下，同类体系 $Zn_{34}SmO_{36}$ 的 D 值相对最大。在压应变为 −2% 时，同类体系 $Zn_{34}SmH_iO_{36}$ 的 D 值相对最大，载流子寿命相对最长，光催化性能相对较好。

需要说明的是，采用 MOCVD 和真空镀膜法制备的 ZnO 中，间隙 H 是普遍存在的杂质，而且影响掺杂体系光催化性能的四种因素——可见光效应、电偶极矩、氧化还原反应和载流子的寿命，起决定作用的是载流子寿命，载流子寿命越长，光催化性能越好。所以，综合考虑这四种因素，以及间隙 H 对掺杂体系光催化性能的影响，筛选出压应变为 −2% 时的 $Zn_{34}SmH_iO_{36}$ 体系作为光催化剂。

本节基于第一性原理计算方法，研究了应变对含点缺陷（V_{Zn}，H_i）的 Sm 掺杂 ZnO 光催化性能以及磁性的影响，研究发现，无论是拉应变还是压应变，掺杂体系形成能相比于无应变掺杂体系都增加，稳定性相对都下降。但在相同应变条件下，$Zn_{34}SmH_iO_{36}$ 体系的形成能相对更低，稳定性更好，且间隙 H 可以有效提高电子 - 空穴对的分离速度，从而延长载流子的寿命。随着拉应变的增加，掺杂体系的带隙变窄、电偶极矩和有效质量比值 D 逐渐增大。随着压应变增加，掺杂体系的带隙变宽、电偶极矩和有效质量比值 D 逐渐减小。综合考虑影响掺杂体系光催化性能的红移效应、电偶极矩、氧化和还原反应以及起决定作用的载流子寿命，得出当压应变为 −2% 时，$Zn_{34}SmH_iO_{36}$ 体系作为光催化剂相对较好。无论是拉应变还是压应变，$Zn_{34}SmO_{36}$ 和 $Zn_{34}SmH_iO_{36}$ 体系均具有磁性，且间隙 H 能提高掺杂体系的磁性。$Zn_{34}SmO_{36}$ 与 $Zn_{34}SmH_iO_{36}$ 体系中，磁性来源于 O 2p 轨道与 Sm 4f 轨道之间强烈的轨道杂化耦合交换作用。两类掺杂体系随着拉 / 压应变的增加，体系的总磁矩均减小，且间隙 H 的引入对掺杂体系总磁矩提高更有利。总磁矩主要由 Sm 原子电子自旋极化所贡献，而 O 原子的电子自旋极化也有贡献。在无外应变条件下，$Zn_{34}SmH_iO_{36}$ 体系产生了空穴自旋极化率为 100% 半金属化的特性。

4.3 不同价态缺陷和应变对 ZnO:Sm 磁光性能的影响

除点缺陷浓度、种类及其价态外，掺杂产生的内应变和实验过程中产生的外应变均会影响 ZnO 掺杂体系物理性能。有关研究表明，稀土离子价态（Sm^{3+} 和 Sm^{2+}）和 ZnO 本征点缺陷价态变化对掺杂半导体物理特性会产生不同的影响，应变会导致 ZnO 的能带出现分裂，从而引起掺杂体系电子结构和带隙的改变，导致体系光学性能和磁性的改变。Gruber 等[36-38]] 研究了稀土离子价态对掺杂半导体物理特性的影响：Sm^{3+} 和 Sm^{2+} 产生完全不同的发光光谱。Sm^{2+} 在可见光范围内不显示任何发光，而 Sm^{3+} 掺杂半导体薄膜的结构会产生丰富的发光光谱。Ponnusamy 等关于 ZnO:Mn 纳米粒子的室温铁磁性研究中发现，V_{Zn} 在非磁性 ZnO 中存在磁中心，铁磁性的光谱研究证明了掺杂体系中存在 V_{Zn}^{0} 和 V_{Zn}^{1-}。因此，ZnO:Sm 体系的光催化和磁性能与体系中的 Sm 离子和 V_{Zn} 价态密切相关。其次，掺杂、热膨胀以及实验过程中样品与衬底晶格不匹配产生的应变是客观存在的。在理论计算或实验研究中，虽然均有关于 Sm 掺杂和点缺陷对 ZnO 磁性和光催化性能的影响报道，但前人研究均没有考虑在实验过程中元素掺杂、衬底与样品晶格常数不匹配或衬底与样品热膨胀系数不匹配产生的应变。基于 4.1 节的结论，本节选择含有阳离子空位（V_{Zn}）的 $Zn_{34}Sm^{2+/3+}O_{36}$ 和 $Zn_{34}Sm^{2+/3+}H_iO_{36}$ 掺杂体系作为研究对象，对其 *a* 轴和 *b* 轴施加双轴应变，不同应变值等效实验过程由于掺杂、热膨胀系数以及样品与衬底之间晶格不匹配的问题产生的应变，研究了应变和不同价态缺陷（$Sm^{2+/3+}$、$V_{Zn}^{0/2-}$）共同对 $Zn_{34}Sm^{2+/3+}O_{36}$ 和 $Zn_{34}Sm^{2+/3+}H_iO_{36}$ 体系光催化性能的影响，并分析了施加应变后掺杂体系的磁性来源与机理。磁性研究发现，掺杂体系中磁性来源除了 Sm 4f 电子轨道、Zn 4s 电子轨道和 O 2p 电子轨道杂化耦合双交换作用外，一定条件下，体系中还有巡游电子和局域电子单离子产生磁性的特征。光催化性能研究发现，基于稳定性考虑，在压应变为 −2% 时，$Zn_{34}Sm^{3+}H_iO_{36}$（V_{Zn}^{2-}）体系作为光催化剂相对较好，且该体系可以分解水制取 O_2 或 H_2。研究结论对新型 ZnO 基宽光谱光催化剂有应用价值。

4.3.1 模型与计算方法

构建了 72 原子纯 ZnO（3×3×2）超胞模型，如图 4-20（a）所示。3 种不同 Sm-V_{Zn} 间距的一个 Sm 原子替换一个 Zn 原子并与一个 Zn 空位共存的块体 $Zn_{34}SmO_{36}^{1\sim3}$ 超胞模型，如图 4-20（b）所示。在最稳定的 $Zn_{34}SmO_{36}$ 模型的基础上，构建了 3 种不同 Sm-H 间距的 $Zn_{34}H_iO_{36}^{a\sim c}$（Sm-H 间距分别为 0.117nm、0.218nm、0.444nm）超胞模型，如图 4-20（c）所示。在确定 Sm 原子和 Zn 空位以及间隙 H 最稳定的位置后，同时对 $Zn_{34}SmO_{36}$ 和 $Zn_{34}SmH_iO_{36}$ 超胞模型的 *a* 轴和 *b* 轴方向分别施加压应变（–2%、–4%、–6%）或拉应变（+2%、+4%、+6%），*c* 轴充分弛豫。根据文献报道可知，体相材料理论上通常能承受更大的应变，*a*、*b* 双轴应变能承受的范围可达到拉应变 +10% 和压应变 −10%。本节设定拉 / 压应变最大边界为 +6% ～ −6%，尚未超出理论研究的边界值。应变的定义为 $\varepsilon = (a-a_0)/a_0$，式中，$a_0$ 是无应变时体系的晶格常数；*a* 为应变条件下体系的晶格常数；ε

为正值表示拉应变；ε 为负值表示压应变。在此基础上引入不同价态 Sm 以及不同价态 Zn 空位，然后对所有模型进行计算。另外，根据实验文献可知，当 Sm 掺杂浓度（原子分数）为 5% 时，ZnO 结构未发生相变。本节 $Zn_{34}SmO_{36}$ 和 $Zn_{34}SmH_iO_{36}$ 体系中，Sm 的掺杂浓度分别为 1.41%、1.39%，远低于实验值，保证了掺杂体系的六方纤锌矿结构。

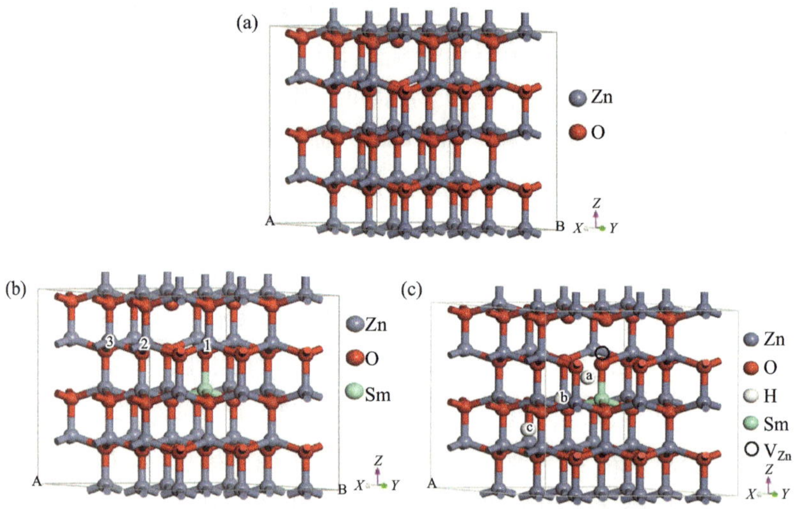

图 4-20 模型

(a) $Zn_{36}O_{36}$；(b) $Zn_{34}SmO_{36}^{1\sim3}$；(c) $Zn_{34}SmH_iO_{36}^{a\sim c}$

本节计算方法与参数设置仍与 4.1 节相同。此处只考虑阳离子 Zn 空位的价态和 Sm 离子的价态。

4.3.2 对结构与稳定性的影响

体系掺杂的难易程度可由形成能来表征，考虑到价态，体系的 E_f 计算公式如下：

$$E_f(\mathrm{Sm_{Zn}}-\mathrm{V_{Zn}})=E_{\mathrm{Zn_{34}SmO_{36}}}-E_{\mathrm{ZnO}}-\mu_{\mathrm{Sm}}+2\mu_{\mathrm{Zn}}+q(E_F+E_{\mathrm{VBM}}) \quad (4\text{-}24)$$

$$E_f(\mathrm{Sm_{Zn}}-\mathrm{V_{Zn}}\text{-}\mathrm{H_i})=E_{\mathrm{Zn_{34}SmH_iO_{36}}}-E_{\mathrm{ZnO}}-\mu_{\mathrm{Sm}}-\mu_{\mathrm{H_i}}+2\mu_{\mathrm{Zn}}+q(E_F+E_{\mathrm{VBM}}) \quad (4\text{-}25)$$

式中，相关参数含义与 4.1 节一致。

体系的稳定性程度可由内聚能来表征，内聚能计算公式为：

$$E_{\mathrm{coh}}(\mathrm{Sm_{Zn}}-\mathrm{V_{Zn}})=E_f(\mathrm{Sm_{Zn}}-\mathrm{V_{Zn}})+E_f(\mathrm{V_{Zn}})-E_f(\mathrm{Sm_{Zn}}) \quad (4\text{-}26)$$

$$E_{coh}(Sm_{Zn}-V_{Zn}-H_i)=E_f(Sm_{Zn}-V_{Zn}+H_i)+E_f(V_{Zn})-E_f(Sm_{Zn})-E_f(H_i) \quad (4\text{-}27)$$

式中，$E_f(Sm_{Zn}-V_{Zn})$ 代表掺杂体系 $Zn_{34}SmO_{36}$ 中一个 Sm 原子和 V_{Zn} 共存的总形成能；$E_{coh}(Sm_{Zn}-V_{Zn}+H_i)$ 代表掺杂体系 $Zn_{34}SmH_iO_{36}$ 中分别含有一个 Sm 原子、V_{Zn} 和 H_i 共存的总形成能；$E_f(V_{Zn})$ 为 ZnO 中含一个 Zn 空位的形成能；$E_f(Sm_{Zn})$ 为 ZnO 中含一个 Sm 原子替换一个 Zn 原子的形成能；$E_f(H_i)$ 为 ZnO 中一个间隙 H 原子的形成能。

计算得出无施加外应变的条件下，所有掺杂体系的体积、晶格常数、形成能和内聚能，见表 4-11。

从表 4-11 看出，纯 ZnO 的晶格常数与实验结果相吻合，说明本节计算设置是合理的。与纯 ZnO 相比，所有掺杂体系晶格常数和体积均增加。这是由于 Sm^{3+} 的离子半径（0.108nm）大于 Zn^{2+} 的离子半径（0.074nm）。所有掺杂体系在富 O 条件下形成能和内聚能相对更低，说明在富 O 条件下掺杂相对更容易，稳定性相对更强。在 Sm-V_{Zn} 共存且相对位置不同的 $Zn_{34}SmO_{36}$ 掺杂体系中，形成能和内聚能的大小顺序为：$Zn_{34}SmO_{36}^1 < Zn_{34}SmO_{36}^2 < Zn_{34}SmO_{36}^3$。即，当 Sm-$V_{Zn}$ 间距为 0.321nm 时，$Zn_{34}SmO_{36}^1$ 体系的形成能和内聚能相对最低，掺杂最容易结构最稳定。因此将 Zn 空位固定在位置 1 处，引入不同相对位置的间隙 H。计算得出，$Zn_{34}SmH_iO_{36}$ 体系的形成能和内聚能大小顺序为：$Zn_{34}SmH_iO_{36}^a < Zn_{34}SmH_iO_{36}^b < Zn_{34}SmH_iO_{36}^c$，即，当间隙 H 位于位置 a 时，$Zn_{34}SmH_iO_{36}^a$ 体系形成能和内聚能最低，掺杂最容易且结构最稳定。通过同类掺杂体系对比筛选，$Zn_{34}SmO_{36}^1$ 和 $Zn_{34}SmH_iO_{36}^a$ 体系掺杂最容易且结构最稳定。因此，后续研究选取 $Zn_{34}SmO_{36}^1$ 和 $Zn_{34}SmH_iO_{36}^a$ 体系为研究对象。为了表述方便，后续分析时各体系化学式右上角标均忽略。

表 4-11 不同体系的体积、晶格常数、形成能以及内聚能

模型	$d_{Sm\text{-}V/Sm\text{-}H}$/nm	a/nm	c/nm	V/nm^3	富 Zn 条件 E_f/E_{coh}/eV	富 O 条件 E_f/E_{coh}/eV
$Zn_{36}O_{36}$	—	0.328	0.530	0.049	—	—
$Zn_{34}SmO_{36}^1$	0.321	0.334	0.535	0.051	10.462/12.444	4.008/5.990
$Zn_{34}SmO_{36}^2$	0.456	0.333	0.536	0.052	10.988/12.538	4.534/6.084
$Zn_{34}SmO_{36}^3$	0.560	0.333	0.536	0.052	10.894/13.065	4.540/6.611

续表

模型	$d_{Sm-V/Sm-H}$/nm	a/nm	c/nm	V/nm^3	富 Zn 条件 E_f/E_{coh}/eV	富 O 条件 E_f/E_{coh}/eV
$Zn_{34}SmH_iO_{36}^a$	0.117	0.333	0.532	0.051	−7.128/−4.245	−13.582/−11.682
$Zn_{34}SmH_iO_{36}^b$	0.218	0.333	0.531	0.050	−6.495/−3.772	−12.949/−11.793
$Zn_{34}SmH_iO_{36}^c$	0.444	0.334	0.533	0.052	−3.094/−1.272	−9.548/−6.209

计算得出双轴应变下不同价态 Sm 离子（$Sm^{2+/3+}$）和 Zn 空位（V_{Zn}^0 和 V_{Zn}^{2-}）与间隙 H 共存的 $Zn_{34}Sm^{2+/3+}O_{36}$ 和 $Zn_{34}Sm^{2+/3+}H_iO_{36}$ 体系的形成能和内聚能，见表 4-12 和表 4-13。

表 4-12 双轴应变下不同价态 $Zn_{34}SmO_{36}$ 体系的形成能和内聚能

应变	E_f 和 E_{coh}/eV	$Zn_{34}Sm^{2+}O_{36}$				$Zn_{34}Sm^{3+}O_{36}$			
		V_{Zn}^0		V_{Zn}^{2-}		V_{Zn}^0		V_{Zn}^{2-}	
		富氧	富锌	富氧	富锌	富氧	富锌	富氧	富锌
−6%	E_f	−13.69	6.76	−12.07	8.38	−18.86	2.59	−12.71	7.74
	E_{coh}	−9.62	10.84	−7.99	12.46	−13.79	6.67	−8.64	11.82
−4%	E_f	−15.39	3.84	−12.44	8.01	−15.36	5.10	−13.85	6.61
	E_{coh}	−11.32	7.91	−8.37	12.09	−11.28	9.18	−9.77	10.68
−2%	E_f	−16.62	5.06	−12.97	7.49	−19.71	0.75	−14.39	6.06
	E_{coh}	−12.54	9.14	−8.89	11.56	−15.63	4.83	−10.31	10.14
0%	E_f	−15.40	5.05	−13.85	6.61	−19.64	0.82	−14.40	6.5
	E_{coh}	−11.32	9.13	−9.77	10.68	−15.56	4.89	−10.32	10.13
+2%	E_f	−14.90	5.56	−12.54	7.91	−18.10	5.08	−13.95	6.53
	E_{coh}	−10.82	9.63	−8.47	11.99	−14.03	9.16	−9.87	10.60
+4%	E_f	−13.95	6.51	−11.59	8.86	−15.37	2.35	21.93	7.48
	E_{coh}	−9.87	10.58	−7.52	12.94	−11.29	6.43	−9.85	11.55
+6%	E_f	−12.56	7.89	−10.28	10.17	−16.75	3.70	−11.67	8.78
	E_{coh}	−8.49	11.97	−6.21	14.25	−12.68	7.78	−7.59	12.86

表 4-13 双轴应变下不同价态 $Zn_{34}SmH_iO_{36}$ 体系的形成能和内聚能

应变	E_f 和 E_{coh}/eV	$Zn_{34}Sm^{2+}H_iO_{36}$				$Zn_{34}Sm^{3+}H_iO_{36}$			
		V_{Zn}^{0}		V_{Zn}^{2-}		V_{Zn}^{0}		V_{Zn}^{2-}	
		富氧	富锌	富氧	富锌	富氧	富锌	富氧	富锌
−6%	E_f	−13.48	−13.03	−10.20	−9.75	−14.23	−13.78	−12.22	−11.76
	E_{coh}	−11.58	−10.13	−13.30	−5.50	−12.33	−10.88	−13.61	−9.86
−4%	E_f	−16.65	−16.20	−13.88	−13.43	−17.53	−17.07	−15.51	−15.06
	E_{coh}	−14.75	−14.30	−16.98	−11.53	−15.63	−15.17	−13.61	−13.16
−2%	E_f	−17.23	−16.77	−14.34	−13.89	−18.16	−17.70	−15.95	−15.50
	E_{coh}	−15.33	−14.87	−17.44	−11.99	−16.26	−15.80	−14.05	−13.60
0%	E_f	−17.32	−16.87	−15.02	−14.57	−18.25	−17.79	−16.05	−15.59
	E_{coh}	−15.42	−14.97	−18.12	−12.67	−16.35	−15.90	−14.15	−13.69
+2%	E_f	−16.62	−16.16	−14.90	−14.45	−16.45	−15.99	−15.48	−15.02
	E_{coh}	−14.72	−14.26	−18.00	−12.55	−14.55	−14.09	−13.58	−13.12
+4%	E_f	−14.76	−14.31	−12.40	−11.95	−13.64	−13.18	−13.38	−12.92
	E_{coh}	−12.86	−12.41	−15.51	−10.05	−11.74	−11.29	−11.48	−11.02
+6%	E_f	−12.05	−11.59	−9.07	−8.62	−11.12	−10.67	−10.70	−10.24
	E_{coh}	−10.15	−10.31	−12.17	−6.72	−9.22	−8.77	−8.80	−8.34

从表 4-12 和表 4-13 中可以看出，所有掺杂体系在富 O 条件下形成能和内聚能均低于富 Zn 条件下，说明掺杂体系在富 O 条件下更容易形成，结构更稳定。同类体系在相同价态下无外应变时体系形成能和内聚能最低，但考虑到应变是客观存在的，所以选择压应变为 −2% 和拉应变为 +2% 形成能和内聚能次低的掺杂体系作为后续研究对象。在同一应变下，对于 $Zn_{34}SmO_{36}$ 体系，不同价态形成能和内聚能的大小顺序为：$Zn_{34}Sm^{3+}O_{36}$（V_{Zn}^{0}）＜ $Zn_{34}Sm^{2+}O_{36}$（V_{Zn}^{0}）＜ $Zn_{34}Sm^{3+}O_{36}$（V_{Zn}^{2-}）＜ $Zn_{34}Sm^{2+}O_{36}$（V_{Zn}^{2-}）；对于含间隙 H 的 $Zn_{34}SmH_iO_{36}$ 体系，不同价态下形成能和内聚能的大小顺序为：$Zn_{34}Sm^{3+}H_iO_{36}$（V_{Zn}^{0}）＜ $Zn_{34}Sm^{2+}H_iO_{36}$（V_{Zn}^{0}）＜ $Zn_{34}Sm^{3+}H_iO_{36}$（V_{Zn}^{2-}）＜

$Zn_{34}Sm^{2+}H_iO_{36}$（V_{Zn}^{2-}）。通过比较可以发现，无论掺杂体系中是否存在间隙 H，当 Zn 空位的价态为 0 时，掺杂体系的形成能和内聚能均小于 Zn 空位价态为 −2 的掺杂体系。特别是，当 Sm 的价态为 +3 以及 Zn 空位价态为 0 时，同类掺杂体系相比，$Zn_{34}Sm^{3+}O_{36}$（V_{Zn}^{0}）和 $Zn_{34}Sm^{3+}H_iO_{36}$（V_{Zn}^{0}）体系的形成能和内聚能更低，其中，$Zn_{34}Sm^{3+}H_iO_{36}$（V_{Zn}^{0}）体系的形成能和内聚能最低，说明间隙 H 有利于体系的掺杂，且能增强体系的稳定性，这与 Jahn-Teller 效应相吻合[29]。

4.3.3 对磁学性能的影响

图 4-21 所示为未掺杂 ZnO 以及拉 / 压应变为 +2%/−2% 时不同价态 Sm 和 Zn 空位共存的 $Zn_{34}Sm^{2+/3+}O_{36}$（$V_{Zn}^{0/2-}$）和 $Zn_{34}Sm^{2+/3+}H_iO_{36}$（$V_{Zn}^{0/2-}$）体系的能带结构分布图。

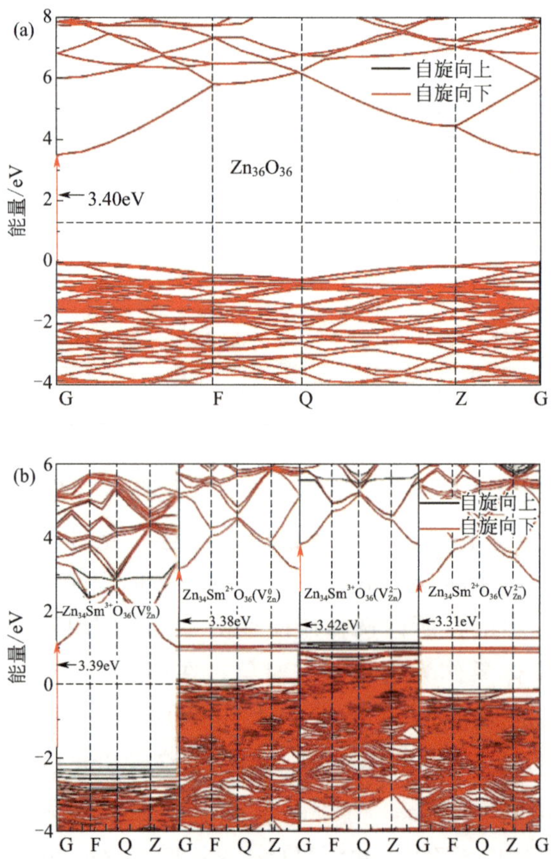

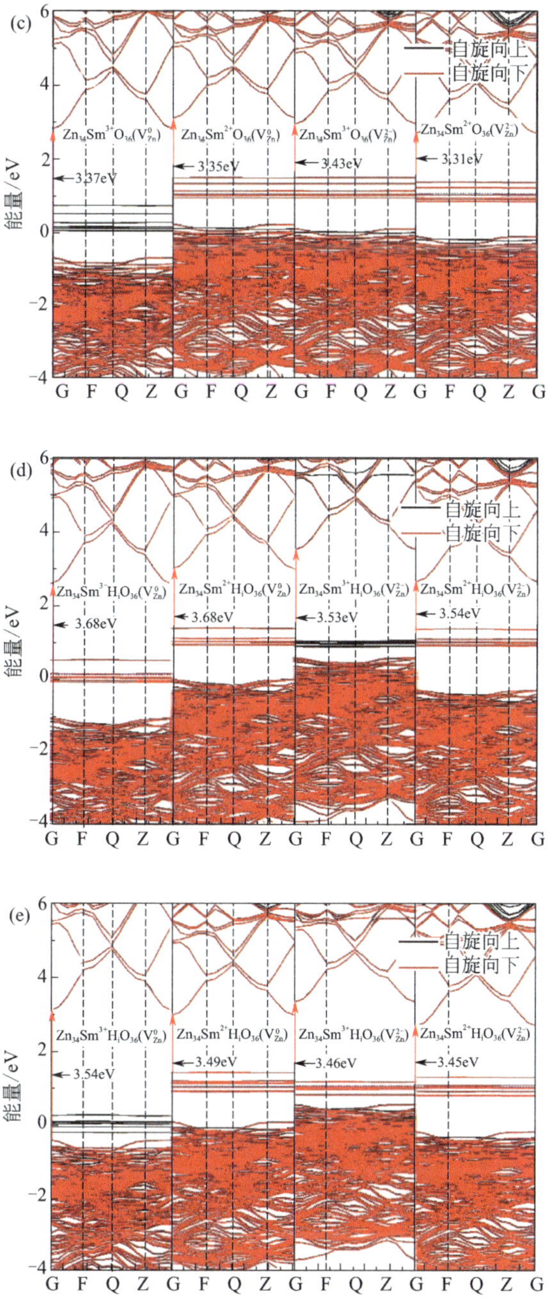

图 4-21　能带结构图

（a）$Zn_{36}O_{36}$；（b）压应变为 −2% 时 $Zn_{34}Sm^{3+/2+}O_{36}$（$V_{Zn}^{0/2-}$）；（c）拉应变为 +2% 时 $Zn_{34}Sm^{3+/2+}O_{36}$（$V_{Zn}^{0/2-}$）；（d）压应变为 −2% 时 $Zn_{34}Sm^{3+/2+}H_iO_{36}$（$V_{Zn}^{0/2-}$）；（e）拉应变为 +2% 时 $Zn_{34}Sm^{3+/2+}H_iO_{36}$（$V_{Zn}^{0/2-}$）

由图 4-21（a）可知，未掺杂 ZnO 通过 Hubbard+U 修正后的带隙为 3.40eV，这与实验值相一致，表明本节采用的 U 值是合理的。由图 4-21（b）和（c）可知，在不存在间隙 H 的条件下，无论拉应变还是压应变，$Zn_{34}Sm^{2+/3+}O_{36}$（$V_{Zn}^{0/2-}$）体系的带隙宽度大小顺序为：$Zn_{34}Sm^{3+}O_{36}$（V_{Zn}^{0}）＞ $Zn_{34}Sm^{2+}O_{36}$（V_{Zn}^{0}）＞ $Zn_{34}Sm^{3+}O_{36}$（V_{Zn}^{2-}）＞ $Zn_{34}Sm^{2+}O_{36}$（V_{Zn}^{2-}），即，当 Sm 为 +2 价，Zn 空位为 −2 价时，$Zn_{34}Sm^{2+}O_{36}$（V_{Zn}^{2-}）体系的带隙宽度相对最窄，且小于纯 ZnO 体系带隙。由图 4-21（d）和（e）可知，当存在间隙 H 时，无论拉应变还是压应变，$Zn_{34}Sm^{2+/3+}H_iO_{36}$（$V_{Zn}^{0/2-}$）体系的带隙宽度大小顺序为 $Zn_{34}Sm^{3+}H_iO_{36}$（V_{Zn}^{0}）＞ $Zn_{34}Sm^{2+}H_iO_{36}$（V_{Zn}^{0}）＞ $Zn_{34}Sm^{3+}H_iO_{36}$（V_{Zn}^{2-}）＞ $Zn_{34}Sm^{2+}H_iO_{36}$（V_{Zn}^{2-}），即，当 Sm 为 +2 价，Zn 空位为 −2 价时，$Zn_{34}Sm^{2+}H_iO_{36}$（V_{Zn}^{2-}）体系的带隙宽度相对最窄，但仍大于纯 ZnO 体系带隙。这是由于在重整化理论中，Burstein-Moss 效应会导致掺杂体系带隙变宽，而多体效应和内建磁场会导致掺杂体系带隙变窄 [23, 24]。因此，在 $Zn_{34}Sm^{2+}O_{36}$（V_{Zn}^{2-}）体系中，多体效应与内建磁场作用的总效果要强于 Burstein-Moss 效应，且 $Zn_{34}Sm^{2+}O_{36}$（V_{Zn}^{2-}）体系的带隙最窄，最有利于载流子的跃迁，可见光效应最好，这将在吸收光谱分析中进一步获得验证。而在 $Zn_{34}Sm^{2+}H_iO_{36}$（V_{Zn}^{2-}）体系中，由于间隙 H 的掺入，使得体系载流子浓度升高，Burstein-Moss 效应增强，因此，$Zn_{34}Sm^{2+}H_iO_{36}$（V_{Zn}^{2-}）体系中 Burstein-Moss 效应强于多体效应与内建磁场作用的总效果，使得掺杂体系带隙变宽。有趣的是，虽然 $Zn_{34}Sm^{2+}H_iO_{36}$（V_{Zn}^{2-}）体系的带隙变宽，但由于体系中存在施主杂质能级，在光电子激发的条件下，电子由价带顶先跃迁至杂质能级，再由杂质能级跃迁至导带底，电子的分级跃迁依然会使 $Zn_{34}Sm^{2+}H_iO_{36}$（V_{Zn}^{2-}）体系表现出可见光和红外光效应，这将在吸收光谱分析中进一步验证。

为了讨论压应变为 −2% 和拉应变为 +2% 下（形成能和内聚能次低）不同价态 Sm 和 V_{Zn} 对掺杂体系磁性的影响，计算得出纯 ZnO、拉 / 压应为 +2%/−2% 时，$Zn_{34}Sm^{2+/3+}O_{36}$（$V_{Zn}^{0/2-}$）和 $Zn_{34}Sm^{2+/3+}H_iO_{36}$（$V_{Zn}^{0/2-}$）体系的总态密度分布图，如图 4-22 所示。

由图 4-22（a）可知，纯 ZnO 体系总态密度图自旋向上与自旋向下对称，体系不显磁性。由图 4-22（b）～（e）可知，对于掺杂体系而言，无论压应变还是拉应变条件下，不同价态 Sm 和 Zn 空位 $Zn_{34}Sm^{2+/3+}O_{36}$（$V_{Zn}^{0/2-}$）和 $Zn_{34}Sm^{2+/3+}H_iO_{36}$（$V_{Zn}^{0/2-}$）体系 DOS 上下分布不对称，即自旋向上和自旋向下的电子占据数不同，从而表明 $Zn_{34}SmO_{36}$ 和 $Zn_{34}SmH_iO_{36}$ 体系均表现出磁性，进而体系会产生内建磁场，自旋电子出现能级分裂，导致掺杂体系带隙变窄。为了定量说明内建电场使掺杂体系带隙变窄的程度，计算得出，$Zn_{34}Sm^{2+/3+}O_{36}$（$V_{Zn}^{0/2-}$）和 $Zn_{34}Sm^{2+/3+}H_iO_{36}$（$V_{Zn}^{0/2-}$）体系在压应变为 −2% 和拉应变为 +2% 时体系的磁矩，磁矩大小如表 4-14 所示。

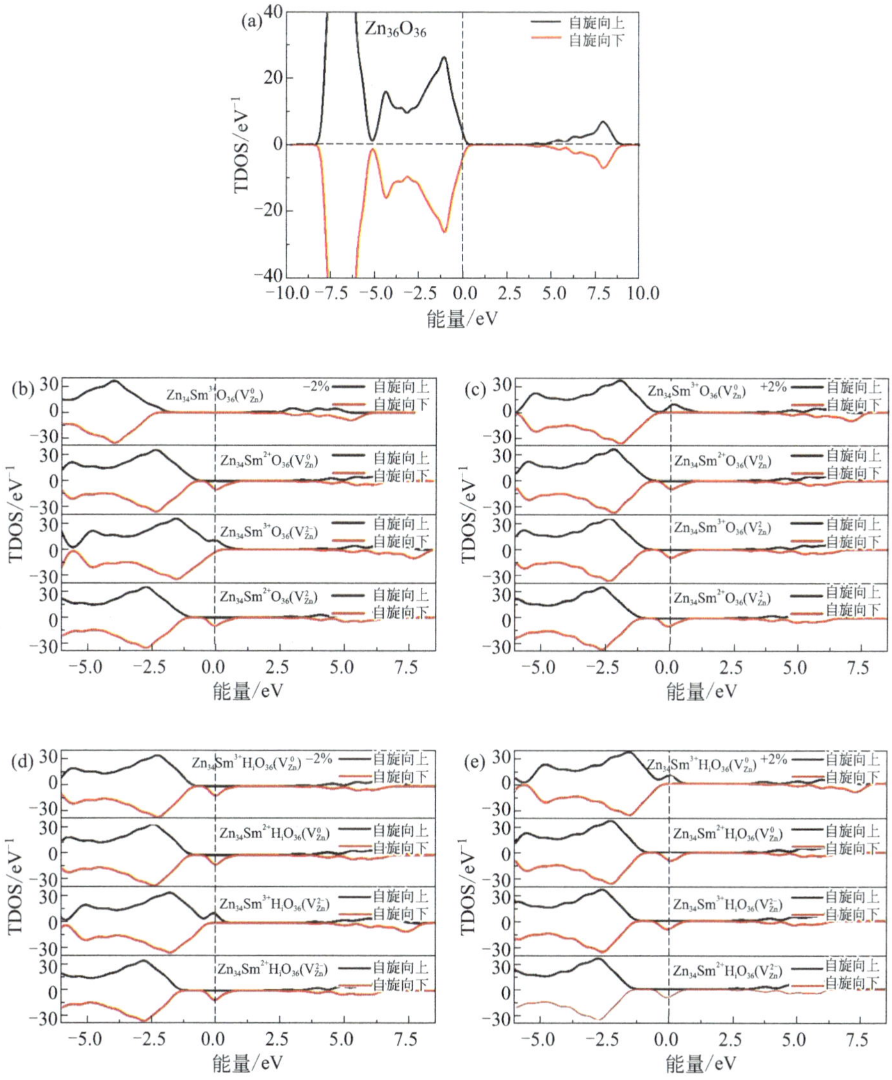

图 4-22　总态密度分布

（a）$Zn_{36}O_{36}$；（b）压应变为 −2% 时 $Zn_{34}Sm^{2+/3+}O_{36}$（$V_{Zn}^{0/2-}$）；（c）拉应变为 +2% 时 $Zn_{34}Sm^{2+/3+}O_{36}$（$V_{Zn}^{0/2-}$）；（d）压应变为 −2% 时 $Zn_{34}Sm^{2+/3+}H_iO_{36}$（$V_{Zn}^{0/2-}$）；（e）拉应变为 +2% 时 $Zn_{34}Sm^{2+/3+}H_iO_{36}$（$V_{Zn}^{0/2-}$）

表 4-14 $Zn_{34}Sm^{2+/3+}O_{36}$（$V_{Zn}^{0/2-}$）和 $Zn_{34}Sm^{2+/3+}H_iO_{36}$（$V_{Zn}^{0/2-}$）体系的总磁矩

模型	磁矩 /μ_B	
	应变 ε=−2%	应变 ε=+2%
$Zn_{34}Sm^{3+}O_{36}$（V_{Zn}^{0}）	5.47	5.49
$Zn_{34}Sm^{2+}O_{36}$（V_{Zn}^{0}）	−5.51	−5.51
$Zn_{34}Sm^{3+}O_{36}$（V_{Zn}^{2-}）	5.45	−5.53
$Zn_{34}Sm^{2+}O_{36}$（V_{Zn}^{2-}）	−5.56	−5.56
$Zn_{34}Sm^{3+}H_iO_{36}$（V_{Zn}^{0}）	−5.56	5.52
$Zn_{34}Sm^{2+}H_iO_{36}$（V_{Zn}^{0}）	−5.58	−5.57
$Zn_{34}Sm^{3+}H_iO_{36}$（V_{Zn}^{2-}）	5.56	−5.59
$Zn_{34}Sm^{2+}H_iO_{36}$（V_{Zn}^{2-}）	−5.64	−5.62

从表 4-14 可以看出，部分体系存在磁矩为负数的现象，磁矩为负数是因为该体系电子极化方向改变导致的。其中，对于 $Zn_{34}SmO_{36}$ 体系，不管是拉应变还是压应变，当 Sm 为 +2 价和 V_{Zn} 为 −2 价时体系具有最大的磁矩，为 −5.56μ_B；对于 $Zn_{34}SmH_iO_{36}$ 体系，压应变为 −2% 时，Sm 为 +2 价和 V_{Zn} 为 −2 价的 $Zn_{34}Sm^{2+}O_{36}$（V_{Zn}^{2-}）体系具有最大的磁矩，为 −5.64μ_B。相同条件下 $Zn_{34}SmH_iO_{36}$ 的磁矩大于 $Zn_{34}SmO_{36}$ 体系的磁矩，表明间隙 H 的存在有利于体系磁矩的增加。为进一步探究掺杂体系的磁性来源，需对其分波态密度分布进一步分析和讨论。

需要说明的是，所有掺杂体系中磁矩均含小数，这是因为掺杂中自旋向下电子态与自旋向上电子态分布之差不是整数。这与斯通纳磁性理论相吻合。

通过对掺杂体系分波态密度分析进一步阐述其磁性来源。纯 $Zn_{36}O_{36}$ 及应变为 –2%/+2% 时 $Zn_{34}Sm^{2+/3+}O_{36}$（$V_{Zn}^{0/2-}$）和 $Zn_{34}Sm^{2+/3+}H_iO_{36}$（$V_{Zn}^{0/2-}$）体系的分波态密度图如图 4-23 所示。

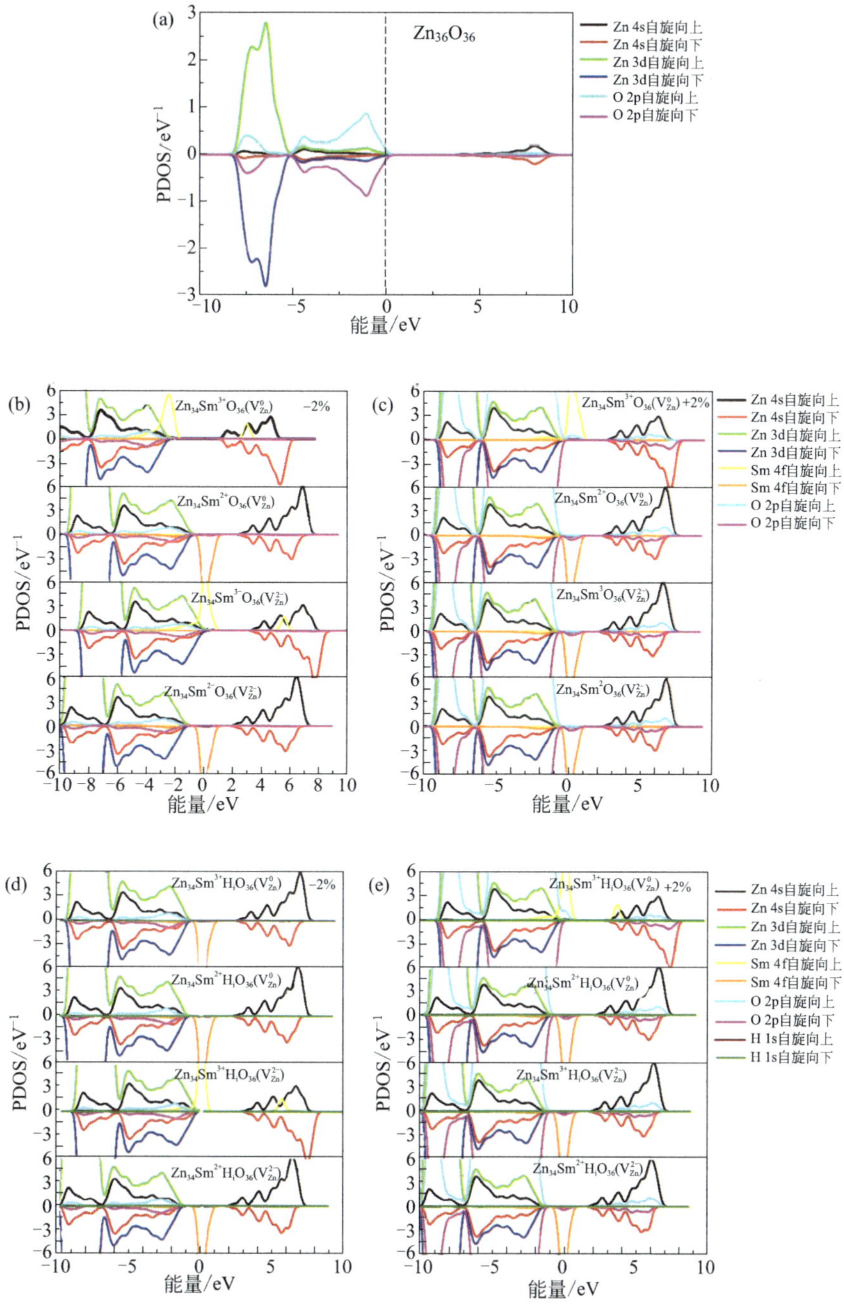

图 4-23 分波态密度分布

(a) $Zn_{36}O_{36}$；(b) 压应变为 -2% 时 $Zn_{34}Sm^{2+/3+}O_{36}$ ($V_{Zn}^{0/2-}$)；(c) 拉应变为 +2% 时 $Zn_{34}Sm^{2+/3+}O_{36}$ ($V_{Zn}^{0/2-}$)；(d) 压应变为 -2% 时 $Zn_{34}Sm^{2+/3+}H_iO_{36}$ ($V_{Zn}^{0/2-}$)；(e) 拉应变为 +2% 时 $Zn_{34}Sm^{2+/3+}H_iO_{36}$ ($V_{Zn}^{0/2-}$)

由图 4-23（a）可以看出，纯 $Zn_{36}O_{36}$ 体系不显示磁性，O 2p 态决定价带顶位置，导带底由 Zn 4s 态决定。由图 4-23（b）～（e）可以看出，$Zn_{34}Sm^{2+/3+}O_{36}$（$V_{Zn}^{0/2-}$）和 $Zn_{34}Sm^{2+/3+}H_iO_{36}$（$V_{Zn}^{0/2-}$）体系的 Zn 4s、O 2p 和 Sm 4f 轨道的电子自旋上下分布不对称，体系有磁性，且 Sm 的 4f 电子轨道、Zn 的 4s 电子轨道和 O 的 2p 电子轨道之间杂化耦合产生双交换作用。这与电子轨道杂化耦合双交换作用理论相吻合。其次，研究发现，在压应变为 −2% 时，$Zn_{34}Sm^{3+}O_{36}$（$V_{Zn}^{0/2-}$）和 $Zn_{34}Sm^{3+}H_iO_{36}$（V_{Zn}^{2-}）体系，以及拉应变为 +2% 时，$Zn_{34}Sm^{3+}O_{36}$（V_{Zn}^{0}）和 $Zn_{34}Sm^{3+}H_iO_{36}$（V_{Zn}^{0}）体系中 Sm 4f 态表现出巡游电子和局域电子的双重特性。这是由于体系中价带顶附近 Sm 的价态均由 f^4 转化为 f^3，即价带中 Sm 6s 态电子转移到 Sm 4f 态，表现巡游电子的特性。导带底中 Sm 4f 态价态不变，保持局域电子特性。这与 Bader 电荷分析方法相吻合。

由图 4-23（b）～（e）可以看出，在压应变为 −2% 时，$Zn_{34}Sm^{2+}O_{36}$（$V_{Zn}^{0/2-}$）、$Zn_{34}Sm^{2+/3+}H_iO_{36}$（$V_{Zn}^{0}$）和 $Zn_{34}Sm^{2+}H_iO_{36}$（V_{Zn}^{2-}）体系，以及拉应变为 +2% 时，$Zn_{34}Sm^{2+}O_{36}$（V_{Zn}^{0}）、$Zn_{34}Sm^{2+/3+}O_{36}$（V_{Zn}^{2-}）、$Zn_{34}Sm^{2+}H_iO_{36}$（V_{Zn}^{0}）和 $Zn_{34}Sm^{2+/3+}H_iO_{36}$（$V_{Zn}^{2-}$）体系中 Sm 的 4f 态和 Zn 的 4s 态均有各自独立的单离子产生磁性的特征。这与文献的理论解释相吻合，然而与电子轨道杂化耦合双交换作用理论不相符。

为了更直观分析掺杂体系的磁性来源，选定磁矩最大的压应变为 −2% 时的 $Zn_{34}Sm^{2+}O_{36}$（V_{Zn}^{2-}）和 $Zn_{34}Sm^{2+}H_iO_{36}$（V_{Zn}^{2-}）体系作净自旋密度分布图，如图 4-24 所示。从图中可以看出，掺杂体系磁矩主要由 Sm 原子自旋极化引起（磁矩最大），Zn 原子次之，O 原子也有微弱的影响，计算结果与分波态密度分析相一致。

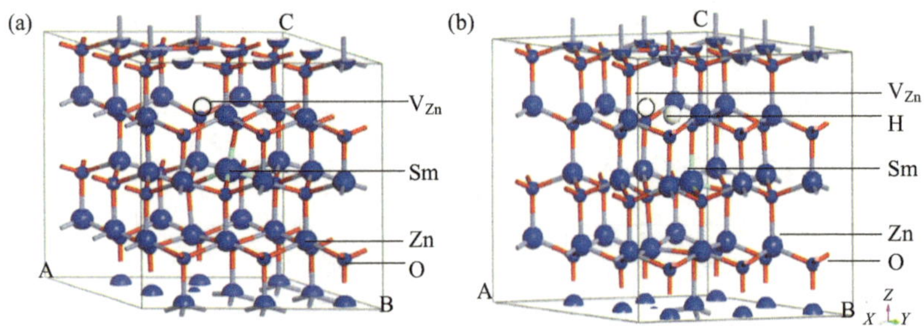

图 4-24 净自旋密度分布

（a）$Zn_{34}Sm^{2+}O_{36}$（V_{Zn}^{2-}）；（b）$Zn_{34}Sm^{2+}H_iO_{36}$（V_{Zn}^{2-}）

4.3.4 对光学性能的影响

电偶极矩会产生内建电场，内建电场促进载流子转移，影响体系的光催化性能。ZnO 是单极性（c 轴方向）半导体材料，不同价态的掺杂元素和点空位、间隙 H 和应变均会在 ZnO 中引入极性单元，导致体系局部晶格畸变，产生电偶极矩，即在掺杂体系中产生内建电场，载流子发生迁移，影响载流子反应活性。根据公式：$\mu = PV$（μ 为电偶极矩，P 为极化强度，V 为体系的体积），电极化强度 $P=\varepsilon_0 E(\varepsilon_r - 1)$（$\varepsilon_0$ 为真空介电常数，ε_r 为相对介电常数，E 为内建电场），推导出 $\mu = \varepsilon_0 E(\varepsilon_r - 1)V$，即体系电偶极矩越强，内建电场越强，载流子迁移越快，载流子活性越强。电偶极矩可通过德拜方程 $\mu=neR$（n 为体系中电子的总数，e 为电子的电荷，R 为正负电荷质心之间的距离）计算。计算得出，拉 / 压应变为 +2%/−2% 时 $Zn_{34}Sm^{2+/3+}O_{36}$（$V_{Zn}^{0/2-}$）和 $Zn_{34}Sm^{2+/3+}H_iO_{36}$（$V_{Zn}^{0/2-}$）体系的电偶极矩见表 4-15。

由表 4-15 可知，无论是拉应变还是压应变，当体系无间隙 H 时，不同价态下 $Zn_{34}Sm^{2+/3+}O_{36}$（$V_{Zn}^{0/2-}$）体系的电偶极矩顺序为：$Zn_{34}Sm^{3+}O_{36}$（V_{Zn}^{2-}）> $Zn_{34}Sm^{2+}O_{36}$（V_{Zn}^{2-}）> $Zn_{34}Sm^{3+}O_{36}$（V_{Zn}^{0}）> $Zn_{34}Sm^{2+}O_{36}$（V_{Zn}^{0}）。$Zn_{34}Sm^{3+}O_{36}$（V_{Zn}^{2-}）体系的电偶极矩最强，即内建电场最强，电子 - 空穴对的转移速度最快，载流子的活性最强。不同价态下，对于含间隙 H 的 $Zn_{34}Sm^{2+/3+}H_iO_{36}$（$V_{Zn}^{0/2-}$）体系，电偶极矩顺序为：$Zn_{34}Sm^{3+}H_iO_{36}$（$V_{Zn}^{2-}$）> $Zn_{34}Sm^{2+}H_iO_{36}$（V_{Zn}^{2-}）> $Zn_{34}Sm^{3+}H_iO_{36}$（V_{Zn}^{0}）> $Zn_{34}Sm^{2+}H_iO_{36}$（V_{Zn}^{0}）。即 $Zn_{34}Sm^{3+}H_iO_{36}$（V_{Zn}^{2-}）体系的电极化强度最强，内建电场越强，电子 - 空穴对的转移速度最快，载流子活性最强。两类掺杂体系相比较，$Zn_{34}Sm^{2+/3+}H_iO_{36}$（$V_{Zn}^{0/2-}$）体系的 μ 值小于 $Zn_{34}Sm^{2+/3+}O_{36}$（$V_{Zn}^{0/2-}$）体系，但相差不大。

计算结果表明，同类掺杂体系相比，当 Sm 为 +3 价、Zn 空位为 −2 价时，$Zn_{34}Sm^{3+}O_{36}$（V_{Zn}^{2-}）和 $Zn_{34}Sm^{3+}H_iO_{36}$（V_{Zn}^{2-}）体系的内建电场相对最强，电子 - 空穴对的转移速度最快，载流子活性最强。且对于同一体系，在相同价态时，拉应变 +2% 时体系的电偶极矩大于压应变为 −2% 时的电偶极矩。

表 4-15 $Zn_{34}Sm^{2+/3+}O_{36}$（$V_{Zn}^{0/2-}$）和 $Zn_{34}Sm^{2+/3+}H_iO_{36}$（$V_{Zn}^{0/2-}$）体系的电偶极矩

模型	ε=−2%		ε=+2%	
	R/nm	μ /（×10^{-30} C • m）	R/nm	μ /（×10^{-30} C • m）
$Zn_{34}Sm^{3+}O_{36}$（V_{Zn}^{0}）	0.3264	365.51	0.3408	381.69

续表

模型	ε=−2%		ε=+2%	
	R/nm	μ/(×10^{-30}C·m)	R/nm	μ/(×10^{-30}C·m)
$Zn_{34}Sm^{2+}O_{36}$ (V_{Zn}^{0})	0.3264	313.29	0.3408	327.17
$Zn_{34}Sm^{3+}O_{36}$ (V_{Zn}^{2-})	0.3264	469.94	0.3408	490.75
$Zn_{34}Sm^{2+}O_{36}$ (V_{Zn}^{2-})	0.3264	417.73	0.3408	436.22
$Zn_{34}Sm^{3+}H_iO_{36}$ (V_{Zn}^{0})	0.3263	365.46	0.3438	385.00
$Zn_{34}Sm^{2+}H_iO_{36}$ (V_{Zn}^{0})	0.3263	313.25	0.3438	330.01
$Zn_{34}Sm^{3+}H_iO_{36}$ (V_{Zn}^{2-})	0.3263	469.87	0.3438	495.00
$Zn_{34}Sm^{2+}H_iO_{36}$ (V_{Zn}^{2-})	0.3263	417.66	0.3438	440.02

本节采用第一性原理 GGA+U 方法，研究了双轴应变和不同价态点缺陷（$Sm^{2+/3+}$、$V_{Zn}^{0/2-}$）对 $Zn_{34}Sm^{2+/3+}O_{36}$ 和 $Zn_{34}Sm^{2+/3+}H_iO_{36}$ 体系光催化性能和磁性的影响。研究发现，当压应变为 −2% 时，$Zn_{34}Sm^{3+}H_iO_{36}$（V_{Zn}^{2-}）体系载流子寿命相对最长，吸收光谱红移相对较强，氧化 - 还原能力相对较强，作为光催化剂相对较好。$Zn_{34}Sm^{2+/3+}O_{36}$（$V_{Zn}^{0/2-}$）和 $Zn_{34}Sm^{2+/3+}H_iO_{36}$（$V_{Zn}^{0/2-}$）体系中磁性来源于 Sm 的 4f、Zn 的 4s 和 O 的 2p 电子轨道杂化耦合双交换作用。

参考文献

[1] Neugebauer J, Van de Walle C G. Role of hydrogen in doping of GaN [J]. Appl Phys Lett, 1996, 68 (13) : 1829-1831.

[2] Nakano Y, Kawakami R, Niibe M. Generation of electrical damage in n-GaN films following treatment in a CF_4 plasma [J]. Appl Phys Express, 2017, 10 (11) : 116201-116204.

[3] Vinod R, Bushiri M J, Sajan P, et al. Mn^{2+}-induced room-temperature ferromagnetism and spin-glass behavior in hydrothermally grown Mn-doped ZnO nanorods [J]. Phys Status Solidi A, 2014, 211 (5) : 1155-1161.

[4] Kayani Z N, Sahar M, Riaz S, et al. Enhanced magnetic, antibacterial and optical properties of Sm doped ZnO thin films: Role of Sm doping [J]. Opt Mater, 2020, 108: 110457-110412.

[5] Wang Y R, Piao J Y, Lu Y H, et al. Intrinsic ferromagnetism in Sm doped ZnO [J]. Mater Res Bull, 2016, 83: 408-413.

[6] Ahmed M A, Coetsee L, Meyer W E, et al. Influence (Ce and Sm) co-doping ZnO nanorods on the structural, optical and electrical properties of the fabricated schottky diode using chemical bath deposition [J]. Journal of Alloys Compounds, 2019, 810: 151929-151910.
[7] Khalid M, Ziese M, Setzer A, et al. Defect-induced magnetic order in pure ZnO films [J]. Phys Rev B, 2009, 80 (3) : 035331-035335.
[8] Kohan A F, Ceder G, Morgan D, et al. First-principles study of native point defects in ZnO [J]. Phys Rev B, 2000, 61 (22) : 15019-15027.
[9] 许小亮，施朝淑 . GaN 中的缺陷与杂质 [Z]. 物理学进展 . 物理学进展 . 2001: 1-11
[10] Van de Walle C G. Interactions of hydrogen with native defects in GaN [J]. Phys Rev B, 1997, 56 (16) : R10020-10024.
[11] Youssef M, Yildiz B. Hydrogen defects in tetragonal ZrO_2 studied using density functional theory [J]. Phys Chem Chem Phys, 2014, 16 (4) : 1354-1365.
[12] King P, Veal T, Jefferson P, et al. Unification of the electrical behavior of defects, impurities, and surface states in semiconductors: Virtual gap states in CdO [J]. Phys Rev B, 2009, 79 (3) : 035203-035205.
[13] Szucs B, Gali A, Hajnal Z, et al. Physics and chemistry of hydrogen in the vacancies of semiconductors [J]. Phys Rev B, 2003, 68 (8) : 085202-085210.
[14] Lavrov E V, Herklotz F, Weber J. Identification of two hydrogen donors in ZnO [J]. Phys Rev B, 2009, 79 (16) : 165210-165213.
[15] Han X, Liu C, Sun J, et al. Density functional theory calculations for evaluation of phosphorene as a potential anode material for magnesium batteries [J]. RSC Adv, 2018, 8 (13) : 7196-7204.
[16] Wang Q B., Zhou C, Wu J, et al. GGA+U study of the electronic and optical properties of hexagonal BN phase ZnO under pressure [J]. Comp Mater Sci, 2015, 102: 196-201.
[17] Yang Y M, Zhong K H, Xu G G, et al. Strain-engineered indirect-direct band-gap transitions of $PbPdO_2$ slab with preferred (002) orientation [J]. J Phys-Condens Mat, 2019, 31 (40) : 405501-405507.
[18] Ma S W, Chen S Y, Ge H J, et al. Synergistic effects of the Zr and Sm Co-doped Fe_2O_3/CeO_2 oxygen carrier for chemical looping hydrogen generation [J]. Energ Fuel, 2020, 34 (8) : 10256-10267.
[19] Luo W J, Wang J J, Zhao X, et al. Formation energy and photoelectrochemical properties of $BiVO_4$ after doping at Bi^{3+} or V^{5+} sites with higher valence metal ions [J]. Phys Chem Chem Phys, 2013, 15 (3) : 1006-1013.
[20] Wang T W, Bristowe P D. Controlling Ag diffusion in ZnO by donor doping: A first principles study [J]. Acta Mater, 2017, 137: 115-122.

[21] Guziewicz E, Orlowski B A, Kowalski B J, et al. Gd and Sm on clean semiconductor surfaces-resonant photoemission studies [J]. Appl Surf Sci, 2013, 282: 326-334.

[22] Li H L, Lv Y B, Li J Z, et al. First-principles study of p-type conductivity of N-Al/Ga/In co-doped ZnO [J]. Phys Scripta, 2015, 90 (2) : 025803-025807.

[23] Wang J, Fang T, Zhang L, et al. Effects of oxygen doping on optical band gap and band edge positions of Ta_3N_5 photocatalyst: A GGA+U calculation [J]. Journal of Catalysis, 2014, 309: 291-299.

[24] Jain S C, Mcgregor J M, Roulston D J. Band-gap narrowing in novel III-V semiconductors [J]. Journal of Applied Physics, 1990, 68 (7) : 3747-3749.

[25] Lu J G, Fujita S, Kawaharamura T, et al. Carrier concentration induced band-gap shift in Al-doped $Zn_{1-x}Mg_xO$ thin films [J]. Appl Phys Lett, 2006, 89 (26) : 262107-262108.

[26] Xu Z C, Hou Q Y, Guo F, et al. Effects of strains on the electronic structure and optical properties of Ce-doped ZnO with interstitial H [J]. Comp Mater Sci, 2019, 169: 109120-109111.

[27] Widianto M Y H, Kadarisman H P, Yatmeidhy A. M., et al. Spin-polarized cation monovacancies in wurtzite structure semiconductors: first-principles study [J]. Jpn J Appl Phys, 2020, 59 (7) : 071001-071007.

[28] Yin X, Hou Q Y, Chen H. First-principles study of the effects of interstitial H and point vacancies on the photocatalytic performance of Be/Mg/Ca-doped GaN [J]. Vacuum, 2021, 187: 110119-110112.

[29] Zhang W, Chen K B, Chen Z D. First-principles study on Jahn-Teller effect in Cr monolayer film [J]. Acta Phys Sin-Ch Ed, 2018, 67 (23) : 237301-237307.

[30] Yang A, Hou Q, Yin X, et al. First-principle study of the effects of biaxial strain on the photocatalytic and magnetic mechanisms of ZnO with Sm doping and point defects (V_{Zn}, H_i) [J]. Vacuum, 2021, 189: 110225-110214.

[31] Yu J, Zhou P, Li Q. New insight into the enhanced visible-light photocatalytic activities of B-, C-and B/C-doped anatase TiO_2 by first-principles [J]. Phys Chem Chem Phys, 2013, 15 (29) : 12040-12047.

[32] Zhou P, Yu J, Wang Y. The new understanding on photocatalytic mechanism of visible-light response N-S codoped anatase TiO_2 by first-principles [J]. Applied Catalysis B: Environmental, 2013, 142: 45-53.

[33] Sun P P, Bai L, Kripalani D R, et al. A new carbon phase with direct bandgap and high carrier mobility as electron transport material for perovskite solar cells [J]. NPJ Computational Materials Science, 2019, 5 (1) : 1-7.

[34] Deb J, Seriani N, Sarkar U. Ultrahigh carrier mobility of penta-graphene: A first-principle study [J]. Physica E, 2021, 127: 114507-114507.

[35] Yang Y, Zhong K, Xu G, et al. Strain-engineered indirect–direct band-gap transitions

of $PbPdO_2$ slab with preferred (0 0 2) orientation [J]. Journal of Physics: Condensed Matter, 2019, 31 (40) : 405501-405507.

[36] Martynková G S, Valášková M, Čapková P, et al. Structural ordering of organovermiculite: Experiments and modeling [J]. Journal of Colloid Interface Science, 2007, 313 (1) : 281-287.

[37] Gruber J B, Zandi B, Lozykowski H, et al. Spectroscopic properties of Sm^{3+} ($4f^5$) in GaN [J]. Journal of Applied Physics, 2002, 91 (5) : 2929-2935.

锰、钐、铈掺杂氧化锌
基于第一性原理的磁光性能分析

第 5 章

应变对含点缺陷 Ce 掺杂 ZnO 磁光性能的影响

5.1 应变对 Ce 掺杂 ZnO 磁光性能的影响

5.1.1 模型和计算方法

为了解决 Ce 掺杂 ZnO 体系磁性来源不确定的问题，以及应变对 Ce 掺杂 ZnO 体系光学性质和磁性影响的问题，本章通过不同双轴应变条件下体相未掺杂 ZnO 体系以及 Ce 掺杂 ZnO 体系的第一性原理计算，研究了应变对未掺杂 ZnO 体系以及 Ce 掺杂 ZnO 体系电子结构、吸收光谱和磁性影响。结果表明，应变可以改变体系的电子结构和磁性状态。这对设计和制备新型 ZnO 基稀磁半导体和光学功能材料有一定的参考价值。

未掺杂 ZnO 晶体是六方纤锌矿结构，属于 $P6_3mc$ 空间群，对称性为 C_{6v}^4，单胞由两个六方密堆积结构格子沿 c 轴平移套构而成，晶格常数为 $a=b=0.3249$nm，$c=0.5205$nm。目前有实验研究指出[1]，当 Ce 掺杂浓度（摩尔分数）为 10% 时，ZnO 结构未发生相变。为了保证掺杂体系的六方纤锌矿结构，本章所有体系的掺杂浓度（摩尔分数）为 6.25%。

为了探究 Ce 掺杂和间隙 H 原子对 ZnO 体系的晶体结构、稳定性、光学性质以及电子结构的影响，分别构建了未掺杂的块体 $Zn_{16}O_{16}$ 超胞模型，如图 5-1（a）所示；一个 Ce 原子替换一个 Zn 原子的块体 $Zn_{15}CeO_{16}$ 超胞模型，如图 5-1（b）所示。为了研究 Ce 掺杂对 ZnO 体系磁性特性的影响，判断不同应变条件下 Ce 掺杂 ZnO 体系是铁磁性（FM）还是反铁磁性（AFM），构建两个 Ce 原子替换两个 Zn 原子的 $Zn_{30}Ce_2O_{32}$ 超胞模型，如图 5-1（c）所示。计算体系铁磁性总能量时，体系中的所有原子设置为自旋向上；计算体系反铁磁性总能量时，一半原子设置为自旋向上，另一半原子设置为自旋向下。为了研究应变对 Ce 掺杂 ZnO 体系稳定性、电子结构、光学性质以及磁性特征的影响，对所有超胞模型的 a 轴和 b 轴施加 ε 为 −5%、−4%、−3%、−2%、−1%、0、1%、2%、3%、4% 和 5% 的应变，c 轴保持弛豫，并在此基础上计算体系的稳定性、电子结构、光学性质以及磁性。应变量 $\varepsilon=(a-a_0)/a_0$，其中，a_0 是没有应变时的最优晶格常数，a 是不同应变时相对应的晶格常数；ε 为正值表示拉应变，ε 为负值表示压应变。

计算采用 CASTEP（MS8.0）软件中的密度泛函理论框架下的 GGA+U 平面波超软赝势的方法，对所有模型进行几何结构优化和电子结构计算。计算电子结构时，采用电子自旋极化处理。把每个原子平面波能量的精度设为 1.0×10^{-6}eV，作用在每个原子上的力不大于 0.5eV/nm，内应力不大于 0.1GPa，公差偏移为 2.0×10^{-4}nm。布里渊区 *k* 点均选取为 4×4×2，截断能取 370eV。用于构建赝势的价电子组态分别为 Zn $3d^{10}4s^2$，Ce $4f^15s^25p^65d^16s^2$ 和 O $2s^22p^4$。未掺杂 ZnO 单胞中，Zn 3d 和 O 2p 的 *U* 值分别取 10.00eV[2] 和 7.00eV[2] 时，计算得到的带隙宽度与实验值 3.40eV 相符合[3]。Ce 4f 的 *U* 值取 6.00eV[4]。

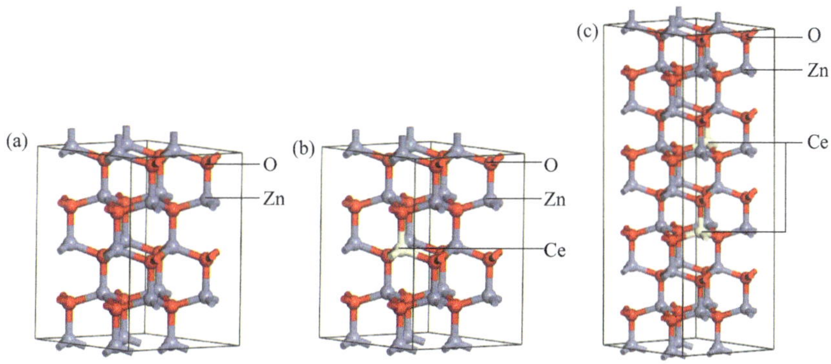

图 5-1　模型

（a）$Zn_{16}O_{16}$；（b）$Zn_{15}CeO_{16}$；（c）$Zn_{30}Ce_2O_{32}$

5.1.2　对结构和稳定性的影响

无应变条件下，$Zn_{16}O_{16}$ 和 $Zn_{15}CeO_{16}$ 体系几何结构优化后的折合晶格常数列于表 5-1。由表 5-1 可知，在无应变条件下，Ce 原子的掺入使得体系的晶格参数增大，折合后的掺杂体系体积也增大。本节使用 Mulliken 方法计算了轨道电荷分布，结果发现，掺杂体系 $Zn_{15}CeO_{16}$ 中，作为价电子组态 Ce $4f^15s^25p^65d^16s^2$ 中未填充满的 f 态轨道和 d 态轨道电荷转移之和均趋近 +3，所以，我们认为 Ce 掺杂在 ZnO 中的化合价为 +3 价，与实验文献[5,6]的报道相符合。由量子化学理论可知，Ce^{3+} 的离子半径（0.103nm）[7] 大于 Zn^{2+} 的离子半径（0.074nm）[8]，所以当离子半径较大的 Ce^{3+} 替换离子半径较小的 Zn^{2+} 后，晶体的体积会变大。其次，由于 Ce^{3+} 替换 Zn^{2+} 后，多余的正电荷之间的排斥作用增强，从而导致了晶体体积的变大。因此，在离子半径和正电荷之间的排斥作用共同作用下，Ce 掺杂 ZnO 体系的体积变大。计算结果与实验结果[9] 变化趋势相符合。

表 5-1 无应变条件下，$Zn_{16}O_{16}$ 和 $Zn_{15}CeO_{16}$ 体系几何结构优化后的折合晶格常数、体积和形成能

模型	a，c/nm		V/nm^3	E_f/eV
	本节	实验文献 [9]		
$Zn_{16}O_{16}$	a=0.3282 c=0.5318	a=0.3251 c=0.5211	0.05000	—
$Zn_{15}CeO_{16}$	a=0.3305 c=0.5364	a=0.3264 c=0.5222	0.05170	-7.7082

杂质形成能 E_f 可以说明 Ce 掺杂对 ZnO 体系稳定性和掺杂的难易程度的影响，E_f 的表达式为 [10]：

$$E_f(\mathrm{Ce}) = E_{Zn_{15}CeO_{16}} - E_{Zn_{16}O_{16}} + n_{Zn}\mu_{Zn} - n_{Ce}\mu_{Ce} \tag{5-1}$$

式中，$E_{Zn_{15}CeO_{16}}$ 是 $Zn_{15}CeO_{16}$ 体系总能量，eV；$E_{Zn_{16}O_{16}}$ 是未掺杂 $Zn_{16}O_{16}$ 体系总能量，eV；n_{Zn} 是被替换 Zn 原子的个数；n_{Ce} 是掺杂 Ce 原子的个数；μ_{Zn} 和 μ_{Ce} 是 Zn 和 Ce 最稳定（基态）金属相的每个原子的能量来替代的化学势，eV。

在无应变条件下，掺杂体系杂质形成能的计算结果如表 5-1 所示。从表 5-1 可以看出，在无应变条件下，Ce 掺杂 ZnO 体系的形成能为负值，说明 Ce 原子可以通过替位掺杂进入 ZnO 中，并且使得体系更稳定。为了讨论应变对体系形成能的影响，本节计算了不同应变条件下 $Zn_{15}CeO_{16}$ 的形成能。在计算过程中，公式（5-1）中 $E_{Zn_{15}CeO_{16}}$ 和 $E_{Zn_{16}O_{16}}$ 分别表示在不同应变条件下 $Zn_{15}CeO_{16}$ 和 $Zn_{16}O_{16}$ 的总能量，计算得到的结果如图 5-2 所示。从图 5-2 中可以看出，随着压应变程度的增加，$Zn_{15}CeO_{16}$ 的形成能降低；随着拉应变程度的增加，$Zn_{15}CeO_{16}$ 的形成能升高。

据文献 [11] 报道，ZnO 半导体发生莫特（Mott）相变的临界浓度可由如下公式来判断：

$$a_H N_c^{\frac{1}{3}} = 0.2 \tag{5-2}$$

式中，a_H 为未掺杂 ZnO 玻尔半径，其值为 2.03nm[11]；N_c 是 ZnO 发生莫特相变的临界掺杂浓度，计算得到 $N_c = 9.56\times10^{17}cm^{-3}$。本节中 $Zn_{15}CeO_{16}$ 超胞

模型的电离杂质浓度为 $N=2.42\times10^{21}cm^{-3}$，高于 N_c。结果表明，掺杂体系是高掺杂简并半导体。

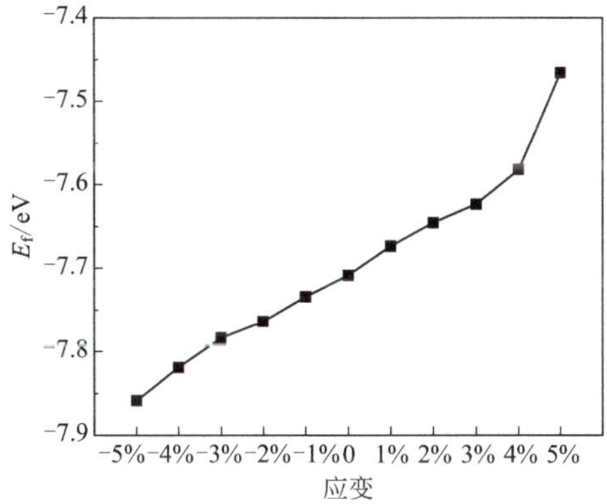

图 5-2　不同应变条件下 $Zn_{15}CeO_{16}$ 的形成能

5.1.3　对光学性能的影响

计算得到无应变条件下 $Zn_{16}O_{16}$ 和 $Zn_{18}CeO_{16}$ 体系的能带结构分布，如图 5-3 所示。图中费米能级为能量零点，这是由 MS 软件的特点决定的，以下类同。由图 5-3（a）可知，无应变条件下未掺杂 $Zn_{16}O_{16}$ 自旋向上和自旋向下的总态密度分布对称，即自旋向上和自旋向下的电子占据数相同，从而表明 $Zn_{16}O_{16}$ 无磁性。无应变条件下 $Zn_{16}O_{16}$ 的带隙宽度为 3.40eV，与文献［3］的实验结果相符合。由图 5-3（b）可知，在无应变条件下，Ce 的掺入没有改变 ZnO 直接带隙的性质，同时，在导带中自旋向上和自旋向下的总态密度分布不对称，即自旋向上和自旋向下的电子占据数不同，从而表明 $Zn_{15}CeO_{16}$ 表现出磁性，总磁矩为 $1.0131\mu_B$。计算得到 $Zn_{15}CeO_{16}$ 的带隙宽度为 3.229eV[9]，与未掺杂 $Zn_{16}O_{16}$ 相比，$Zn_{15}CeO_{16}$ 的带隙变窄。这与文献［9］所得结果相一致。这是由于 $Zn_{15}CeO_{16}$ 体系有磁矩，掺杂体系的磁矩会使占据在导带底附近能级上的电子在磁矩的影响下发生明显的能级分裂，导致体系带隙变窄[12]；同时，根据重整化理论，体系中 Burstein-Moss 效应使体系带隙变宽，多体效应使体系带隙变窄[13,14]。体系中的 Burstein-Moss 效应使体系带隙变宽的程度小于多体效应和内磁矩导致体系带隙变窄的程度，所以体系的带隙变窄。

为了讨论应变对体系带隙的影响，我们计算了不同应变条件下 $Zn_{16}O_{16}$

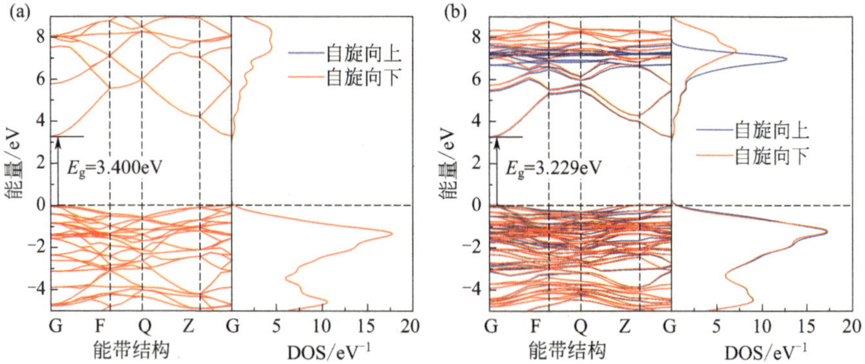

图 5-3　无应变条件下体系的能带结构

（a）$Zn_{16}O_{16}$；（b）$Zn_{15}CeO_{16}$

和 $Zn_{15}CeO_{16}$ 体系的价带顶（VBM）、导带底（CBM）以及带隙，如图 5-4 所示。从图 5-4（a）可以看出，在不同应变条件下，$Zn_{16}O_{16}$ 体系的价带顶保持不变，均为 0，导带底随着压应变的增加而升高，随着拉应变的增加而降低。因此，压应变使得体系的带隙变宽，拉应变使得体系的带隙变窄。这是由于当压应变程度在 -1% ～ -5% 的范围内时，体系中 Burstein-Moss 效应使体系带隙变宽的程度大于多体效应使带隙变窄的程度，所以体系的带隙变宽。当拉应变程度在 1% ～ 5% 的范围内时，体系中 Burstein-Moss 效应使体系带隙变宽的程度小于多体效应使带隙变窄的程度，所以体系的带隙变窄。从图 5-4（b）可以看出，对于 $Zn_{15}CeO_{16}$ 体系，在不同应变条件下，体系的价带顶保持不变，导带底随着压应变的增加而升高，随着拉应变的增加而降低。因此，压应变使得体系的带隙变宽，拉应变使得体系的带隙变

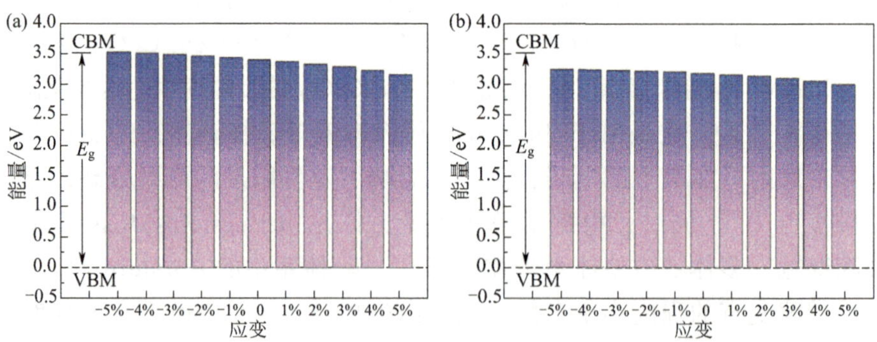

图 5-4　不同应变条件下体系的价带顶，导带底的位置以及带隙宽度

（a）$Zn_{16}O_{16}$；（b）$Zn_{15}CeO_{16}$

窄。这是由于当压应变程度在 -1% ～ -5% 的范围内时，体系中 Burstein-Moss 效应使体系带隙变宽的程度大于多体效应和内磁矩导致带隙变窄的程度，所以体系的带隙变宽。当拉应变程度在 1% ～ 5% 的范围内时，体系中 Burstein-Moss 效应使体系带隙变宽的程度小于多体效应和内磁矩导致带隙变窄的程度，所以体系的带隙变窄。

为了进一步分析体系带隙随应变变化的原因，计算了不同应变条件下 $Zn_{16}O_{16}$ 体系和 $Zn_{15}CeO_{16}$ 体系的差分电荷密度，分别如图 5-5 和图 5-6 所示。从图 5-5 可以看出，随着压应变的增加，$Zn_{16}O_{16}$ 体系的差分电荷密度分布更稠密，说明 $Zn_{16}O_{16}$ 体系中各原子间的电子云重叠更严重，相互作用更强烈；随着拉应变的增加，$Zn_{16}O_{16}$ 体系的差分电荷密度分布更稀疏，说明 $Zn_{16}O_{16}$ 体系中各原子间的电子云重叠减弱，相互作用减弱。同样的，从图 5-6 可以看出，随着压应变的增加，$Zn_{15}CeO_{16}$ 体系的差分电荷密度分布更稠密，说明 $Zn_{15}CeO_{16}$ 体系中各原子间的电子云重叠更严重，相互作用更强烈；随着拉应变的增加，$Zn_{15}CeO_{16}$ 体系的差分电荷密度分布更稀疏，说明 $Zn_{15}CeO_{16}$ 体系中各原子间的电子云重叠减弱，相互作用减弱。

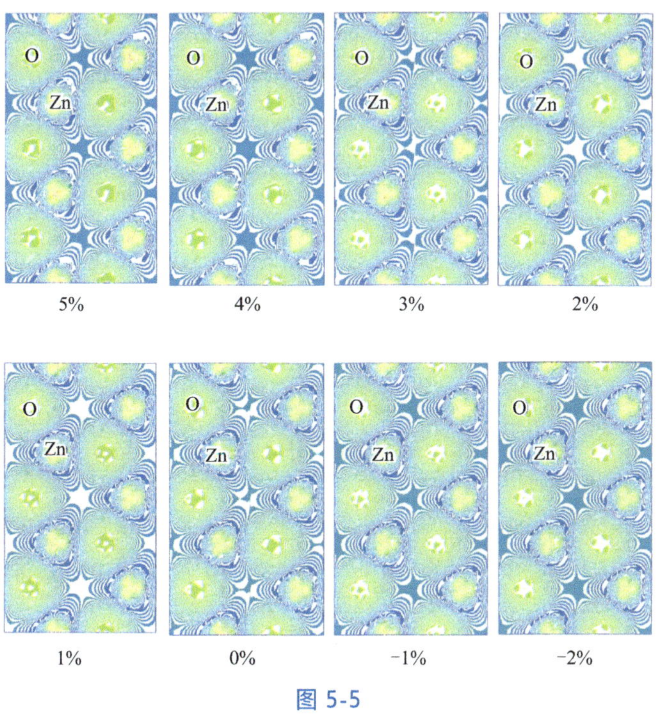

图 5-5

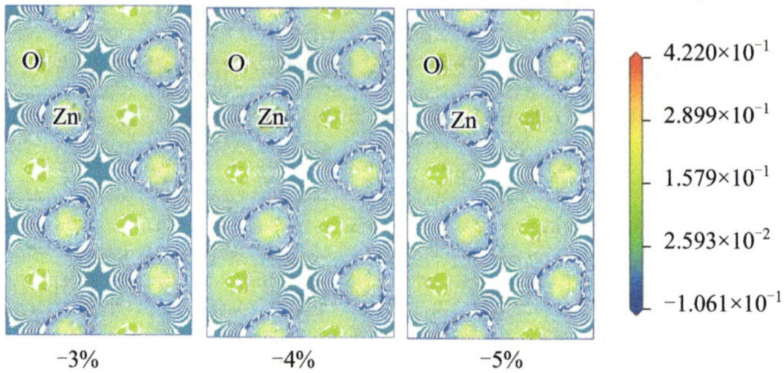

图 5-5 不同应变条件下 $Zn_{16}O_{16}$ 体系的差分电荷密度

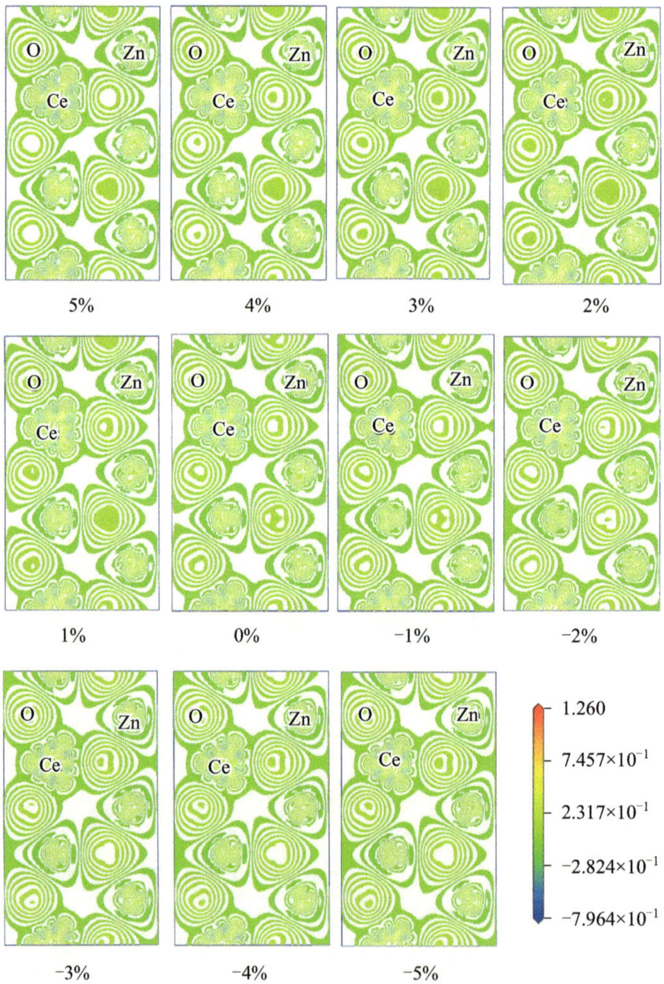

图 5-6 不同应变条件下 $Zn_{15}CeO_{16}$ 体系的差分电荷密度

因此，应变对 $Zn_{16}O_{16}$ 体系和 $Zn_{15}CeO_{16}$ 体系带隙的影响，可以用以下原因来解释：随着压应变的增加，$Zn_{16}O_{16}$ 体系和 $Zn_{15}CeO_{16}$ 体系中原子间距减小，各原子的电子云重叠更严重，使占据在相同能级上的电子之间的排斥作用增强，导带底向高能级方向移动，导致带隙变宽；相反的，随着拉应变的增加，体系中原子间距增大，各原子的电子云重叠减弱，使占据在相同能级上的电子之间的排斥作用减弱，导带底向低能级方向移动，导致带隙变窄。

介电常数表征了介质在外电场作用下的极化程度，也就是介质对电荷的束缚能力。介电常数越大，对电荷的束缚能力越强，说明材料的极化能力越强。介质的介电常数可以用复介电函数来描述：

$$\varepsilon(\omega)=\varepsilon_1(\omega)+\mathrm{i}\varepsilon_2(\omega) \tag{5-3}$$

式中，$\varepsilon_1(\omega)$ 为复介电函数的实部；$\varepsilon_2(\omega)$ 为复介电函数的虚部。为了讨论 Ce 掺杂对体系复介电函数的影响，计算了无应变条件下 $Zn_{16}O_{16}$ 和 $Zn_{15}CeO_{16}$ 的复介电常数的实部和虚部，如图 5-7 所示。在无入射光的情况下，静介电常数就是介电函数的实部上纵坐标所对应的值[15]。从图 5-7（a）可以看出，无应变条件下 $Zn_{16}O_{16}$ 和 $Zn_{15}CeO_{16}$ 的静介电常数分别为 1.68 和 1.59。与 $Zn_{16}O_{16}$ 体系相比，$Zn_{15}CeO_{16}$ 体系静介电常数减小，说明体系的极化能力减弱，光生电场强度变小，体系对电荷的束缚能力减弱。

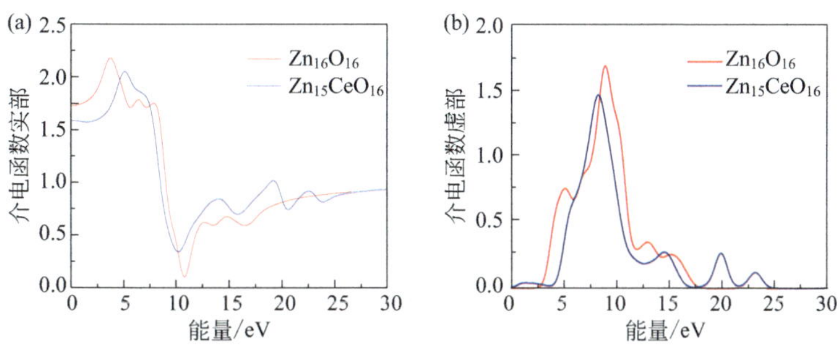

图 5-7 无应变条件下 $Zn_{16}O_{16}$ 和 $Zn_{15}CeO_{16}$ 体系的复介电函数

（a）实部；（b）虚部

复介电函数的虚部表征的是形成电偶极子消耗的能量，与带间跃迁有关，可以反映出材料的电子受激跃迁程度。虚部数值越大，表明电子吸收光子的概率越大，处于激发态的电子数目越多，进行下一步跃迁的概率也越大[15]。计算得到无应变条件下 $Zn_{16}O_{16}$ 和 $Zn_{15}CeO_{16}$ 的复介电常数的虚部，如图 5-7（b）所示。同时，为了详细讨论体系中电子受激跃迁的过程，计算得到无应变条件下 $Zn_{16}O_{16}$ 和 $Zn_{15}CeO_{16}$ 的分波态密度（PDOS），如图 5-8 所示。在 0 ～ 10eV 的范围内，$Zn_{16}O_{16}$ 体系复介电函数的虚部有 3 个介电峰，分别位于 3.82eV、5.36eV 和 8.40eV。结合图 5-8（a）可知，第一个峰是电子从 O 2p 态跃迁到 Zn 4s 态产生的，第二个峰是电子从 Zn 3d 态跃迁到 O 2p 态产生的，第三个峰是电子从 Zn 3d 态跃迁到 O 2s 态产生的。$Zn_{15}CeO_{16}$ 体系复介电函数的虚部在 0 ～ 10eV 的范围内有 2 个介电峰，分别位于 1.24eV 和 8.32eV。结合图 5-8（b）可知，第一个峰是电子从 Ce 4f 态跃迁到 Zn 4s 态产生的，第二个峰是电子从 Zn 3d 态跃迁到 O 2s 态产生的。在无应变条件下，与未掺杂 $Zn_{16}O_{16}$ 体系相比，$Zn_{15}CeO_{16}$ 复介电函数的虚部整体向高能级方向移动。

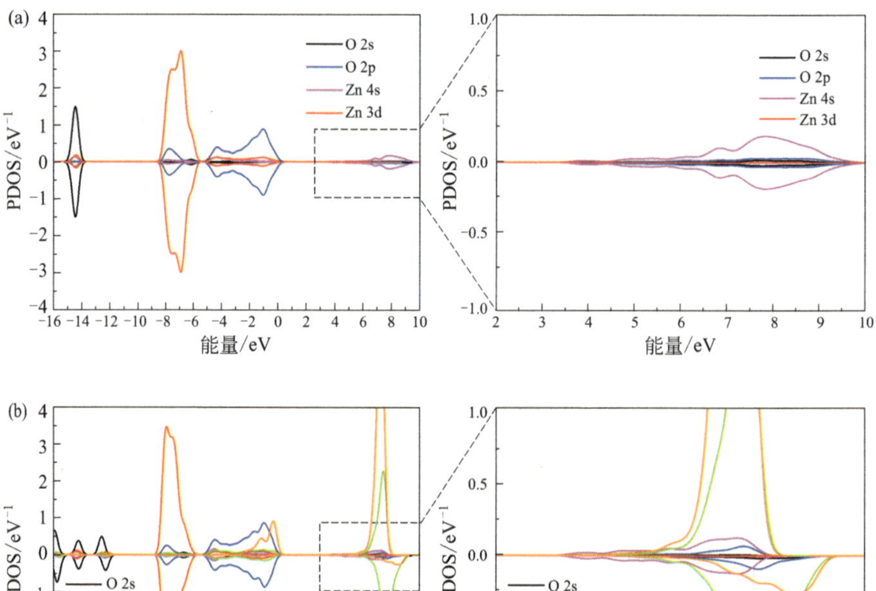

图 5-8 无应变条件下体系的分波态密度

（a）$Zn_{16}O_{16}$；（b）$Zn_{15}CeO_{16}$

为了讨论应变对未掺杂 ZnO 体系以及 Ce 掺杂 ZnO 体系的复介电函数的影响，计算得到不同应变条件下 $Zn_{16}O_{16}$ 和 $Zn_{15}CeO_{16}$ 体系复介电函数的实部和虚部，如图 5-9 所示。从图 5-9（a）可以看出，压应变使得 $Zn_{16}O_{16}$ 的静介电常数增加，体系的极化能力增加，光生电场强度变大；拉应变使得 $Zn_{16}O_{16}$ 的静介电常数减小，体系的极化能力减弱，光生电场强度变小。从图 5-9（b）可以看出，压应变使得 $Zn_{16}O_{16}$ 复介电函数的虚部整体向高能级方向移动，并且使得 $Zn_{16}O_{16}$ 虚部的介电峰强度增强，拉应变使得 $Zn_{16}O_{16}$ 的复介电函数的虚部整体向低能级方向移动，并且使得 $Zn_{16}O_{16}$ 虚部的介电峰强度减弱。

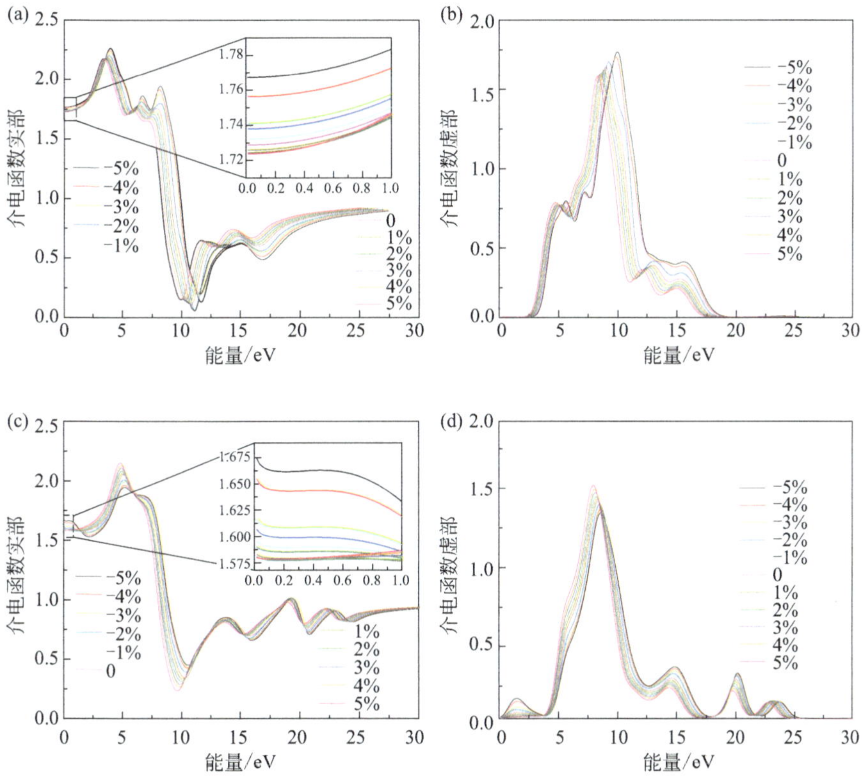

图 5-9 不同应变条件下体系的复介电函数

（a）$Zn_{16}O_{16}$ 的实部；（b）$Zn_{16}O_{16}$ 的虚部；（c）$Zn_{15}CeO_{16}$ 的实部；（d）$Zn_{15}CeO_{16}$ 的虚部

从图 5-9（c）可以看出，压应变使得 $Zn_{15}CeO_{16}$ 的静介电常数增加，体系的极化能力增加，光生电场强度变大；拉应变使得 $Zn_{15}CeO_{16}$ 的静介电常数减小，体系的极化能力减弱，光生电场强度变小。从图 5-9（d）可以看出，压应变使得 $Zn_{15}CeO_{16}$ 复介电函数的虚部整体向高能级方向移动，并且 $Zn_{15}CeO_{16}$ 虚部的介电峰强度减弱；拉应变使得 $Zn_{15}CeO_{16}$ 的复介电函数的虚部整体向低能级方向移动，并且 $Zn_{15}CeO_{16}$ 虚部的介电峰强度增强。

在线性范围内，晶体的光学性质可以用光的复介电函数来描述。复介电函数的实部 $\varepsilon_1(\omega)$ 和虚部 $\varepsilon_2(\omega)$ 由以下公式描述：

$$\varepsilon_1(\omega)=1+\frac{2}{\pi}\rho_0\int_0^{\infty}\frac{\omega'\varepsilon_2(\omega)}{\omega'^2-\omega^2}\mathrm{d}\omega \tag{5-4}$$

$$\varepsilon_2(\omega)=\frac{C}{\omega^2}\sum_{\mathrm{V,C}}\int_{\mathrm{BZ}}\frac{2}{(2\pi)^3}\left|M_{\mathrm{CV}}(k)\right|^2\bullet\delta(E_{\mathrm{C}}^k-E_{\mathrm{V}}^k-\hbar\omega)\mathrm{d}^3k \tag{5-5}$$

式中，BZ 为第一布里渊区；下角标 C 和 V 分别表示导带和价带；$\hbar$ 为普朗克常量；k 为倒格矢；ω 为角频率；$\left|M_{\mathrm{CV}}(K)\right|^2$ 为动量跃迁矩阵元；E_{C}^k 和 E_{V}^k 分别是导带底和价带顶上的能级。根据 K-K 色散着推导得到体系的光吸收系数为：

$$\alpha(\omega)=\sqrt{2}\omega\left[\sqrt{\varepsilon_1^2(\omega)+\varepsilon_2^2(\omega)}-\varepsilon_1(\omega)\right]^{\frac{1}{2}} \tag{5-6}$$

为了讨论 Ce 掺杂对体系吸收光谱的影响，计算得到无应变条件下 $Zn_{16}O_{16}$ 和 $Zn_{15}CeO_{16}$ 的吸收光谱，如图 5-10（a）所示。从图 5-10（a）可以看出，与无应变条件下 $Zn_{16}O_{16}$ 相比，$Zn_{15}CeO_{16}$ 的吸收光谱发生红移。这与文献［9］中实验结果的规律相一致。为了讨论应变对未掺杂 ZnO 体系和 Ce 掺杂 ZnO 体系吸收光谱的影响，计算得到不同应变条件下 $Zn_{16}O_{16}$ 和 $Zn_{15}CeO_{16}$ 的吸收光谱，如图 5-10（b）、（c）所示。从图 5-10（b）、（c）可以看出，随着压应变程度的增加，$Zn_{16}O_{16}$ 和 $Zn_{15}CeO_{16}$ 的吸收光谱均蓝移，并且 $Zn_{16}O_{16}$ 吸收峰的强度增强，$Zn_{15}CeO_{16}$ 吸收峰的强度减弱；随着拉应变程度的增加，$Zn_{16}O_{16}$ 和 $Zn_{15}CeO_{16}$ 的吸收光谱均红移，并且 $Zn_{16}O_{16}$ 吸收峰的强度减弱，$Zn_{15}CeO_{16}$ 吸收峰的强度增强。这与体系带隙分析结果相一致。

5.1.4 对磁性能的影响

为了分析无应变条件下 $Zn_{15}CeO_{16}$ 体系的磁性机理，计算得到无应变条

件下 $Zn_{15}CeO_{16}$ 的原子磁矩。在无应变条件下，$Zn_{15}CeO_{16}$ 体系中 Ce 原子的磁矩为 $1.02\mu_B$，Ce 原子周围的四个 O 原子的磁矩均为 $-0.01\mu_B$，其它原子均无磁矩。由此可知，在无应变条件下，$Zn_{15}CeO_{16}$ 体系的总磁矩主要来自于体系中替位掺杂的 Ce 原子，以及 Ce 原子周围的四个 O 原子。同时，从图 5-8（b）无应变条件下 $Zn_{15}CeO_{16}$ 体系的分波态密度中可以看出，在无应变条件下，$Zn_{15}CeO_{16}$ 体系的 Ce 4f 轨道、Ce 5d 轨道和 O 2p 轨道的分波态密度自旋上旋与自旋下旋不对称，并且存在强烈的杂化耦合作用。因此，体系中 Ce 4f 轨道、Ce 5d 轨道和 O 2p 轨道杂化耦合使得体系产生净磁矩，呈现铁磁性。这与 RKKY[16] 理论相符。

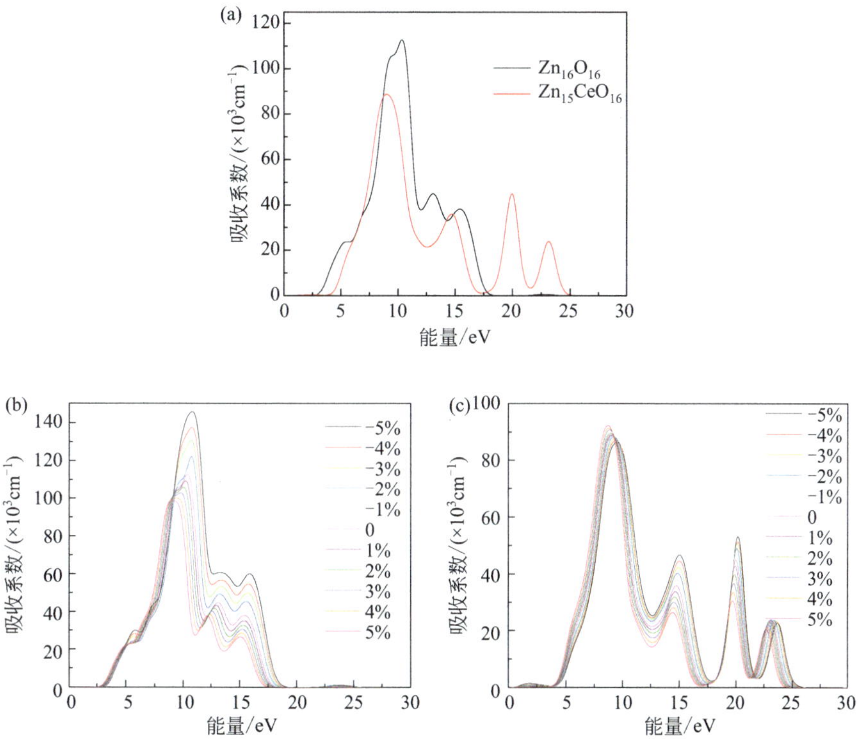

图 5-10 吸收光谱

（a）无应变条件下 $Zn_{16}O_{16}$ 和 $Zn_{15}CeO_{16}$；（b）不同应变条件下 $Zn_{16}O_{16}$；（c）不同应变条件下 $Zn_{15}CeO_{16}$

为了在电子层面上直观分析无应变条件下 $Zn_{15}CeO_{16}$ 体系的磁性机理，计算得到在无应变条件下 $Zn_{15}CeO_{16}$ 体系的净自旋密度图，如图 5-11 所示。图中蓝色部分的区域表示体系的电子自旋极化。从图 5-11 中可以看出，掺杂体系的总磁矩主要由自旋极化 Ce 原子所贡献，而 O 原子的自旋极化也略微有贡献，其他原子对磁矩没有贡献。这与上述分析结果相符合。

为了讨论应变对 $Zn_{16}O_{16}$ 和 $Zn_{15}CeO_{16}$ 磁性的影响，计算了不同应变条件下 $Zn_{15}CeO_{16}$ 体系的总磁矩，如表 5-2 所示。从表 5-2 可以看出，在不同应变条件下，$Zn_{16}O_{16}$ 的总磁矩均为 0，表明应变不改变 $Zn_{16}O_{16}$ 的磁性状态。对于 $Zn_{15}CeO_{16}$ 体系，当应变程度为 -3% ～ 2% 时，体系的总磁矩均接近整数 1，这是体系表现为铁磁性的重要特征[17]。同时，压应变和拉应变均使体系的总磁矩减小，当压应变增加到 -4% 和 -5%，以及拉应变增加到 3%、4% 和 5% 时，体系的总磁矩突变为 0，此时体系为反铁磁性。

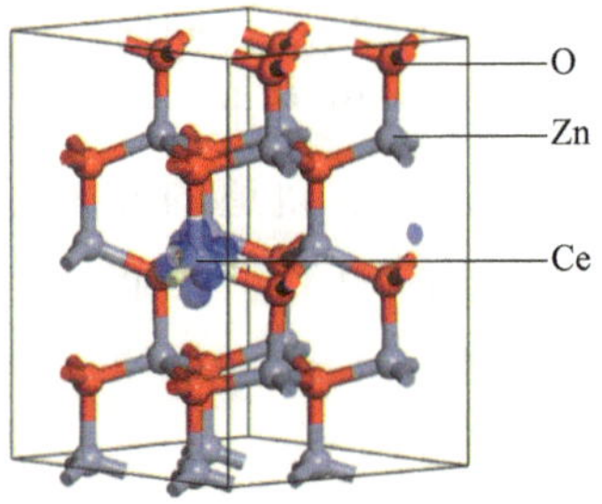

图 5-11　无应变条件下 $Zn_{15}CeO_{16}$ 体系的净自旋密度

根据平均场近似的海森伯模型，由 ΔE 可以估算 DMS 的居里温度[18]。稀磁半导体的居里温度可以表示为[19]，

$$k_B T_C = \frac{2\Delta E}{3} \tag{5-7}$$

式中，k_B 为玻尔兹曼常数；T_C 是估算 DMS 的居里温度，K；而 ΔE 是反铁磁态和铁磁态之间的能量差，$\Delta E = \frac{E_{AFM} - E_{FM}}{2}$，eV。从公式（5-7）可知，$T_C$ 与 ΔE 成正比，ΔE 越大，T_C 越大。

为了讨论应变对 Ce 掺杂 ZnO 体系居里温度的影响，计算了不同应变条件下，$Zn_{15}CeO_{16}$ 体系的反铁磁态与铁磁态之间的能量差 ΔE 和居里温度。对于 $Zn_{15}CeO_{16}$ 体系，ΔE 可以根据以下公式得到：

$$\Delta E(Zn_{15}CeO_{16}) = \frac{E_{AFM}(Zn_{30}Ce_2O_{32}) - E_{FM}(Zn_{30}Ce_2O_{32})}{2} \tag{5-8}$$

式中，$E_{AFM}(Zn_{30}Ce_2O_{32})$ 和 $E_{FM}(Zn_{30}Ce_2O_{32})$ 表示与 $Zn_{15}CeO_{16}$ 体系浓度相同的 $Zn_{30}Ce_2O_{32}$ 体系在不同应变条件下的反铁磁态和铁磁态能量，eV。计算得到不同应变条件下 $Zn_{15}CeO_{16}$ 体系的 ΔE 和居里温度，如表 5-2 所示。

表 5-2 不同应变条件下 $Zn_{16}O_{16}$ 和 $Zn_{15}CeO_{16}$ 体系的总磁矩、反铁磁态与铁磁态之间的能量差 ΔE 以及居时温度 T_C

应变	$Zn_{16}O_{16}$	$Zn_{15}CeO_{16}$		
	磁矩 /μ_B	磁矩 /μ_B	ΔE/meV	T_C/K
-5%	0	0	-21.4	—
-4%	0	0	-17.7	—
-3%	0	1.0119	25.3	253
-2%	0	1.0127	26.5	265
-1%	0	1.0139	30.1	301
0	0	1.0131	30.5	305
1%	0	1.0125	28.7	287
2%	0	1.0100	26.1	261
3%	0	0	-15.8	—
4%	0	0	-27.5	—
5%	0	0	-55.7	—

从表 5-2 中可以看出，在无应变条件下，$Zn_{15}CeO_{16}$ 体系的居里温度在室温以上，这与实验中观察到 Ce 掺杂 ZnO 体系室温铁磁性的报道相吻合[20]。此外，无论是在压应变还是拉应变的条件下，随着应变程度的增加，$Zn_{15}CeO_{16}$ 体系的居里温度降低；同时，当压应变为 -2% 和 -3% 以及拉应变为 1% 和 2% 时，体系的居里温度降低到室温以下；当压应变为 -4% 和 -5% 以及拉应变为 3%、4% 和 5% 时，体系的反铁磁态和铁磁态之间的能量差 ΔE 小于 0，体系表现为反铁磁性，这与总磁矩分析的结果相一致。

关于应变对 $Zn_{15}CeO_{16}$ 体系磁性的影响，可以由以下原因来解释：随着压应变的增加，体系中磁性原子之间的距离减小，电子云重叠更严重，使原本自旋方向相同的两个未配对的自旋电子之间的排斥作用增强，体系的能量升高。当压应变增加到 -4% 和 -5% 时，为了使体系的能量最低，原本自旋方向相同的两个自旋电子中的一个发生自旋翻转，与另一个自旋电子所产生的自旋磁矩相抵消，导致体系从铁磁态转变为反铁磁态。此外，随着拉应变的增加，体系中磁性原子之间的距离增大，电子云重叠减弱，使原本存在于两个磁性原子之间的磁交换作用减弱。当拉应变增加到 3%、4% 和 5% 时，体系中的磁交换作用完全消失，导致体系从长程有序的铁磁态转变为无序的反铁磁态。

以上结果表明，可以通过应变对 Ce 掺杂 ZnO 体系的磁矩、居里温度以及铁磁性 - 反铁磁性进行调控。这对设计和制备 Ce 掺杂 ZnO 磁性材料有一定的参考价值。

本小节采用基于密度泛函理论的第一性原理计算的方法，在不同双轴应变条件下计算了 Ce 掺杂 ZnO 体系的晶体结构、形成能、能带结构、态密度、磁性以及吸收光谱，研究了应变对 Ce 掺杂 ZnO 体系电子结构、吸收光谱和磁性的影响。研究表明，随着压应变的增加，$Zn_{15}CeO_{16}$ 体系形成能降低，体系稳定性增强，Ce 掺杂更容易；随着拉应变的增加，$Zn_{15}CeO_{16}$ 体系形成能升高，体系稳定性减弱，Ce 掺杂更困难。在无应变条件下，与未掺杂 $Zn_{16}O_{16}$ 相比，$Zn_{15}CeO_{16}$ 的带隙变窄，静介电常数减小，复介电函数的虚部整体向低能级方向移动，吸收光谱红移。与无应变条件下 Ce 掺杂 ZnO 体系相比较，压应变使体系的带隙变宽，复介电函数的虚部整体向高能级方向移动，静介电常数增加，吸收光谱蓝移；拉应变使体系的带隙变窄，复介电函数的虚部整体向低能级方向移动，静介电常数减小，吸收光谱红移。不同应变条件下未掺杂 ZnO 体系均无磁性。在无应变条件下，Ce 掺杂 ZnO 体系表现为室温铁磁性。无论在压应变条件下还是在拉应变条件下，随着应变程度的增加，体系的总磁矩均减小，居里温度均降低。当应变程度为 -1% 和 0 时，体系表现为铁磁性，居里温度达到室温以上；当压应变为 -3% 和 -2% 以及拉应变为 1% 和 2% 时，体系的居里温度降低到室温以下；当压应变为 -5% 和 -4% 以及拉应变为 3%、4% 和 5% 时，体系从铁磁性转变为反铁磁性。这对设计和制备新型 Ce 掺杂 ZnO 稀磁半导体和磁性开关有一定的参考价值。

5.2 应变对 Ce 掺杂与间隙 H 共存的 ZnO 磁光性能的影响

5.2.1 模型与计算方法

有研究表明，在制备和处理 Ce 掺杂 ZnO 样品的实验过程中，存在大量 NH^{4+}[21] 和 NH^{2+}[22]，这将不可避免地导致 H 原子进入 ZnO 晶格形成间隙原子[23-25]。但前人的研究忽视了这些潜在的间隙 H 原子对 ZnO 物性的影响。

为了解决间隙 H 原子对 ZnO 物性影响的问题，以及应变对 Ce 掺杂与间隙 H 原子共存的 ZnO 体系性能影响的问题，本章在不同双轴应变条件下，对存在一个间隙 H 原子的 ZnO 体系以及 Ce 掺杂与间隙 H 原子共存的 ZnO 体系进行第一性原理计算，研究了应变对两种体系电子结构和光学性质的影响。研究发现，应变可以对两种体系的带隙进行调控。同时，可以通过应变对 Ce 掺杂和间隙 H 原子共存的 ZnO 体系的磁矩、居里温度以及铁磁性 - 反铁磁性进行调控。这对设计和制备新型 ZnO 基光学材料、稀磁半导体材料和磁性开关材料有一定的参考价值。

为了探究 Ce 掺杂和间隙 H 原子对 ZnO 体系的晶体结构、稳定性、光学性质以及电子结构的影响，分别构建了未掺杂的块体 $Zn_{16}O_{16}$ 超胞模型，如图 5-12（a）所示；一个 Ce 原子替换一个 Zn 原子的块体 $Zn_{15}CeO_{16}$ 超胞模型，如图 5-12（b）所示；存在一个间隙 H 原子的 4 种不同的块体 $Zn_{16}H_iO_{16}$ 超胞模型，其中间隙 H 原子位于 1 ～ 4 的位置，位置坐标分别为（0.5，0.5，0.5）、（0.6，0.5，0.6）、（0.5，0.5，0.75）和（0.4，0.5，0.875），4 个体系分别用 $Zn_{16}H_iO_{16}^{1\sim4}$ 表示，如图 5-12（c）所示；以及 8 种不同 Ce-H 间距的一个 Ce 原子替换一个 Zn 原子并且与一个间隙 H 原子共存的块体 $Zn_{15}CeH_iO_{16}$ 超胞模型，其中间隙 H 原子固定在（0.5，0.5，0.5）的位置，Ce 原子分别位于 a ～ h 的位置，8 个体系分别用 $Zn_{15}CeH_iO_{16}^{a\sim h}$ 表示，如图 5-12（d）所示。

为了研究 Ce 掺杂和间隙 H 原子共存对 ZnO 体系磁性特性的影响，判断不同应变条件下 Ce 掺杂和间隙 H 原子共存的 ZnO 体系是铁磁性还是反铁磁性，构建两个 Ce 原子替换两个 Zn 原子，并且存在两个间隙 H 原子的 $Zn_{30}Ce_2H_{i2}O_{32}$ 超胞模型，如图 5-12（e）所示。计算体系铁磁性总能量时，体系中的所有原子设置为自旋向上；计算体系反铁磁性总能量时，一半原子设置为自旋向上，另一半原子设置为自旋向下。

为了研究应变对体系稳定性、电子结构以及光学性质的影响，同时对模型的 a 轴和 b 轴施加应变量 ε［$\varepsilon=(a-a_0)/a_0$，其中，a_0 是没有应变时的最优晶格常数，a 是不同应变时相对应的晶格常数；ε 为正值表示拉应变，ε 为负值表示压应变］为 -5%、-4%、-3%、-2%、-1%、0、1%、2%、3%、4% 和 5% 的应变，c 轴充分弛豫，并在此基础上计算体系的稳定性、电子结构以及光学性质。

计算采用 CASTEP（MS8.0）软件中密度泛函理论框架下的 GGA+U 平面波超软赝势的方法，PBE 泛函描述交换相关能。对所有模型进行几何结构优化和能量计算，计算能量时采用电子自旋极化处理。把每个原子平面波能

量的精度设为 1.0×10^{-6}eV，作用在每个原子上的力不大于 0.5eV/nm，内应力不大于 0.1GPa，公差偏移为 2.0×10^{-4}nm。布里渊区 k 点均选取为 4×4×2，截断能取 370eV。用于构建赝势的价电子组态分别为 H $1s^1$，Zn $3d^{10}4s^2$，Ce $4f^15s^25p^65d^16s^2$ 和 O $2s^22p^4$。未掺杂 ZnO 单胞中的 Zn 3d 和 O 2p 的 U 值分别取 10.00 eV 和 7.00eV [2] 时，计算得到的带隙宽度与实验值 3.40eV 相符合 [26]。Ce 4f 的 U 值取 6.00eV[4]，且与 MS 软件默认值相符。H 原子不加 U 值。

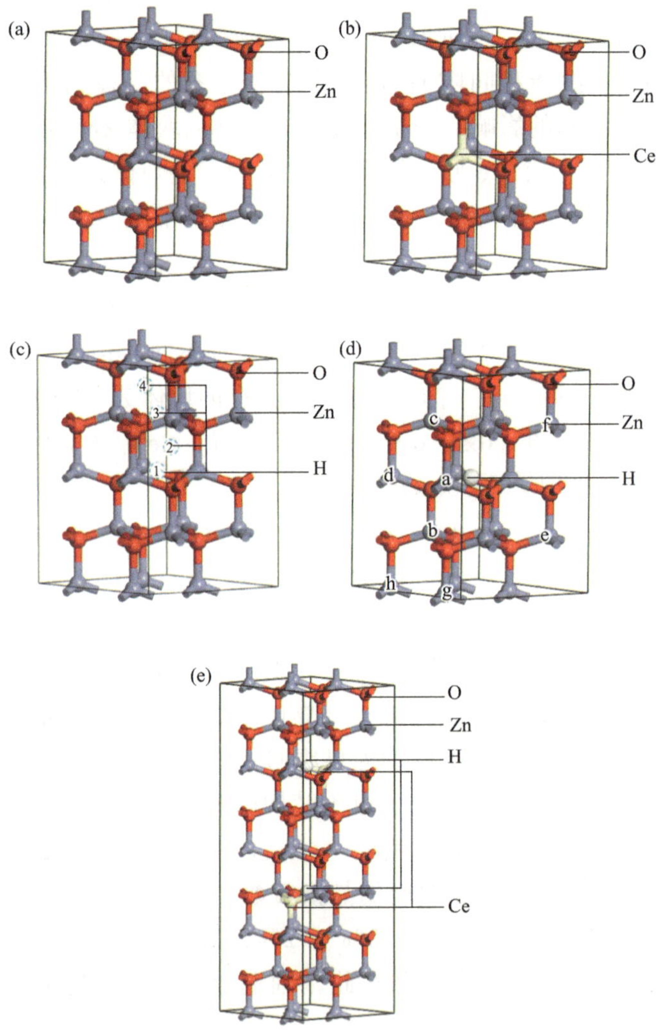

图 5-12　模型

（a）$Zn_{16}O_{16}$；（b）$Zn_{15}CeO_{16}$；（c）不同间隙位置的 $Zn_{16}H_iO_{16}^{1\sim4}$；

（d）不同 Ce-H 间距的 $Zn_{15}CeH_iO_{16}^{a\sim h}$；（e）$Zn_{30}Ce_2H_{i2}O_{32}$

5.2.2 对结构和稳定性的影响

在无应变条件下，$Zn_{16}O_{16}$、$Zn_{15}CeO_{16}$、不同间隙位置的 $Zn_{16}H_iO_{16}^{1\sim4}$ 和不同 Ce-H 间距的 $Zn_{15}CeH_iO_{16}^{a\sim h}$ 体系几何结构优化后的折合晶格常数和形成能 E_f 列于表 5-3。本节使用 Mulliken 方法计算了轨道电荷分布，结果发现，掺杂体系 $Zn_{15}CeO_{16}$ 和 $Zn_{15}CeH_iO_{16}^{a\sim h}$ 中，作为价电子组态 Ce $4f^15s^25p^65d^16s^2$ 中未填充满的 f 态轨道和 d 态轨道电荷转移之和均趋近 +3，所以，我们认为 Ce 掺杂在 ZnO 中的化合价为 +3 价，Ce 离子化合价的计算结果与实验文献［6］的报道相符合。同时，掺杂体系 $Zn_{16}H_iO_{16}^{1\sim4}$ 和 $Zn_{15}CeH_iO_{16}^{a\sim h}$ 中，作为价电子组态的 H $1s^1$ 中未填充满的 s 态轨道电荷转移趋近 +1，表明掺杂体系中的间隙 H 原子的化合价为 +1。这与实验结果[23]相吻合。由表 5-3 可知，在无应变条件下，对于 $Zn_{15}CeO_{16}$ 体系，Ce 原子的掺入使得体系的晶格参数增大，折合后的掺杂体系体积也增大。由量子化学理论可知，Ce^{3+} 的离子半径（0.103nm）[7] 大于 Zn^{2+} 的离子半径（0.074nm）[8]，所以当离子半径较大的 Ce^{3+} 替换离子半径较小的 Zn^{2+} 后，晶体的体积会变大。其次，由于 Ce^{3+} 替换 Zn^{2+} 后，多余的正电荷之间的排斥作用增强，从而导致了晶体体积的变大。因此，在离子半径和正电荷之间的排斥作用共同作用下 Ce 掺杂 ZnO 体系的体积变大。计算结果与实验结果[9]变化趋势相符合。同时，由表 5-3 可知，对于 $Zn_{16}H_iO_{16}^{1\sim4}$ 体系，间隙 H 原子的存在使得体系的晶格参数增大，折合后的掺杂体系体积也增大。这是由于间隙 H^+ 离子与 Zn^{2+} 之间存在排斥作用，使得体系的体积变大。最后，对于 $Zn_{15}CeH_iO_{16}^{a\sim h}$ 体系，与未掺杂的 $Zn_{16}O_{16}$ 体系相比，$Zn_{15}CeH_iO_{16}^{a\sim h}$ 体系的晶格参数增大，折合后的掺杂体系体积也增大。这是由于，体系中替位的 Ce 原子与间隙 H 原子共存，替位的 Ce 原子使得体系的体积增大，间隙 H 原子也使得体系的体积增大，所以，在替位的 Ce 原子与间隙的 H 原子共同影响下，体系的体积增大。

杂质形成能 E_f 可以说明掺杂对 ZnO 体系稳定性和掺杂的难易程度的影响。形成能可以通过以下公式来表示[10]：

对于 $Zn_{16}H_iO_{16}$ 体系：

$$E_f(H) = E_{Zn_{16}H_iO_{16}} - E_{Zn_{16}O_{16}} - n_H \frac{\mu_{H_2}}{2} \tag{5-9}$$

对于 $Zn_{15}CeH_iO_{16}^{a\sim h}$ 体系：

$$E_f(Ce+H)=E_{Zn_{15}CeH_iO_{16}}-E_{Zn_{16}O_{16}}+n_{Zn}\mu_{Zn}-n_{Ce}\mu_{Ce}-n_H\frac{\mu_{H_2}}{2} \quad (5\text{-}10)$$

式中，$E_{Zn_{16}H_iO_{16}}$ 是 $Zn_{16}H_iO_{16}^{1\sim4}$ 体系总能量，eV；$E_{Zn_{15}CeH_iO_{16}}$ 是 $Zn_{15}CeH_iO_{16}^{a\sim h}$ 体系总能量，eV；$E_{Zn_{16}O_{16}}$ 是未掺杂 $Zn_{16}O_{16}$ 体系总能量，eV；n_{Zn} 是被替换 Zn 原子的个数；n_{Ce} 是掺杂 Ce 原子的个数；n_H 是间隙 H 原子的个数；μ_{Zn} 和 μ_{Ce} 是 Zn 和 Ce 最稳定（基态）金属相的每个原子的能量来替代的化学势，eV；μ_{H_2} 是晶体相每个氢分子的化学势，eV。

在无应变条件下，掺杂体系杂质形成能的计算结果如表 5-3 所示。从表 5-3 可以看出，Ce 掺杂 ZnO 体系的形成能为负值，说明 Ce 原子可以替位掺杂进入 ZnO 中，并且使得体系更稳定。存在一个间隙 H 原子的 ZnO 体系的形成能也为负值，说明 H 原子可以间隙掺杂进入 ZnO 中，并且使得体系更稳定。同时，当间隙 H 原子位于（0.5，0.5，0.5）的位置时，$Zn_{16}H_iO_{16}^1$ 具有最小的形成能，体系最稳定，因此选择 $Zn_{16}H_iO_{16}^1$ 为研究对象，简写为 $Zn_{16}H_iO_{16}$，并且将 Ce 掺杂和间隙 H 原子共存的 $Zn_{15}CeH_iO_{16}$ 超胞模型中的间隙 H 原子也固定在（0.5，0.5，0.5）的位置。对于 8 种不同 $Zn_{15}CeH_iO_{16}^{a\sim h}$ 体系，随着体系中 Ce-H 间距的减小，体系的形成能降低，体系更稳定，掺杂更容易。当体系中 Ce-H 间距最小时（0.1876nm），$Zn_{15}CeH_iO_{16}{}^a$ 体系的形成能最小，体系最稳定，掺杂最容易。因此，对于 Ce 掺杂和间隙 H 原子共存的 ZnO 体系，在之后的讨论中将只以 $Zn_{15}CeH_iO_{16}{}^a$ 体系为研究对象进行研究，并且简写为 $Zn_{15}CeH_iO_{16}$。

表 5-3 几何结构优化后各体系在无应变条件下的晶格常数、体积、Ce-H 间距和形成能

类型	a，c/nm		V/nm^3	Ce-H 间距/nm	E_f(Ce+H)/eV
	本节	实验文献			
$Zn_{16}O_{16}$	a=0.3282 c=0.5318	a=0.3251[9] c=0.5211[9]	0.05000		—
$Zn_{15}CeO_{16}$	a=0.3305 c=0.5364	a=0.3264[9] c=0.5222[9]	0.05170		-7.7082
$Zn_{16}H_iO_{16}^1$	a=0.3290 c=0.5344		0.05001	—	-0.9585

续表

类型	a，c/nm		V/nm^3	Ce-H 间距 /nm	E_f (Ce+H) /eV
	本节	实验文献			
$Zn_{16}H_iO_{16}^2$	a=0.3292 c=0.5347		0.05010	—	-0.9570
$Zn_{16}H_iO_{16}^3$	a=0.3295 c=0.5351		0.05014	—	-0.9563
$Zn_{16}H_iO_{16}^4$	a=0.3291 c=0.5345		0.05007	—	-0.9572
$Zn_{15}CeH_iO_{16}^a$	a=0.3308 c=0.5389		0.05173	0.1876	-10.4703
$Zn_{15}CeH_iO_{16}^b$	a=0.3316 c=0.5396		0.05180	0.3208	-9.9760
$Zn_{15}CeH_iO_{16}^c$	a=0.3318 c=0.5391		0.05192	0.3208	-9.6780
$Zn_{15}CeH_iO_{16}^d$	a=0.3322 c=0.5443		0.05199	0.3752	-9.6170
$Zn_{15}CeH_iO_{16}^e$	a=0.3336 c=0.5453		0.05221	0.4566	-9.5150
$Zn_{15}CeH_iO_{16}^f$	a=0.3336 c=0.5454		0.05238	0.4566	-9.3047
$Zn_{15}CeH_iO_{16}^g$	a=0.3351 c=0.5504		0.05347	0.5533	-3.8764
$Zn_{15}CeH_iO_{16}^h$	a=0.3370 c=0.5503		0.05345	0.6417	-3.2116

注：上角标 1 ～ 4 表示图 5-12（c）中 4 种不同间隙位置的 $Zn_{16}H_iO_{16}$ 体系，上角标 a ～ h 表示图 5-12（d）中 8 种不同 Ce-H 间距的 $Zn_{15}CeH_iO_{16}$ 体系。

为了讨论应变对体系形成能的影响，本节计算了不同应变条件下 $Zn_{16}H_iO_{16}$ 和 $Zn_{15}CeH_iO_{16}$ 的形成能。在计算不同应变条件下体系的形成能的过程中，形成能公式（5-9）和公式（5-10）中，$E_{Zn_{16}H_iO_{16}}$、$E_{Zn_{15}CeH_iO_{16}}$ 和 $E_{Zn_{16}O_{16}}$ 分别用不同应变条件下 $Zn_{16}H_iO_{16}$、$Zn_{15}CeH_iO_{16}$ 和 $Zn_{16}O_{16}$ 的总能量来代替。计算得到的各体系在不同应变条件下 $Zn_{16}H_iO_{16}$ 和 $Zn_{15}CeH_iO_{16}$ 的形成能，如图 5-13 所示。从图 5-13 中可以看出，随着压应变的增加，

$Zn_{16}H_iO_{16}$ 体系的形成能降低，体系更稳定，H 间隙掺杂更容易，随着拉应变的增加，$Zn_{16}H_iO_{16}$ 体系的形成能升高，体系更不稳定，H 间隙掺杂更困难。同时，随着压应变的增加，$Zn_{15}CeH_iO_{16}$ 体系的形成能降低，体系更稳定，Ce 替位掺杂和 H 间隙掺杂更容易，随着拉应变的增加，$Zn_{15}CeH_iO_{16}$ 体系的形成能升高，体系更不稳定，Ce 替位掺杂和 H 间隙掺杂更困难。

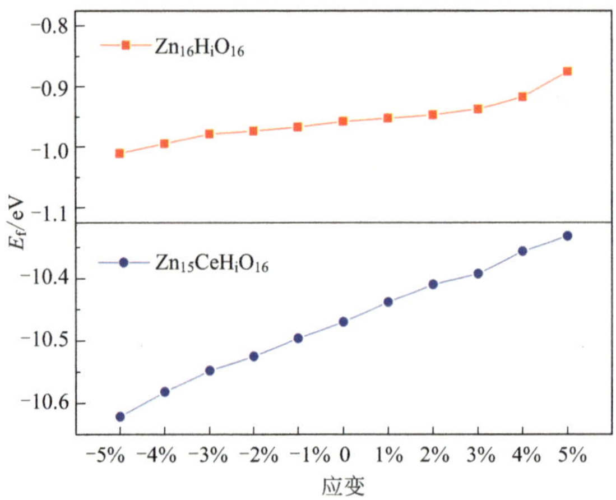

图 5-13　不同应变条件下 $Zn_{16}H_iO_{16}$ 和 $Zn_{15}CeH_iO_{16}$ 体系的形成能

5.2.3　对光学性能的影响

为了讨论不同掺杂方式对体系能带结构的影响，计算了无应变条件下 $Zn_{16}H_iO_{16}$ 和 $Zn_{15}CeH_iO_{16}$ 的能带结构和总态密度，如图 5-14 所示。

其中 $Zn_{16}H_iO_{16}$ 的能带结构和总态密度如图 5-14（a）所示。由图 5-14（a）可知，间隙 H 原子没有改变 ZnO 直接带隙的性质，同时，体系自旋向上和自旋向下的总态密度分布对称，即自旋向上和自旋向下的电子占据数相同，从而表明 $Zn_{16}H_iO_{16}$ 无磁性，并且在带隙中央出现了杂质能级。计算得到 $Zn_{16}H_iO_{16}$ 的带隙宽度为 3.839eV，与未掺杂 $Zn_{16}O_{16}$ 相比，$Zn_{16}H_iO_{16}$ 的带隙变宽。这是由于 $Zn_{16}H_iO_{16}$ 体系中 Burstein-Moss（B-M）效应强于多体效应，所以体系带隙变宽。

计算得到无应变条件下 $Zn_{15}CeH_iO_{16}$ 的能带结构和总态密度如图 5-14（b）所示，由图 5-14（b）可知，Ce 掺杂和间隙 H 原子共存在 ZnO 中没有改变 ZnO 直接带隙的性质，同时，在导带中自旋向上和自旋向下的总态密度分布不对称，即自旋向上和自旋向下的电子占据数不同，从而表明

$Zn_{15}CeH_iO_{16}$ 表现出磁性，总磁矩为 1.0124μ_B。此外，$Zn_{15}CeH_iO_{16}$ 的能带结构整体向低能级方向移动，使得带隙中央的杂质能级处于费米能级附近，在体系中产生显著的陷阱效应，阻碍体系中电子 - 空穴对的复合，使杂质能级上的电子受到热激发或光照后激发到导带的概率迅速提高。计算得到 $Zn_{15}CeH_iO_{16}$ 的带隙宽度为 3.467eV，与 $Zn_{16}O_{16}$ 相比，$Zn_{15}CeH_iO_{16}$ 的带隙变宽。这是由于体系有磁矩，并且体系中的 Burstein-Moss 效应使体系带隙变宽的程度大于多体效应和内磁矩导致体系带隙变窄的程度，所以体系的带隙变宽。

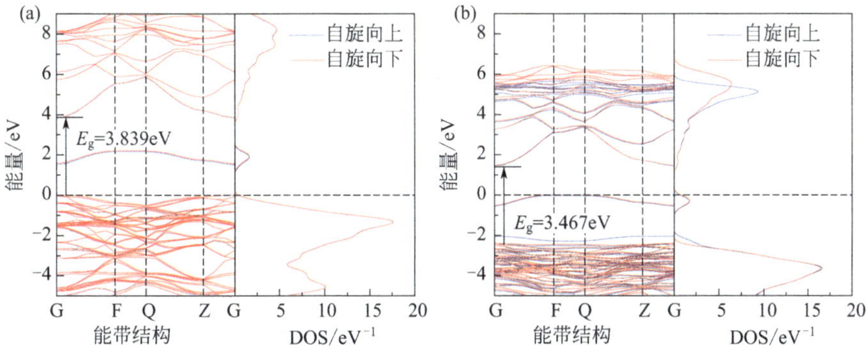

图 5-14　无应变条件下体系的能带结构

（a）$Zn_{16}H_iO_{16}$；（b）$Zn_{15}CeH_iO_{16}$

为了讨论应变对存在一个间隙 H 原子的 ZnO 体系及 Ce 掺杂和间隙 H 原子共存的 ZnO 体系带隙的影响，计算得到不同应变条件下 $Zn_{16}H_iO_{16}$ 和 $Zn_{15}CeH_iO_{16}$ 的价带顶和导带底的位置，如图 5-15 所示。

从图 5-15（a）可以看出，在不同应变条件下，$Zn_{16}H_iO_{16}$ 体系的价带顶保持不变，均为 0，导带底随着压应变的增加而升高，随着拉应变的增加而降低。因此，压应变使得体系的带隙变宽，拉应变使得体系的带隙变窄。这是由于当压应变程度在 -1% ～ -5% 的范围内时，体系中 Burstein-Moss 效应使体系带隙变宽的程度大于多体效应使带隙变窄的程度，所以体系的带隙变宽。当拉应变程度在 1% ～ 5% 的范围内时，体系中 Burstein-Moss 效应使体系带隙变宽的程度小于多体效应使带隙变窄的程度，所以体系的带隙变窄。

从图 5-15（b）可以看出，当压应变程度在 -1% ～ -5% 的范围内时，随着压应变的增加，$Zn_{15}CeH_iO_{16}$ 体系的价带顶和导带底都向高能级方向移动，但是导带底的移动明显多于价带顶，所以体系的带隙变宽。这是由于当压应变程度在 -1% ～ -5% 的范围内时，$Zn_{15}CeH_iO_{16}$ 体系中 Burstein-Moss 效应使体系带隙变宽的程度大于多体效应和内磁矩导致体系带隙变窄的程度，所以体系的带隙变宽。当拉应变程度在 1% ～ 4% 的范围内时，随着拉应变的增加，$Zn_{15}CeH_iO_{16}$ 体系的价带顶和导带底都向低能级方向移动，但是导带底的移动明显多于价带顶，所以体系的带隙变窄；当拉应变程度增加到 5% 时，$Zn_{15}CeH_iO_{16}$ 体系的价带顶向高能级方向移动，而导带底向低能级方向移动，所以体系的带隙变窄。这是由于当拉应变程度在 1% ～ 5% 的范围内时，$Zn_{15}CeO_{15}$ 和 $Zn_{14}CeO_{16}$ 体系中 Burstein-Moss 效应使体系带隙变宽的程度小于多体效应和内磁矩导致体系能带劈裂使其带隙变窄的程度，所以体系的带隙变窄。

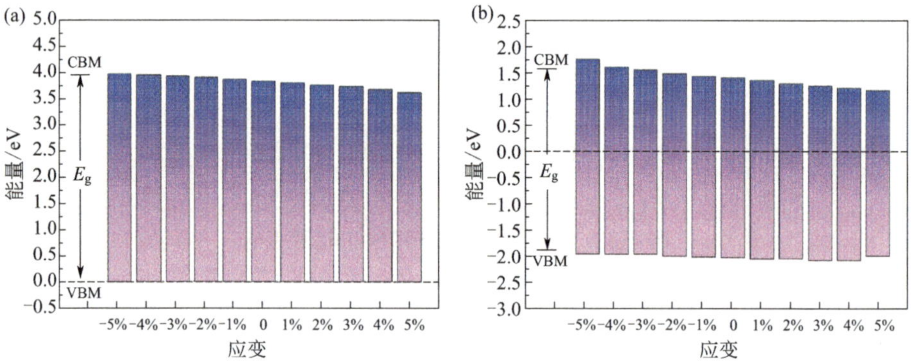

图 5-15　不同应变条件下体系的价带顶和导带底的位置以及带隙宽度

（a）$Zn_{16}H_iO_{16}$；（b）$Zn_{15}CeH_iO_{16}$

为了进一步分析体系带隙随应变变化的原因，计算了不同应变条件下 $Zn_{16}H_iO_{16}$ 体系和 $Zn_{15}CeH_iO_{16}$ 体系的差分电荷密度，分别如图 5-16 和图 5-17 所示。从图 5-16 可以看出，随着压应变的增加，$Zn_{16}H_iO_{16}$ 体系的差分电荷密度分布更稠密，说明 $Zn_{16}H_iO_{16}$ 体系中各原子间的电子云重叠更严重，相互作用更强烈；随着拉应变的增加，$Zn_{16}H_iO_{16}$ 体系的差分电荷密度分布更稀疏，说明 $Zn_{16}H_iO_{16}$ 体系中各原子间的电子云重叠减弱，相互作用减弱。

因此，关于应变对 $Zn_{16}H_iO_{16}$ 体系带隙的影响，可以由以下原因来解释：随着压应变的增加，体系中原子间距减小，各原子的电子云重叠更严重，使占据在相同能级上的电子之间的排斥作用增强，导致导带底向高能级方向移动，导致带隙变宽；相反地，随着拉应变的增加，体系中原子间距增大，各原子的电子云重叠减弱，使占据在相同能级上的电子之间的排斥作用减弱，导致导带底向低能级方向移动，导致带隙变窄。

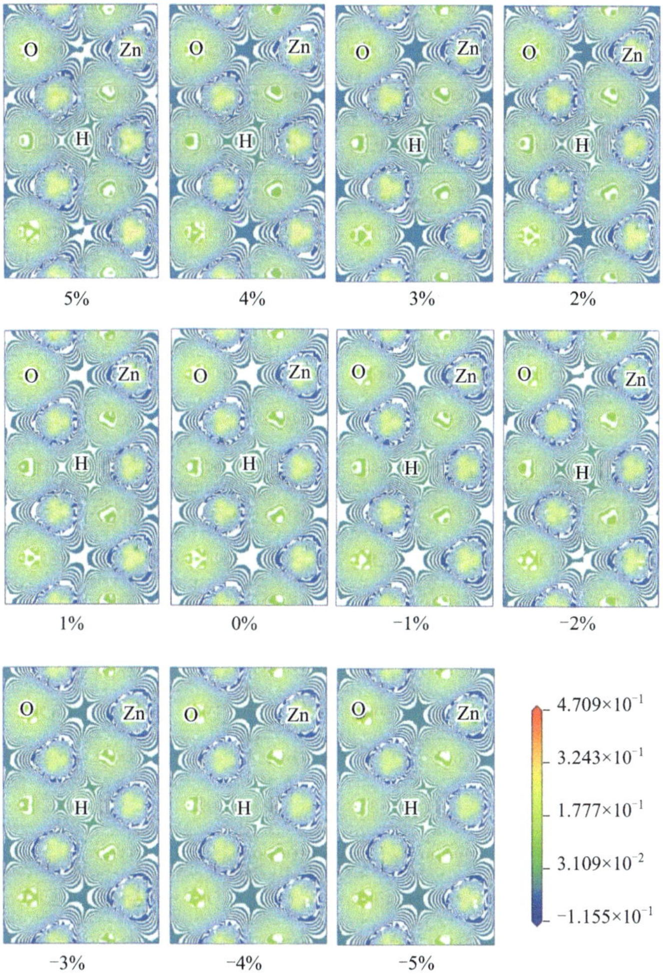

图 5-16 不同应变条件下 $Zn_{16}H_iO_{16}$ 体系的差分电荷密度

从图 5-17 可以看出，随着压应变的增加，$Zn_{15}CeH_iO_{16}$ 体系的差分电荷密度分布更稠密，说明 $Zn_{15}CeH_iO_{16}$ 体系中各原子间的电子云重叠更严重，相互作用更强烈；随着拉应变的增加，$Zn_{15}CeH_iO_{16}$ 体系的差分电荷密度分布更稀疏，说明 $Zn_{15}CeH_iO_{16}$ 体系中各原子间的电子云重叠减弱，相互作用减弱。

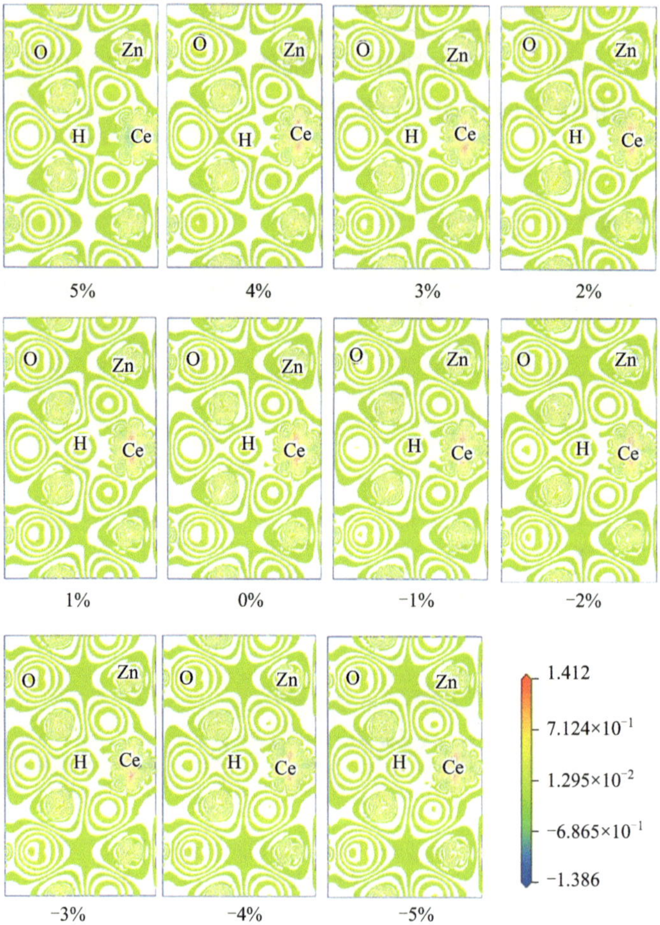

图 5-17 不同应变条件下 $Zn_{15}CeH_iO_{16}$ 体系的差分电荷密度

因此，关于应变对 $Zn_{15}CeH_iO_{16}$ 体系带隙的影响，可以由以下原因来解释：随着压应变的增加，体系中原子间距减小，各原子的电子云重叠更严重，使占据在相同能级上的电子之间的排斥作用增强，导致价带顶和导带底均向高能级方向移动，导致带隙变宽；相反，随着拉应变的增加，体系中原子间距增大，各原子的电子云重叠减弱，使占据在相同能级上的电子之间的排斥作用减弱，体系价带顶和导带底均向低能级方向移动，导致带隙变窄。

杂质能级上积累非平衡载流子的现象称为陷阱效应。根据半导体物理学理论可知，杂质能级上积累非平衡电子的浓度可由下式表示[27]：

$$\Delta n_t = \frac{N_t n_1}{(n_0 + n_1)^2}\Delta n \tag{5-11}$$

式中，Δn_t 为杂质能级上积累的非平衡电子的浓度；N_t 为复合中心的浓度；n_0 为平衡电子的浓度；Δn 为非平衡电子的浓度；n_1 为费米能级与复合中心能级重合时平衡电子的浓度。显然，当 $n_1 = n_0$ 时，Δn_t 取最大值：

$$(\Delta n_t)_{max} = \frac{N_t}{4n_0} \tag{5-12}$$

此时，杂质能级与平衡时费米能级重合，最有利于陷阱效应，大大延长了电子从非平衡状态恢复到平衡状态的弛豫时间。

为了进一步直观地分析应变对 $Zn_{15}CeH_iO_{16}$ 体系中陷阱效应的影响，计算得到 $Zn_{15}CeH_iO_{16}$ 体系在不同应变条件下的总态密度，如图 5-18 所示。从图 5-18 可以看出，无论是在压应变还是在拉应变条件下，杂质能级依然处于费米能级附近，所以体系的陷阱效应显著，有利于延长电子从非平衡状态恢复到平衡状态的弛豫时间，电子寿命均延长。这与能带结构分析的结果相一致。

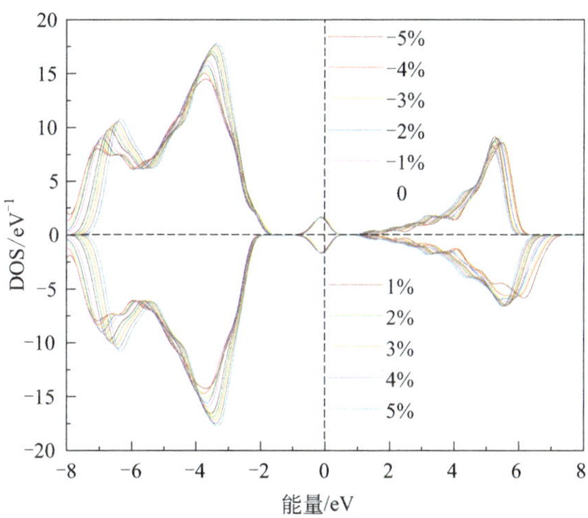

图 5-18　不同应变条件下 $Zn_{15}CeH_iO_{16}$ 体系的总态密度

在不同应变条件下，由于 $Zn_{15}CeH_iO_{16}$ 体系的费米能级与杂质能级有部分重叠，因此，电子从杂质能级与费米能级重叠处跃迁到导带时所需的能量最低。计算得出不同应变条件下 $Zn_{15}CeH_iO_{16}$ 体系的深杂质能级到导带的最小宽度，如图 5-19 所示。从图 5-19 可以看出，随着压应变的增加，$Zn_{15}CeH_iO_{16}$ 体系的深杂质能级到导带的最小宽度增大，随着拉应变的增加，$Zn_{15}CeH_iO_{16}$ 体系的深杂质能级到导带的最小宽度减小。

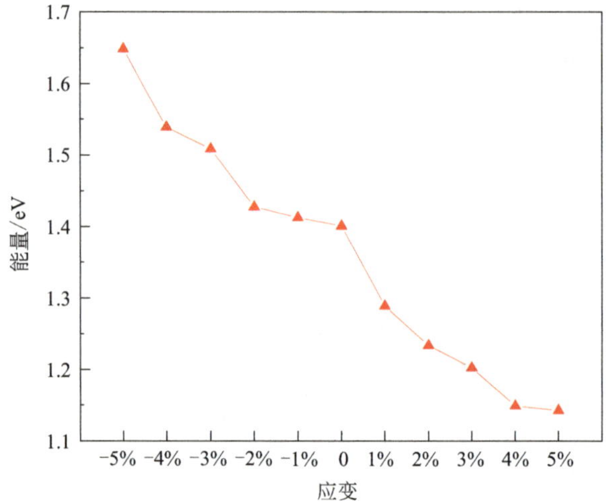

图 5-19 不同应变条件下 $Zn_{15}CeH_iO_{16}$ 体系的深杂质能级到导带的最小宽度

为了讨论不同掺杂方式对体系复介电函数的影响，计算了无应变条件下 $Zn_{16}H_iO_{16}$ 和 $Zn_{15}CeH_iO_{16}$ 的复介电常数的实部，如图 5-20（a）所示。从图 5-20（a）可以看出，无应变条件下，$Zn_{16}H_iO_{16}$ 和 $Zn_{15}CeH_iO_{16}$ 的静介电常数分别为 1.87 和 1.84。与 $Zn_{16}O_{16}$ 体系相比，$Zn_{16}H_iO_{16}$ 和 $Zn_{15}CeH_iO_{16}$ 体系静介电常增加，说明体系的极化能力变强，光生电场强度变大，体系对电荷的束缚能力增强。

计算得到无应变条件下 $Zn_{16}H_iO_{16}$ 和 $Zn_{15}CeH_iO_{16}$ 的复介电常数的虚部，如图 5-20（b）所示。同时，为了详细讨论体系中电子受激跃迁的过程，计算得到无应变条件下 $Zn_{16}H_iO_{16}$ 和 $Zn_{15}CeH_iO_{16}$ 的分波态密度，如图 5-21 所示。从图 5-20（b）可以看出，$Zn_{16}H_iO_{16}$ 体系复介电函数的虚部在 0 ～ 10eV 的范围内有 4 个介电峰，分别位于 2.99eV、4.41eV、5.95eV 和 8.85eV。结合图 5-21（a）可知，第一个峰是电子从 O 2p 态跃迁到 H 1s 态产生的，第二个峰是电子从 H 1s 态跃迁到 Zn 4s 态产生的，第三个峰是电子从 Zn 3d 态跃迁到 O 2p 态产生的，第四个峰是电子从 Zn 3d 态跃迁到 O 2s 态产生的。$Zn_{15}CeH_iO_{16}$ 的复介电函数的虚部在 0 ～ 10eV 的范围内有 3 个介电峰，分别位于 2.85eV、5.59eV 和 8.46eV。结合图 5-21（b）可知，第一个峰是电子从 O 2p 态跃迁到 H 1s 态产生的，第二个峰是电子从 H 1s 态跃迁到 Ce 4f 态产生的，第三个峰是电子从 Zn 3d 态跃迁到 O 2s 态产生的。

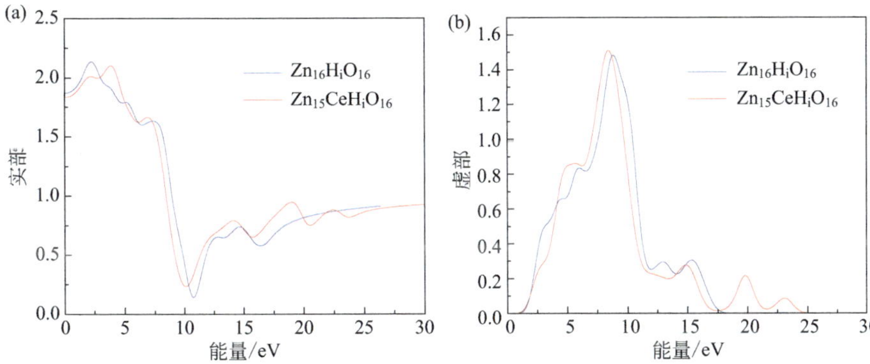

图 5-20　无应变条件下 $Zn_{16}H_iO_{16}$ 和 $Zn_{15}CeH_iO_{16}$ 体系的复介电函数

（a）实部；（b）虚部

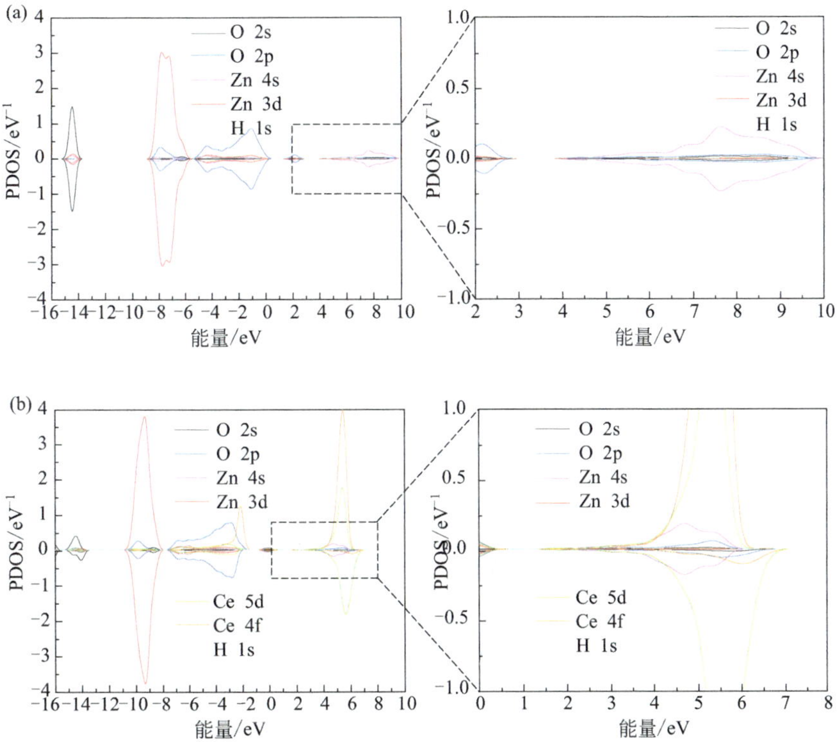

图 5-21　无应变条件下体系的分波态密度

（a）$Zn_{16}H_iO_{16}$；（b）$Zn_{15}CeH_iO_{16}$

为了讨论应变对存在一个间隙 H 原子的 ZnO 以及 Ce 掺杂和间隙 H 原子共存的 ZnO 体系的复介电函数的影响，计算得到不同应变条件下

$Zn_{16}H_iO_{16}$ 和 $Zn_{15}CeH_iO_{16}$ 体系复介电函数的实部和虚部，如图 5-22 所示。

从图 5-22（a）中可以看出，随着压应变的增加，$Zn_{16}H_iO_{16}$ 体系的静介电常数减小，说明体系的极化能力减弱，光生电场强度变小，体系对电荷的束缚能力减弱；随着拉应变的增加，$Zn_{16}H_iO_{16}$ 体系的静介电常数增加，说明体系的极化能力变强，光生电场强度变大，体系对电荷的束缚能力增强。从图 5-22（b）中可以看出，随着压应变的增加，$Zn_{16}H_iO_{16}$ 体系复介电函数的虚部整体向高能级方向移动，并且在 0 ～ 10eV 的范围内体系的介电峰的强度减弱；随着拉应变的增加，$Zn_{16}H_iO_{16}$ 体系复介电函数的虚部整体向低能级方向移动，并且在 0 ～ 10eV 的范围内体系的介电峰的强度增强。

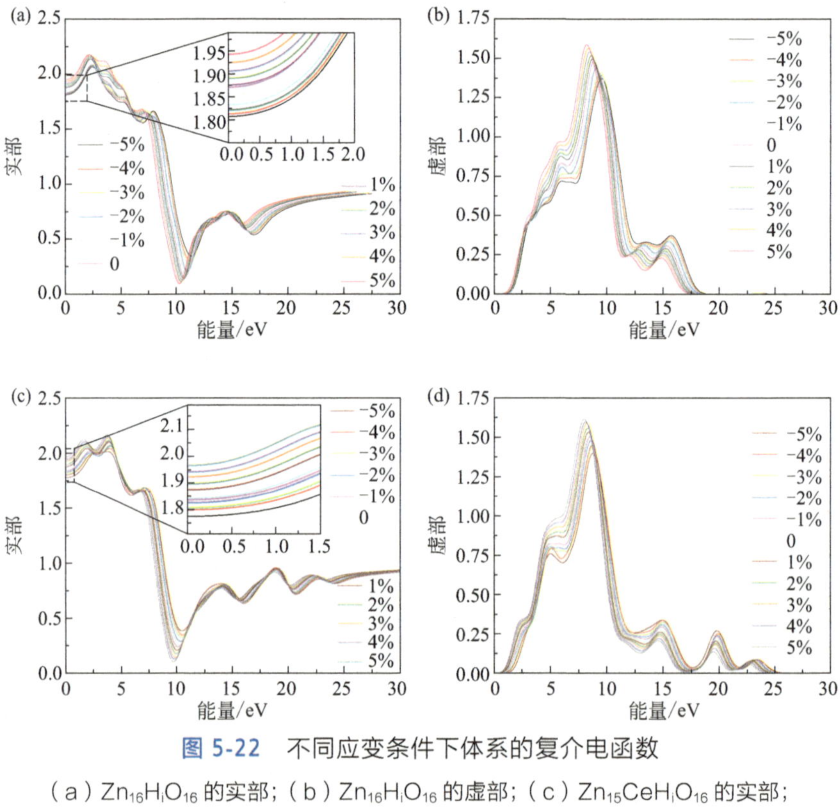

图 5-22 不同应变条件下体系的复介电函数

（a）$Zn_{16}H_iO_{16}$ 的实部；（b）$Zn_{16}H_iO_{16}$ 的虚部；（c）$Zn_{15}CeH_iO_{16}$ 的实部；（d）$Zn_{15}CeH_iO_{16}$ 的虚部

从图 5-22（c）中可以看出，随着压应变的增加，$Zn_{15}CeH_iO_{16}$ 体系的静介电常数减小，说明体系的极化能力减弱，光生电场强度变小，体系对电荷的束缚能力减弱；随着拉应变的增加，$Zn_{15}CeH_iO_{16}$ 体系的静介电常数增加，说明体系的极化能力变强，光生电场强度变大，体系对电荷的束缚能力增强。从图 5-22（d）中可以看出，随着压应变的增加，$Zn_{15}CeH_iO_{16}$ 体系复介电函数的虚部整体向高能级方向移动，并且在 0 ～ 10eV 的范围内体系的介电峰的强度减弱；随着拉应变的增加，$Zn_{15}CeH_iO_{16}$ 体系复介电函数的虚部整体向低能级方向移动，并且在 0 ～ 10eV 的范围内体系的介电峰的强度增强。

计算得到的无应变条件下 $Zn_{16}H_iO_{16}$ 和 $Zn_{15}CeH_iO_{16}$ 的吸收光谱，如图 5-23（a）所示。从图 5-23（a）可以看出，在 0 ～ 12eV 的范围内，与无应变条件下 $Zn_{16}O_{16}$ 相比，$Zn_{16}H_iO_{16}$ 体系的吸收峰向高能级方向移动，发生蓝移现象；$Zn_{15}CeH_iO_{16}$ 体系的吸收峰同样向高能级方向移动，发生蓝移现象。这与无应变条件下体系能带结构分析的结果相一致。

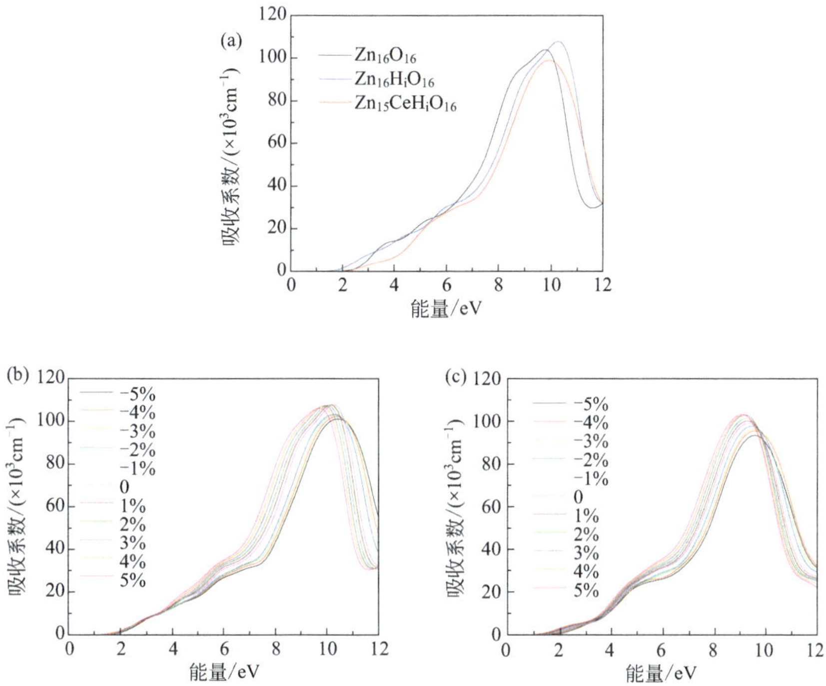

图 5-23　吸收光谱

（a）无应变条件下 $Zn_{16}O_{16}$、$Zn_{16}H_iO_{16}$ 和 $Zn_{15}CeH_iO_{16}$；

（b）不同应变条件下 $Zn_{16}H_iO_{16}$；（c）不同应变条件下 $Zn_{15}CeH_iO_{16}$

为了讨论应变对存在一个间隙 H 原子的 ZnO 以及 Ce 掺杂和间隙 H 原子共存的 ZnO 体系的吸收光谱的影响，计算得到不同应变条件下 $Zn_{16}H_iO_{16}$

和 $Zn_{15}CeH_iO_{16}$ 体系的吸收光谱，如图 5-23（b）、（c）所示。从图 5-23（b）可以看出，在 0 ～ 12eV 的范围内，与无应变条件下 $Zn_{16}H_iO_{16}$ 体系相比，随着压应变的增加，$Zn_{16}H_iO_{16}$ 体系的吸收峰向高能级方向移动，吸收峰的强度减弱，吸收光谱发生蓝移现象；随着拉应变的增加，$Zn_{16}H_iO_{16}$ 体系的吸收峰向低能级方向移动，吸收峰的强度也减弱，吸收光谱发生红移现象。这与不同应变条件下 $Zn_{16}H_iO_{16}$ 体系能带结构分析的结果相一致。从图 5-23（c）可以看出，在 0 ～ 12eV 的范围内，与无应变条件下 $Zn_{15}CeH_iO_{16}$ 体系相比，随着压应变的增加，$Zn_{15}CeH_iO_{16}$ 体系的吸收峰向高能级方向移动，吸收峰的强度减弱，吸收光谱发生蓝移现象，同时，体系吸收光谱的最小能量向高能量方向移动；随着拉应变的增加，$Zn_{15}CeH_iO_{16}$ 体系的吸收峰向低能级方向移动，吸收峰的强度增强，吸收光谱发生红移现象，同时，体系吸收光谱的最小能量向低能量方向移动。这与不同应变条件下 $Zn_{15}CeH_iO_{16}$ 体系能带结构分析的结果以及陷阱效应分析的结果相一致。

5.2.4 对磁性能的影响

为了分析无应变条件下 $Zn_{15}CeH_iO_{16}$ 体系的磁性机理，计算得到无应变条件下 $Zn_{15}CeH_iO_{16}$ 的原子磁矩。在无应变条件下，$Zn_{15}CeH_iO_{16}$ 体系中 Ce 原子的磁矩为 $1.02\mu_B$，Ce 原子周围的四个 O 原子的磁矩均为 $-0.01\mu_B$，间隙 H 原子以及 H 原子周围的 O 原子和 Zn 原子均无磁矩，其它原子也无磁矩。由此可知，在无应变条件下，$Zn_{15}CeH_iO_{16}$ 体系的总磁矩主要来自于体系中替位掺杂的 Ce 原子以及 Ce 原子周围的四个 O 原子，间隙 H 原子对体系的总磁矩没有贡献。同时，从图 5-21（b）无应变条件下 $Zn_{15}CeH_iO_{16}$ 体系的分波态密度中可以看出，在无应变条件下，$Zn_{15}CeH_iO_{16}$ 体系的 Ce 4f 轨道、Ce 5d 轨道、O 2s 轨道和 O 2p 轨道的分波态密度自旋上旋与自旋下旋不对称，并且存在强烈的杂化耦合作用，而间隙 H 原子的分波态密度自旋上旋与自旋下旋对称。因此，体系中 Ce 4f 轨道、Ce 5d 轨道、O 2s 轨道和 O 2p 轨道杂化耦合使得体系产生净磁矩，呈现铁磁性，与间隙 H 原子无关。这与 RKKY 理论 [16] 相符。

为了在电子层面上直观分析无应变条件下 $Zn_{15}CeH_iO_{16}$ 体系的磁性机理，计算得到其净自旋密度图，如图 5-24 所示。图中蓝色部分的区域表示体系的电子自旋极化。从图 5-24 中可以看出，掺杂体系的总磁矩主要由自旋极化 Ce 原子所贡献，而 O 原子的自旋极化也略微有贡献，间隙 H 原子没有贡献，其他原子也没有贡献。这与上述分析结果相符合。

为了讨论应变对存在一个间隙 H 原子的 ZnO 以及 Ce 掺杂和间隙 H 原子共存的 ZnO 体系磁性的影响，计算了不同应变条件下 $Zn_{16}H_iO_{16}$ 和 $Zn_{15}CeH_iO_{16}$ 体系的总磁矩，如表 5-4 所示。从表 5-4 可以看出，在不同应变条件下，$Zn_{16}H_iO_{16}$ 的总磁矩均为 0，表明应变不改变 $Zn_{16}H_iO_{16}$ 的磁性状态。对于 $Zn_{15}CeH_iO_{16}$ 体系，当应变程度为 -3% ～ 2% 时，体系的总磁矩均接近整数 1，这是体系表现为铁磁性的重要特征[17]。同时，压应变和拉应变均使体系的总磁矩减小，当压应变增加到 -4% 和 -5%，以及拉应变增加到 3%、4% 和 5% 时，体系的总磁矩突变为 0，此时体系为反铁磁性。

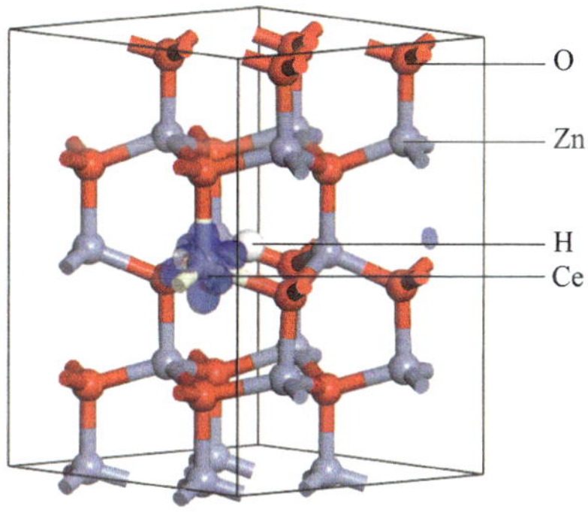

图 5-24　无应变条件下 $Zn_{15}CeH_iO_{16}$ 体系的净自旋密度

为了讨论应变对 Ce 掺杂和间隙 H 原子共存的 ZnO 体系居里温度的影响，计算了不同应变条件下 $Zn_{15}CeH_iO_{16}$ 体系的反铁磁态与铁磁态之间的能量差 ΔE 和居里温度。对于 $Zn_{15}CeH_iO_{16}$ 体系，ΔE 可以根据以下公式得到：

$$\Delta E(Zn_{15}CeH_iO_{16})=\frac{E_{AFM}(Zn_{30}Ce_2H_{i2}O_{32})-E_{FM}(Zn_{30}Ce_2H_{i2}O_{32})}{2} \quad (5\text{-}13)$$

式中，$E_{AFM}(Zn_{30}Ce_2H_{i2}O_{32})$ 和 $E_{FM}(Zn_{30}Ce_2H_{i2}O_{32})$ 表示与 $Zn_{15}CeH_iO_{16}$ 体系浓度相同的 $Zn_{30}Ce_2H_{i2}O_{32}$ 体系在不同应变条件下的反铁磁态和铁磁态能量，eV。根据公式（5-13）计算得到不同应变条件下 $Zn_{15}CeH_iO_{16}$ 体系的 ΔE 和居里温度，如表 5-4 所示。

表 5-4　不同应变条件下 $Zn_{16}H_iO_{16}$ 体系的总磁矩以及 $Zn_{15}CeH_iO_{16}$ 体系的总磁矩、反铁磁态与铁磁态之间的能量差 ΔE 和体系的居里温度 T_C

应变	$Zn_{16}H_iO_{16}$	$Zn_{15}CeH_iO_{16}$		
	磁矩 /μ_B	磁矩 /μ_B	ΔE/meV	T_C / K
-5%	0	0	-19.2	—
-4%	0	0	-15.7	—
-3%	0	1.0119	24.7	247

续表

应变	$Zn_{16}H_iO_{16}$	$Zn_{15}CeH_iO_{16}$		
	磁矩 /μ_B	磁矩 /μ_B	ΔE/meV	T_C / K
−2%	0	1.0120	28.3	283
−1%	0	1.0124	30.9	309
0	0	1.0127	31.7	317
1%	0	1.0122	30.1	301
2%	0	1.0109	27.4	274
3%	0	0	−14.6	—
4%	0	0	−25.3	—
5%	0	0	−34.1	—

从表 5-4 中可以看出，在无应变条件下，$Zn_{15}CeH_iO_{16}$ 体系的居里温度在室温以上。此外，无论在压应变还是拉应变的条件下，随着应变程度的增加，$Zn_{15}CeH_iO_{16}$ 体系的居里温度降低；同时，当压应变为 −2% 和 −3% 以及拉应变为 2% 时，体系的居里温度降低到室温以下；当压应变为 −4% 和 −5% 以及拉应变为 3%、4% 和 5% 时，体系的反铁磁态和铁磁态之间的能量差 ΔE 小于 0，体系从铁磁态转变为反铁磁态，这与总磁矩分析的结果相一致。

关于应变对 $Zn_{15}CeH_iO_{16}$ 体系磁性的影响，可以由以下原因来解释：随着压应变的增加，体系中磁性原子之间的距离减小，电子云重叠更严重，使原本自旋方向相同的两个未配对的自旋电子之间的排斥作用增强，体系的能量升高。当压应变增加到 −4% 和 −5% 时，为了使体系的能量最低，原本自旋方向相同的两个自旋电子中的一个发生自旋翻转，与另一个自旋电子所产生的自旋磁矩相抵消，导致体系从铁磁态转变为反铁磁态。此外，随着拉应变的增加，体系中磁性原子之间的距离增大，电子云重叠减弱，使原本存在于两个磁性原子之间的磁交换作用减弱。当拉应变增加到 3%、4% 和 5% 时，体系中的磁交换作用完全消失，导致体系从长程有序的铁磁态转变为无序的反铁磁态。

以上结果表明，可以通过应变对 Ce 掺杂和间隙 H 原子共存的 ZnO 体系的磁矩、居里温度以及铁磁性 - 反铁磁性进行调控，这对设计和制备 Ce

掺杂 ZnO 磁性材料有一定的参考价值。

本小节采用基于密度泛函理论的第一性原理计算的方法，计算了不同双轴应变条件下存在一个间隙 H 原子的 ZnO 体系以及 Ce 掺杂与间隙 H 原子共存的 ZnO 体系的晶体结构、形成能、能带结构、态密度、磁性以及吸收光谱，研究了应变对存在一个间隙 H 原子的 ZnO 体系以及 Ce 掺杂与间隙 H 原子共存的 ZnO 体系电子结构、吸收光谱和磁性的影响。

在无应变条件下，当间隙 H 原子位于（0.5，0.5，0.5）的位置时，存在一个间隙 H 原子的 ZnO 体系具有最小的形成能，体系最稳定，H 间隙掺杂更容易；当体系中 Ce-H 间距最小（0.1876nm）时，Ce 掺杂与间隙 H 原子共存的 ZnO 体系具有最小的形成能，体系最稳定，Ce 掺杂和间隙 H 原子的共存更容易。在不同应变条件下，随着压应变的增加，掺杂体系的形成能降低，体系更稳定，Ce 替位掺杂和 H 间隙掺杂更容易，随着拉应变的增加，掺杂体系的形成能升高，体系更不稳定，Ce 替位掺杂和 H 间隙掺杂更困难。

随着压应变的增加，存在一个间隙 H 原子的 ZnO 体系和 Ce 掺杂与间隙 H 原子共存的 ZnO 体系的带隙变宽，静介电常数减小，复介电函数的虚部和吸收光谱均向高能量方向移动，这对设计和制备新型 ZnO 基短波长发光二极管有一定的参考价值；随着拉应变的增加，存在一个间隙 H 原子的 ZnO 体系和 Ce 掺杂与间隙 H 原子共存的 ZnO 体系的带隙变窄，静介电常数增加，复介电函数的虚部和吸收光谱均向低能量方向移动。其次，在不同拉应变条件下，与无拉应变的条件下相比较，Ce 掺杂与间隙 H 原子共存的 ZnO 体系杂质能级均与费米能级重合，所以，体系的陷阱效应均显著，电子寿命均延长。这对设计和制备新型 ZnO 基光催化剂有一定的参考价值。

在不同应变条件下存在一个间隙 H 原子的 ZnO 体系均无磁性。在无应变条件下，Ce 掺杂和间隙 H 原子共存的 ZnO 体系表现为铁磁性，居里温度达到室温以上。无论是在压应变还是拉应变的条件下，随着应变程度的增加，Ce 掺杂和间隙 H 原子共存的 ZnO 体系的总磁矩减小，居里温度降低。当应变程度为 -1%、0 和 1% 时，Ce 掺杂和间隙 H 原子共存的 ZnO 体系表现为室温铁磁性；当压应变为 -2% 和 -3% 以及拉应变为 2% 时，体系的居里温度降低到室温以下；当压应变为 -4% 和 -5% 以及拉应变为 3%、4% 和 5% 时，体系从铁磁性转变为反铁磁性。这对设计和制备新型 Ce 掺杂 ZnO 基稀磁半导体和磁性开关有一定的参考价值。

5.3 应变对 Ce 掺杂与点空位共存的 ZnO 磁光性能的影响

5.3.1 模型和计算方法

为了解决点空位对 Ce 掺杂 ZnO 体系光学性能和磁性影响的问题，以及应变对 Ce 掺杂与点空位共存的 ZnO 体系光学性能和磁性影响的问题，本章在不同双轴应变条件下对 Ce 掺杂与 O 空位或 Zn 空位共存的 ZnO 体系进行了第一性原理计算，研究了应变对 Ce 掺杂与 O 空位或 Zn 空位共存的 ZnO 体系电子结构、吸收光谱和磁性的影响，研究发现可以通过应变对 Ce 掺杂与 O 空位或 Zn 空位共存的 ZnO 体系的带隙、磁矩、居里温度以及铁磁性 - 反铁磁性进行调控。这对设计和制备新型 Ce 掺杂和点空位共存 ZnO 光学材料、稀磁半导体材料和磁性开关材料有一定的参考价值。

为了探究 Ce 掺杂与 O 空位或 Zn 空位共存对 ZnO 体系的稳定性、电子结构、吸收光谱和磁性的影响，分别构建了未掺杂的 $Zn_{16}O_{16}$ 超胞模型，如图 5-25（a）所示；一个 Ce 原子替换一个 Zn 原子的 $Zn_{15}CeO_{16}$ 超胞模型，如图 5-25（b）所示；6 种不同 Ce-V_O 间距的一个 Ce 原子替换一个 Zn 原子并且与一个 O 空位共存的 $Zn_{15}CeO_{15}$ 超胞模型，其中 Ce 原子位置固定，O 空位分别位于 a ～ f 的位置，分别用 $Zn_{15}CeO_{15}^{a\sim f}$ 表示，如图 5-25（c）所示；以及 6 种不同 Ce-V_{Zn} 间距的一个 Ce 原子替换一个 Zn 原子并且与一个 Zn 空位共存的 $Zn_{14}CeO_{16}$ 超胞模型，其中 Ce 原子位置固定，Zn 空位分别位于 1 ～ 6 的位置，分别用 $Zn_{14}CeO_{16}^{1\sim 6}$ 表示，如图 5-25（d）所示。

为了研究 Ce 掺杂与 O 空位或 Zn 空位共存对 ZnO 体系磁性特性的影响，判断不同应变条件下 Ce 掺杂与 Zn 空位或 O 空位共存的 ZnO 体系是铁磁性还是反铁磁性，构建两个 Ce 原子替换两个 Zn 原子并且与两个 O 空位共存的 $Zn_{30}Ce_2O_{30}$ 超胞模型，如图 5-25（e）所示；两个 Ce 原子替换两个 Zn 原子并且与两个 Zn 空位共存的 $Zn_{28}Ce_2O_{32}$ 超胞模型，如图 5-25（f）所示。计算体系铁磁性总能量时，体系中的所有原子设置为自旋向上；计算体系反铁磁性总能量时，一半原子设置为自旋向上，另一半原子设置为自旋向下。

为了研究应变对 Ce 掺杂与 O 空位或 Zn 空位共存的 ZnO 体系稳定性、

电子结构、吸收光谱和磁性的影响，同时对掺杂体系超胞模型的 a 轴和 b 轴施加应变量 ε 为 -5%、-4%、-3%、-2%、-1%、0、1%、2%、3%、4% 和 5%，应变公式为 $\varepsilon = (a - a_0)/a_0$，其中，$a_0$ 是没有应变时的最优晶格常数，a 是不同应变时相对应的晶格常数；ε 为正值表示拉应变，ε 为负值表示压应变，c 轴充分弛豫，并在此基础上计算体系的稳定性、电子结构、吸收光谱和磁性。

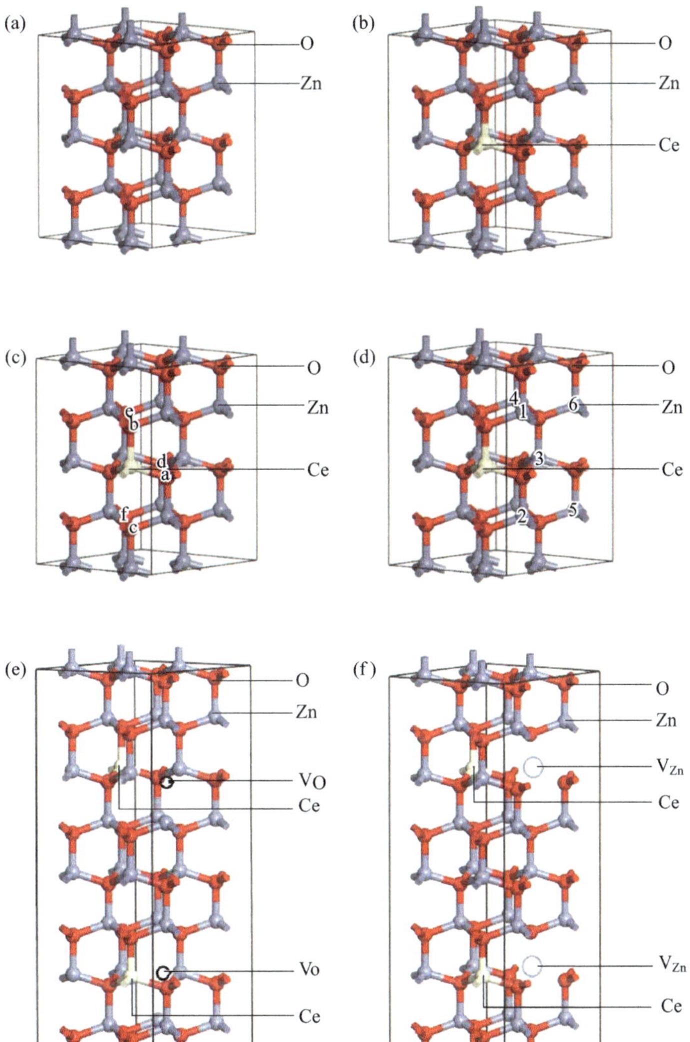

图 5-25 模型

（a）$Zn_{16}O_{16}$；（b）$Zn_{15}CeO_{16}$；（c）6 种不同 Ce-V_O 间距的 $Zn_{15}CeO_{15}$；（d）6 种不同 Ce-V_{Zn} 间矩的 $Zn_{14}CeO_{16}$；（e）$Zn_{30}Ce_2O_{30}$；（f）$Zn_{28}Ce_2O_{32}$

计算采用 CASTEP（MS8.0）软件中的密度泛函理论框架下的 GGA+U 平面波超软赝势的方法，PBE 泛函描述交换相关能。对所有模型进行几何结构优化和能量计算，计算能量时采用电子自旋极化处理。把每个原子平面波能量的精度设为 1.0×10^{-6}eV，作用在每个原子上的力不大于 0.5eV/nm，内应力不大于 0.1GPa，公差偏移为 2.0×10^{-4}nm。布里渊区 k 点均选取为 4×4×2，截断能取 370eV。用于构建赝势的价电子组态分别为 O $2s^22p^4$，Zn $3d^{10}4s^2$ 和 Ce $4f^15s^25p^65d^16s^2$。未掺杂 ZnO 单胞中的 Zn 3d 和 O 2p 的 U 值分别取 10.00 eV 和 7.00eV [2] 时，计算得到的带隙宽度与实验值 3.40eV 相符合 [26]。Ce 4f 的 U 值取 6.00eV[4]，且与 MS 软件默认值相符。

5.3.2 对结构和稳定性的影响

在无应变条件下，$Zn_{16}O_{16}$、$Zn_{15}CeO_{16}$、$Zn_{15}CeO_{15}^{a\sim f}$ 和 $Zn_{14}CeO_{16}^{1\sim6}$ 体系几何结构优化后的折合晶格常数和形成能 E_f 列于表 5-5。本文使用 Mulliken 方法计算了轨道电荷分布，结果发现，掺杂体系 $Zn_{15}CeO_{16}$、$Zn_{15}CeO_{15}^{a\sim f}$ 和 $Zn_{14}CeO_{16}^{1\sim6}$ 中，作为价电子组态 Ce $4f^15s^25p^65d^16s^2$ 中未填充满的 f 态轨道和 d 态轨道电荷转移之和均趋近 +3，所以，我们认为 Ce 掺杂在 ZnO 中的化合价为 +3 价，Ce 离子化合价的计算结果与实验文献 [6] 的报道相符合。

杂质形成能 E_f 可以说明掺杂对 ZnO 体系稳定性和掺杂的难易程度的影响。形成能可以通过以下公式来表示 [10,28]：

对于 $Zn_{15}CeO_{15}$ 体系：

$$E_f(\mathrm{Ce}) = E_{Zn_{15}CeO_{15}} - E_{Zn_{16}O_{16}} + n_{Zn}\mu_{Zn} + \frac{n_O}{2}\mu_{O_2} - n_{Ce}\mu_{Ce} \tag{5-14}$$

对于 $Zn_{14}CeO_{16}$ 体系：

$$E_f(\mathrm{Ce}) = E_{Zn_{14}CeO_{16}} - E_{Zn_{16}O_{16}} + n_{Zn}\mu_{Zn} - n_{Ce}\mu_{Ce} \tag{5-15}$$

式中，$E_{Zn_{15}CeO_{15}}$ 是 $Zn_{15}CeO_{15}$ 体系总能量，eV；$E_{Zn_{14}CeO_{16}}$ 是 $Zn_{14}CeO_{16}$ 体系总能量，eV；$E_{Zn_{16}O_{16}}$ 是未掺杂 $Zn_{16}O_{16}$ 体系总能量，eV；n_{Zn} 是体系中去掉的 Zn 原子的个数；n_{Ce} 是掺杂 Ce 原子的个数；n_O 是 O 空位的个数；μ_{Zn}、μ_{Ce} 和 μ_{O_2} 是 Zn、Ce 和 O_2 分子最稳定（基态）金属相的每个分子的能量来替代的化学势，eV。计算得到无应变条件下各体系的形成能如表 5-5 所示。

表 5-5 几何结构优化后各体系在无应变条件下的晶格常数、体积、Ce-V 间距和形成能

模型	$d_{Ce\text{-}V}$ /nm	a/nm	c/nm	V/nm^3	E_f /eV
$Zn_{16}O_{16}$	—	0.3282[32]	0.5318[32]	0.05000	—
$Zn_{15}CeO_{16}$	—	0.3305[32]	0.5364[32]	0.05170	-7.7082
$Zn_{15}CeO_{15}^{a}$	0.1973	0.3318	0.5299	0.05049	2.3444
$Zn_{15}CeO_{15}^{b}$	0.1992	0.3304	0.5377	0.05090	2.7488
$Zn_{15}CeO_{15}^{c}$	0.3214	0.3310	0.5352	0.05077	2.2132
$Zn_{15}CeO_{15}^{d}$	0.3801	0.3309	0.5317	0.05048	1.8922
$Zn_{15}CeO_{15}^{e}$	0.3811	0.3322	0.5298	0.05062	2.0465
$Zn_{15}CeO_{15}^{f}$	0.4570	0.3311	0.5311	0.05050	2.0339
$Zn_{14}CeO_{16}^{1}$	0.3208	0.3335	0.5296	0.05126	-3.6514
$Zn_{14}CeO_{16}^{2}$	0.3208	0.3350	0.5199	0.05075	-3.8507
$Zn_{14}CeO_{16}^{3}$	0.3249	0.3269	0.5378	0.05110	-4.2057
$Zn_{14}CeO_{16}^{4}$	0.4566	0.3338	0.5303	0.05126	-2.7888
$Zn_{14}CeO_{16}^{5}$	0.5604	0.3354	0.5201	0.05075	-3.8451
$Zn_{14}CeO_{16}^{6}$	0.5604	0.3335	0.5296	0.05125	-3.6539

注：上角标 a ～ f 表示图 5-25（c）中 6 种不同 Ce-V_O 间距的 $Zn_{15}CeO_{15}^{a\sim f}$ 体系，上角标 1 ～ 6 表示图 5-25（d）中 6 种不同 Ce-V_{Zn} 间距的 $Zn_{14}CeO_{16}^{1\sim 6}$ 体系。

从表 5-5 可以看出，Ce 掺杂 ZnO 体系的形成能为负值，说明 Ce 原子可以替位掺杂进入 ZnO 中，并且使得体系更稳定。同时，Ce 掺杂与 O 空位共存的 ZnO 体系形成能均为正值，Ce 掺杂与 Zn 空位共存的 ZnO 体系形成能均为负值，所以 Ce 掺杂 ZnO 体系中更容易出现 Zn 空位，而不容易出现 O 空位。此外，对于 Ce 掺杂与 O 空位共存的 ZnO 体系，当 Ce 原子与 O 空位之间的间距为 0.3801nm 时，$Zn_{15}CeO_{15}^{d}$ 体系形成能最低，掺杂最容易，体系最稳定，因此选择 $Zn_{15}CeO_{15}^{d}$ 为研究对象，简写为 $Zn_{15}CeO_{15}$，用来研

究应变能对Ce掺杂与O空位共存ZnO体系的电子结构、光学性能和磁性的影响。对于Ce掺杂与Zn空位共存的ZnO体系，当Ce原子与Zn空位之间的间距为0.3249nm时，$Zn_{14}CeO_{16}^{3}$体系形成能最低，掺杂最容易，体系最稳定，因此选择$Zn_{14}CeO_{16}^{3}$为研究对象，简写为$Zn_{14}CeO_{16}$，用来研究应变能对Ce掺杂与Zn空位共存ZnO体系的电子结构、光学性能和磁性的影响。

为了研究应变对Ce掺杂与O空位或Zn空位共存的ZnO体系形成能的影响，计算得到应变条件下$Zn_{15}CeO_{15}$和$Zn_{14}CeO_{16}$体系的形成能，如图5-26所示。在计算不同应变条件下体系的形成能的过程中，形成能公式（5-14）和公式（5-15）中$E_{Zn_{15}CeO_{15}}$、$E_{Zn_{14}CeO_{16}}$和$E_{Zn_{16}O_{16}}$分别用不同应变条件下$Zn_{15}CeO_{15}$、$Zn_{14}CeO_{16}$和$Zn_{16}O_{16}$体系的总能量来代替。从图5-26可以看出，不论是Ce掺杂与O空位共存的$Zn_{15}CeO_{15}$体系，还是Ce掺杂与Zn空位共存的$Zn_{14}CeO_{16}$体系，随着压应变的增加，体系的形成能先升高后降低，体系稳定性先减弱后增强，当压应变为-1%的时候，体系形成能最高，最不稳定，Ce掺杂和O空位或Zn空位共存最不容易；随着拉应变的增加，体系的形成能降低，体系稳定性增强，Ce掺杂和O空位或Zn空位共存更容易。

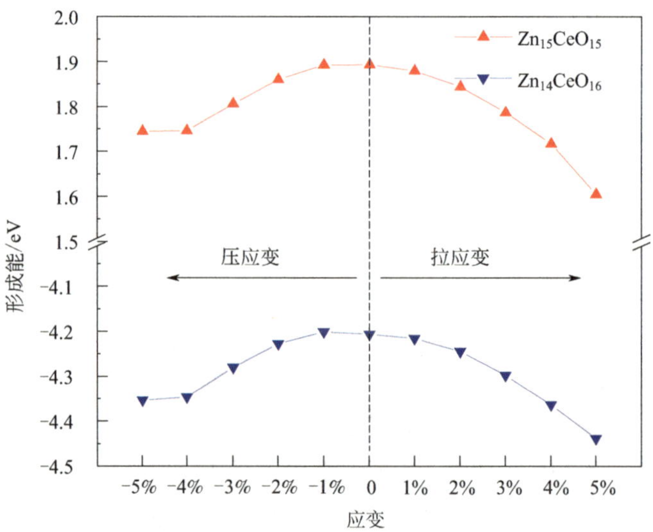

图5-26 不同应变条件下$Zn_{15}CeO_{15}$和$Zn_{14}CeO_{16}$体系的形成能

5.3.3 对光学性能的影响

为了讨论不同掺杂方式对体系能带结构的影响，计算了无应变条件下 $Zn_{15}CeO_{15}$ 和 $Zn_{14}CeO_{16}$ 的能带结构和总态密度，如图 5-27 所示。由图 5-27 可知，在无应变条件下，$Zn_{15}CeO_{15}$ 和 $Zn_{14}CeO_{16}$ 均为直接带隙，但是 $Zn_{15}CeO_{15}$ 的价带顶和导带底的位置从高对称点 G 转移到了高对称点 Z。同时，$Zn_{15}CeO_{15}$ 和 $Zn_{14}CeO_{16}$ 体系自旋向上和自旋向下的总态密度分布不对称，即自旋向上和自旋向下的电子占据数不同，表明体系有磁性[28,29]，总磁矩分别为 $1.0145\mu_B$ 和 $0.7473\mu_B$。计算得到 $Zn_{15}CeO_{15}$ 和 $Zn_{14}CeO_{16}$ 的带隙宽度分别为 3.886eV 和 3.314eV，与未掺杂 $Zn_{16}O_{16}$ 相比，$Zn_{14}CeO_{16}$ 的带隙变窄，$Zn_{15}CeO_{15}$ 的带隙变宽。这是由于 $Zn_{15}CeO_{15}$ 和 $Zn_{14}CeO_{16}$ 体系均有磁矩，掺杂体系的磁矩会使占据在导带底附近能级上的电子在磁矩的影响下发生明显的能级分裂，导致体系带隙变窄[12]；同时，根据重整化理论，体系中 Burstein-Moss 效应使体系带隙变宽，多体效应使体系带隙变窄[13,14]。对于 $Zn_{14}CeO_{16}$，体系中的 Burstein-Moss 效应使体系带隙变宽的程度小于多体效应和内磁矩导致体系能带劈裂使其带隙变窄的程度，所以体系的带隙变窄；对于 $Zn_{15}CeO_{15}$，体系中的 Burstein-Moss 效应使体系带隙变宽的程度大于多体效应和内磁矩导致体系能带劈裂使其带隙变窄的程度，所以体系的带隙变宽。此外，$Zn_{15}CeO_{15}$ 带隙中央的杂质能级处于费米能级附近，在体系中产生显著的陷阱效应，阻碍体系中电子 - 空穴对的复合，使杂质能级上的电子受到热激发或光照后激发到导带的概率迅速提高。

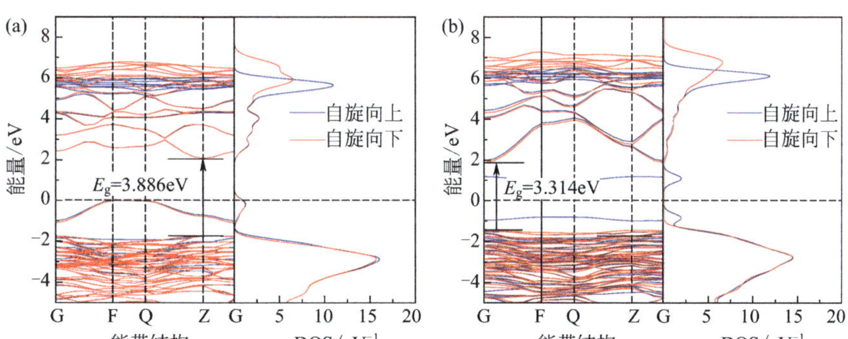

图 5-27 无应变条件下体系的能带结构

(a) $Zn_{15}CeO_{15}$; (b) $Zn_{14}CeO_{16}$

为了讨论应变对 $Zn_{15}CeO_{15}$ 和 $Zn_{14}CeO_{16}$ 体系带隙的影响，计算得到不同应变条件下 $Zn_{15}CeO_{15}$ 和 $Zn_{14}CeO_{16}$ 价带顶和导带底的位置，如图 5-28 所示。根据图 5-28（a）可知，与无应变条件下 $Zn_{15}CeO_{15}$ 体系相比较，当压应变程度在 -1% ～ -5% 的范围内时，随着压应变的增加，$Zn_{15}CeO_{15}$ 体系的价带顶和导带底都向高能级方向移动，但是导带底的移动明显多于价带顶，导致体系的带隙变宽。从重整化理论角度讲，这是由于当压应变程度在 -1% ～ -5% 的范围内时，$Zn_{15}CeO_{15}$ 体系中 Burstein-Moss（B-M）效应强于多体效应，所以体系带隙变宽。当拉应变程度在 1% ～ 5% 的范围内时，随着拉应变的增加，$Zn_{15}CeO_{15}$ 体系的价带顶和导带底都向低能级方向移动，但是导带底的移动明显多于价带顶，导致体系的带隙变窄。从重整化理论角度讲，这是由于当拉应变程度在 1% ～ 5% 的范围内时，$Zn_{15}CeO_{15}$ 体系中 Burstein-Moss（B-M）效应弱于多体效应，所以体系带隙变窄。

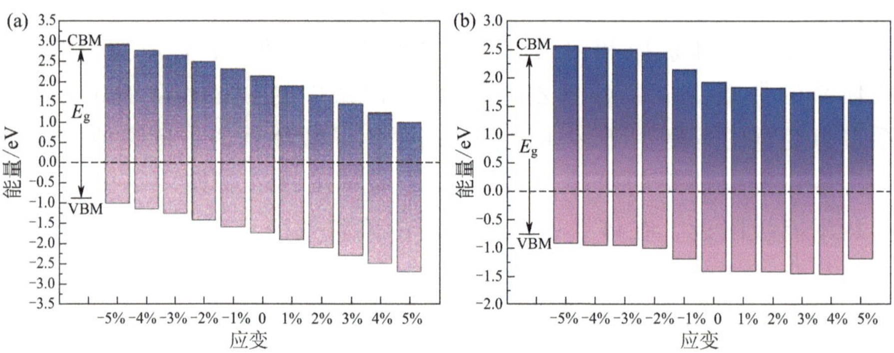

图 5-28 不同应变条件下体系的价带顶、导带底以及带隙宽度

（a）$Zn_{15}CeO_{15}$；（b）$Zn_{14}CeO_{16}$

根据图 5-28（b）可知，与无应变条件下 $Zn_{14}CeO_{16}$ 体系相比较，当压应变程度在 -1% ～ -5% 范围内时，随着压应变的增加，$Zn_{14}CeO_{16}$ 体系的价带顶和导带底都向高能级方向移动，但是导带底的移动明显多于价带顶，导致体系的带隙变宽。从重整化理论角度讲，这是由于当压应变程度在 -1% ～ -5% 的范围内时，$Zn_{14}CeO_{16}$ 体系中 Burstein-Moss（B-M）效应强于多体效应，所以体系带隙变宽。当拉应变程度在 1% ～ 4% 的范围内时，随着拉应变的增加，$Zn_{14}CeO_{16}$ 体系的价带顶和导带底都向低能级方向移动，

但是导带底的移动明显多于价带顶，导致体系的带隙变窄；当拉应变程度增加到 5% 时，$Zn_{14}CeO_{16}$ 体系的价带顶向高能级方向移动，而导带底向低能级方向移动，导致体系的带隙变窄。从重整化理论角度讲，这是由于当拉应变程度在 1% ～ 5% 的范围内时，$Zn_{14}CeO_{16}$ 体系中 Burstein-Moss（B-M）效应弱于多体效应，所以体系带隙变窄。

为了进一步分析体系带隙随应变变化的原因，计算了不同应变条件下 $Zn_{15}CeO_{15}$ 体系和 $Zn_{14}CeO_{16}$ 的差分电荷密度，分别如图 5-29 和图 5-30 所示。从图 5-29 可以看出，随着压应变的增加，$Zn_{15}CeO_{15}$ 体系的差分电荷密度分布更稠密，说明 $Zn_{15}CeO_{15}$ 体系中各原子间的电子云重叠更严重，相互作用更强烈；随着拉应变的增加，$Zn_{15}CeO_{15}$ 体系的差分电荷密度分布更稀疏，说明 $Zn_{15}CeO_{15}$ 体系中各原子间的电子云重叠减弱，相互作用减弱。从图 5-30 可以看出，随着压应变的增加，$Zn_{14}CeO_{16}$ 体系的差分电荷密度分布更稠密，说明 $Zn_{14}CeO_{16}$ 体系中各原子间的电子云重叠更严重，相互作用更强烈；随着拉应变的增加，$Zn_{14}CeO_{16}$ 体系的差分电荷密度分布更稀疏，说明 $Zn_{14}CeO_{16}$ 体系中各原子间的电子云重叠减弱，相互作用减弱。

图 5-29

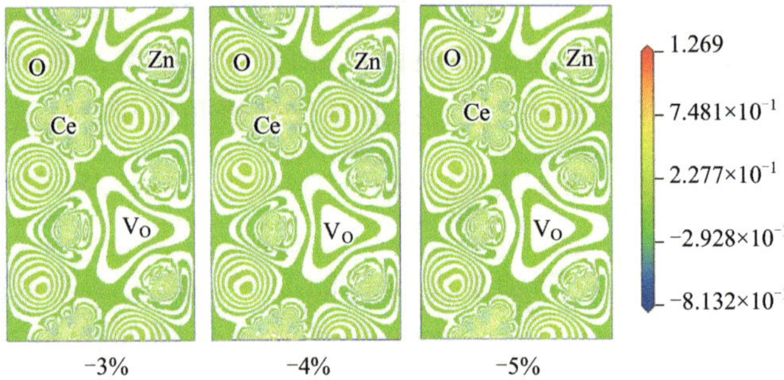

图 5-29 不同应变条件下 $Zn_{15}CeO_{15}$ 体系的差分电荷密度

因此，关于应变对 $Zn_{15}CeO_{15}$ 体系和 $Zn_{14}CeO_{16}$ 体系带隙的影响，可以由以下原因来解释：随着压应变的增加，体系中原子间距减小，各原子的电子云重叠更严重，使占据在相同能级上的电子之间的排斥作用增强，导致价带顶和导带底均向高能级方向移动，导致带隙变宽；相反的，随着拉应变的增加，体系中原子间距增大，各原子的电子云重叠减弱，使占据在相同能级上的电子之间的排斥作用减弱，体系价带顶和导带底均向低能级方向移动，导致带隙变窄。

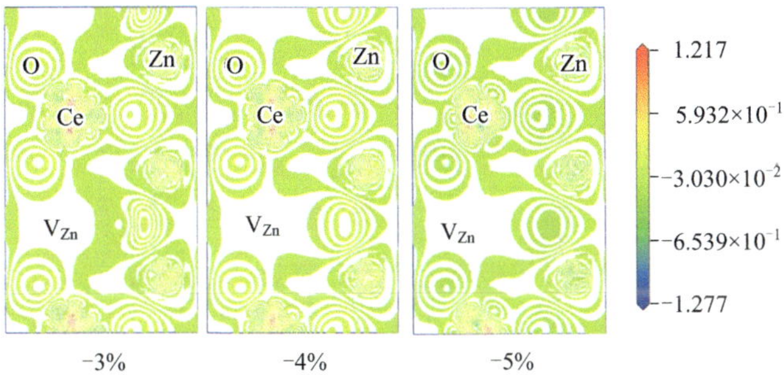

图 5-30　不同应变条件下 $Zn_{14}CeO_{16}$ 体系的差分电荷密度

为了进一步直观地分析应变对 $Zn_{15}CeO_{15}$ 体系中陷阱效应的影响，计算得到 $Zn_{15}CeO_{15}$ 体系在不同应变条件下的总态密度，如图 5-31 所示。从图 5-31 可以看出，无论是在压应变还是在拉应变条件下，杂质能级依然处于费米能级附近，所以体系的陷阱效应显著，有利于延长电子从非平衡状态恢复到平衡状态的弛豫时间，电子寿命均延长。这与能带结构分析的结果相一致。在不同应变条件下，由于 $Zn_{15}CeO_{15}$ 体系的费米能级与杂质能级有部分重叠，因此，电子从杂质能级与费米能级重叠处跃迁到导带时所需的能量最低。计算得出不同应变条件下 $Zn_{15}CeO_{15}$ 体系的深杂质能级到导带的最小宽度，如图 5-32 所示。从图 5-32 可以看出，随着压应变的增加，$Zn_{15}CeO_{15}$ 体系的深杂质能级到导带的最小宽度增大，随着拉应变的增加，$Zn_{15}CeO_{15}$ 体系的深杂质能级到导带的最小宽度减小。

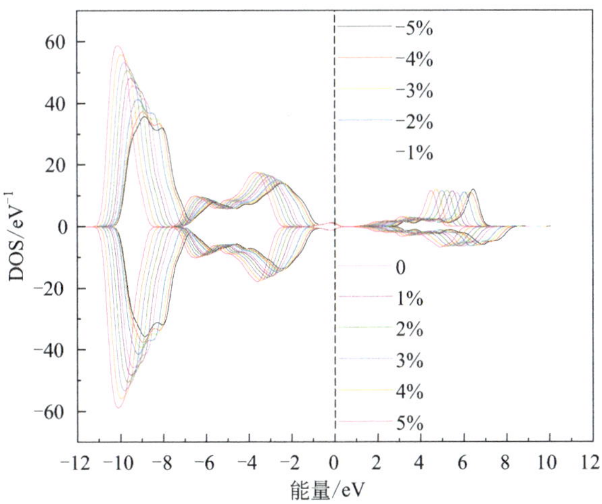

图 5-31　无应变条件下 $Zn_{15}CeO_{15}$ 体系的总态密度

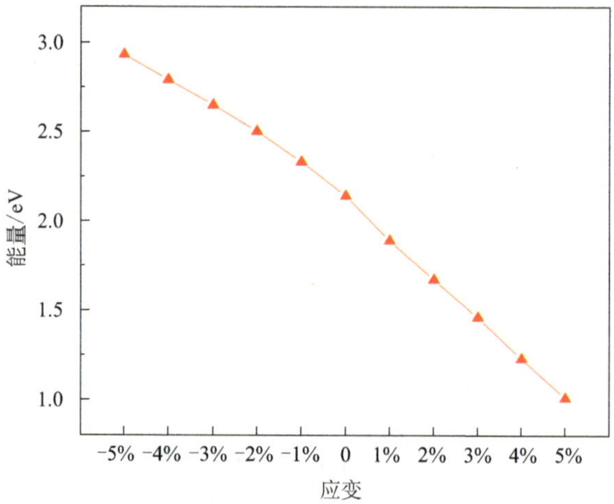

图 5-32 不同应变条件下 $Zn_{15}CeO_{15}$ 体系的深杂质能级到导带的最小宽度

为了讨论不同掺杂方式对体系复介电函数的影响，计算了无应变条件下 $Zn_{15}CeO_{15}$ 和 $Zn_{14}CeO_{16}$ 的复介电常数的实部和虚部，如图 5-33（a）所示。从图 5-33（a）可以看出，无应变条件下 $Zn_{15}CeO_{15}$ 和 $Zn_{14}CeO_{16}$ 的静介电常数分别为 2.42 和 3.34。与 $Zn_{16}O_{16}$ 体系相比，$Zn_{15}CeO_{15}$ 和 $Zn_{14}CeO_{16}$ 体系静介电常增加，说明体系的极化能力变强，光生电场强度变大，体系对电荷的束缚能力增强。

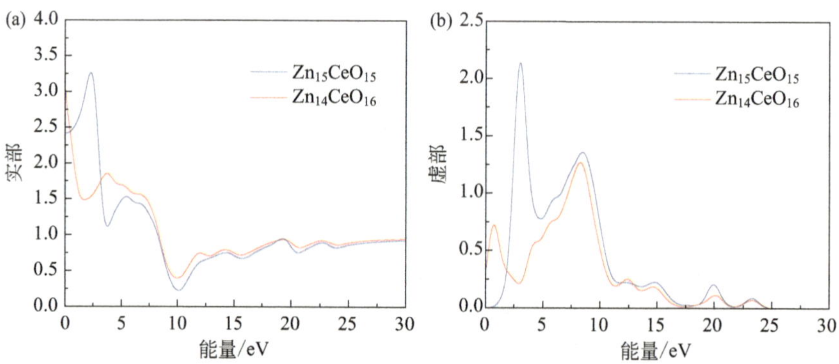

图 5-33 无应变条件下 $Zn_{15}CeO_{15}$ 和 $Zn_{14}CeO_{16}$ 的复介电函数

（a）实部；（b）虚部

计算得到无应变条件下 $Zn_{15}CeO_{15}$ 和 $Zn_{14}CeO_{16}$ 的复介电常数的虚部，如图 5-33（b）所示。同时，为了详细讨论体系中电子受激跃迁的过程，计算得到无应变条件下 $Zn_{15}CeO_{15}$ 和 $Zn_{14}CeO_{16}$ 的分波态密度，如图 5-34 所示。从图 5-33（b）可以看出，$Zn_{15}CeO_{15}$ 体系复介电函数的虚部在 0 ~ 10eV 的范围内有 3 个介电峰，分别位于 2.99eV、5.95eV 和 8.40eV。结合图 5-34（a）可知，第一个峰是电子从 Ce 4f 态跃迁到 Zn 4s 态产生的，第二个峰是电子从 Zn 3d 态跃迁到 O 2p 态产生的，第三个峰是电子从 Zn 3d 态跃迁到 O 2s 态产生的。$Zn_{14}CeO_{16}$ 的复介电函数的虚部在 0 ~ 10eV 的范围内有 4 个介电峰，分别位于 2.85eV、5.59eV 和 8.46eV。结合图 5-34（b）可知，第一个峰是电子从 Ce 4f 态跃迁到 Zn 4s 态产生的，第二个峰是电子从 O 2p 态跃迁到 Ce 5d 态产生的，第三个峰是电子从 Zn 3d 态跃迁到 O 2p 态产生的，第四个峰是电子从 Zn 3d 态跃迁到 O 2s 态产生的。

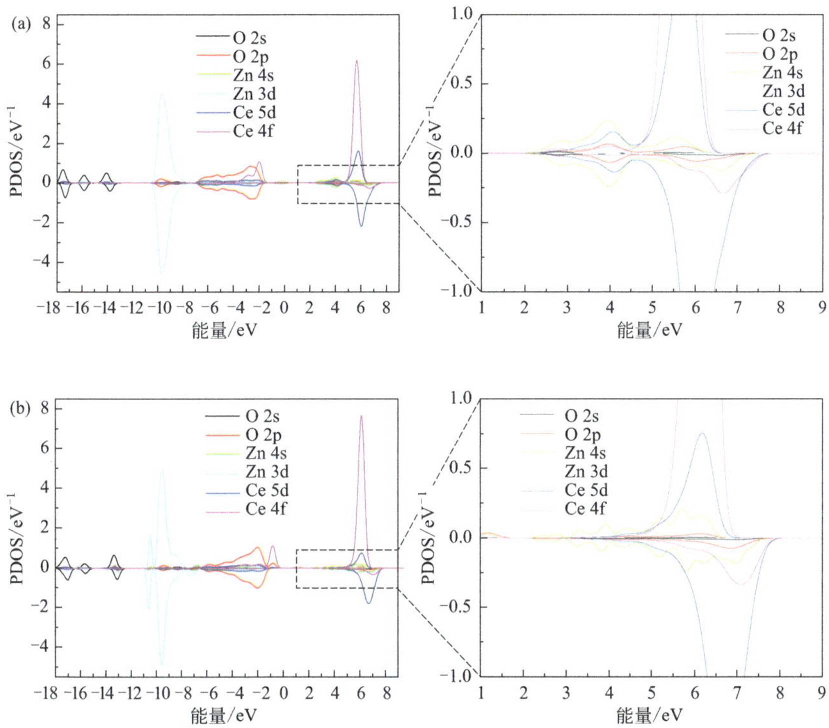

图 5-34 无应变条件下体系的分波态密度

（a）$Zn_{15}CeO_{15}$；（b）$Zn_{14}CeO_{16}$

为了讨论应变对 Ce 掺杂和 O 空位或 Zn 空位共存的 ZnO 体系的复介电函数的影响，计算得到不同应变条件下 $Zn_{15}CeO_{15}$ 和 $Zn_{14}CeO_{16}$ 体系复介电函数的实部和虚部，如图 5-35 所示。从图 5-35（a）中可以看出，随着压应变的增加，$Zn_{15}CeO_{15}$ 体系的静介电常数减小，说明体系的极化能力减弱，光生电场强度变小，体系对电荷的束缚能力减弱；随着拉应变的增加，$Zn_{15}CeO_{15}$ 体系的静介电常数增加，说明体系的极化能力变强，光生电场强度变大，体系对电荷的束缚能力增强。从图 5-35（b）中可以看出，随着压应变的增加，$Zn_{15}CeO_{15}$ 体系复介电函数的虚部整体向高能级方向移动，并且在 0 ～ 10eV 的范围内体系的介电峰强度减弱；随着拉应变的增加，$Zn_{15}CeO_{15}$ 体系复介电函数的虚部整体向低能级方向移动，并且在 0 ～ 10eV 的范围内体系的介电峰强度增强。从图 5-35（c）中可以看出，随着压应变的增加，$Zn_{14}CeO_{16}$ 体系的静介电常数减小，说明体系的极化能力减弱，光生电场强度变小，体系对电荷的束缚能力减弱；随着拉应变的增加，$Zn_{14}CeO_{16}$ 体系的静介电常数增加，说明体系的极化能力变强，光生电场强度变大，体系对电荷的束缚能力增强。从图 5-35（d）中可以看出，随着压应变的增加，$Zn_{14}CeO_{16}$ 体系复介电函数的虚部整体向高能级方向移动；随着拉应变的增加，$Zn_{14}CeO_{16}$ 体系复介电函数的虚部整体向低能级方向移动。

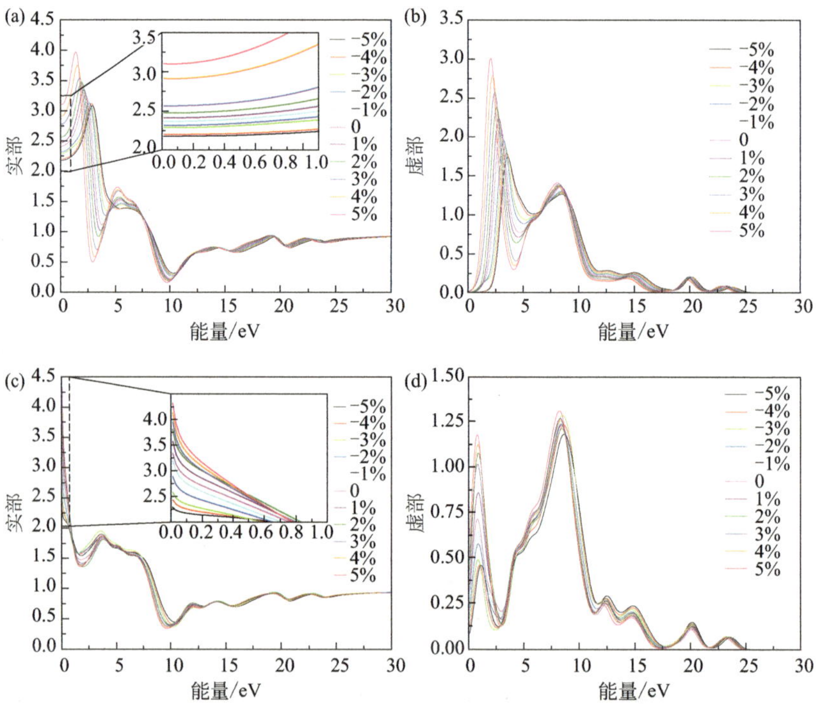

图 5-35 不同应变条件下体系的复介电函数

（a）$Zn_{15}CeO_{15}$ 的实部；（b）$Zn_{15}CeO_{15}$ 的虚部；（c）$Zn_{15}CeH_iO_{16}$ 的实部；（d）$Zn_{15}CeH_iO_{16}$ 的虚部

为了讨论 Ce 掺杂和 O 空位或 Zn 空位共存对 ZnO 体系吸收光谱的影响，计算得到无应变条件下 $Zn_{16}O_{16}$、$Zn_{15}CeO_{15}$ 和 $Zn_{14}CeO_{16}$ 体系的吸收光谱，如图 5-36（a）所示。从图 5-36（a）可知，在无应变条件下，$Zn_{15}CeO_{15}$ 体系的吸收光谱向高能级方向移动，发生蓝移；$Zn_{14}CeO_{16}$ 体系的吸收光谱向低能级方向移动，发生红移。这与能带结构分析的结果相一致。

为了讨论应变对 Ce 掺杂和 O 空位或 Zn 空位共存的 ZnO 体系吸收光谱的影响，计算得到不同应变条件下 $Zn_{15}CeO_{15}$ 和 $Zn_{14}CeO_{16}$ 体系的吸收光谱，如图 5-36（b）和（c）所示。从图 5-36（b）和（c）可知，随着压应变的增加，$Zn_{15}CeO_{15}$ 和 $Zn_{14}CeO_{16}$ 体系吸收光谱均发生蓝移，这对设计和制备新型 ZnO 基短波长发光二极管有一定的参考价值；随着拉应变的增加，$Zn_{15}CeO_{15}$ 和 $Zn_{14}CeO_{16}$ 体系吸收光谱均发生红移，这对设计和制备新型 ZnO 基光催化剂有一定的参考价值。这与能带结构分析结果相一致。

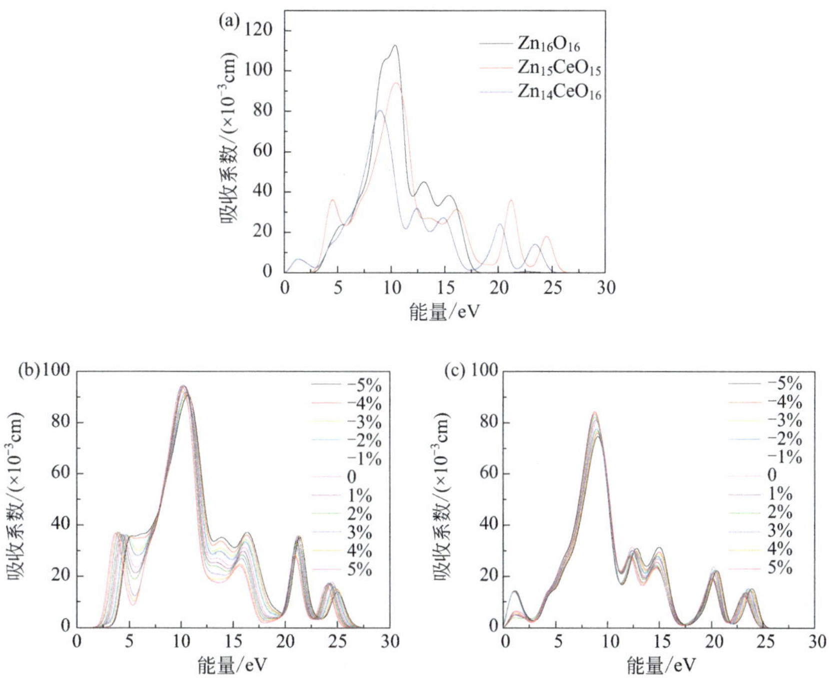

图 5-36　吸收光谱

（a）无应变条件下 $Zn_{16}O_{16}$、$Zn_{15}CeO_{15}$ 和 $Zn_{14}CeO_{16}$；（b）不同应变条件下 $Zn_{15}CeO_{15}$；（c）不同应变条件下 $Zn_{14}CeO_{16}$

5.3.4 对磁性能的影响

为了分析无应变条件下 $Zn_{15}CeO_{15}$ 体系的磁性来源，计算得到在无应变条件下 $Zn_{15}CeO_{15}$ 体系的原子磁矩，其中，Ce 原子的磁矩为 $1.02\mu_B$，Ce 原子周围的 4 个 O 原子的磁矩为 $-0.01\mu_B$，距离 Ce 原子和 O 空位最近的 2 个 Zn 原子的磁矩为 $0.01\mu_B$，其它原子均无磁性。这表明体系的磁性主要来源于掺杂的 Ce 原子以及 Ce 原子和 O 空位周围的 O 原子和 Zn 原子。为了分析无应变条件下 $Zn_{15}CeO_{15}$ 体系的磁性机理，计算得到无应变条件下 $Zn_{15}CeO_{15}$ 体系的分波态密度，如图 5-34（a）所示。从图 5-34（a）中可以看出，$Zn_{15}CeO_{15}$ 体系的 O 2p 轨道、Zn 4s 轨道、Ce 4f 轨道以及 Ce 5d 轨道的自旋分波态密度上旋与下旋不对称，并且存在强烈的轨道杂化耦合电子交换作用。所以，$Zn_{15}CeO_{15}$ 体系中 O 2p 轨道、Zn 4s 轨道、Ce 4f 轨道以及 Ce 5d 轨道之间的杂化耦合电子交换作用使得体系产生净磁矩，呈现铁磁性。这与双交换理论[16]相符。

为了分析无应变条件下 $Zn_{14}CeO_{16}$ 体系的磁性来源，计算得到在无应变条件下 $Zn_{14}CeO_{16}$ 体系的原子磁矩，其中，Ce 原子的磁矩为 $0.86\mu_B$，距离 Ce 原子和 Zn 空位最近的 O 原子中有两个 O 原子的磁矩为 $-0.02\mu_B$，两个 O 原子的磁矩为 $-0.01\mu_B$，距离 Ce 原子和 Zn 空位最近的 2 个 Zn 原子的磁矩为 $0.01\mu_B$，其它原子均无磁性。这表明体系的磁性主要来源于掺杂的 Ce 原子以及 Ce 原子和 Zn 空位周围的 O 原子和 Zn 原子。为了分析无应变条件下 $Zn_{14}CeO_{16}$ 体系的磁性机理，计算得到在无应变条件下 $Zn_{14}CeO_{16}$ 体系的分波态密度，如图 5-34（b）所示。从图 5-34（b）中可以看出，$Zn_{14}CeO_{16}$ 体系的 O 2p 轨道、Zn 4s 轨道、Zn 3d 轨道、Ce 4f 轨道以及 Ce 5d 轨道的自旋分波态密度上旋与下旋是不对称的，并且 O 2p 轨道、Zn 4s 轨道、Zn 3d 轨道、Ce 4f 轨道以及 Ce 5d 轨道之间存在强烈的轨道杂化耦合电子交换作用。所以，$Zn_{14}CeO_{16}$ 体系中 O 2p 轨道、Zn 4s 轨道、Zn 3d 轨道、Ce 4f 轨道以及 Ce 5d 轨道之间的杂化耦合电子交换作用使得体系产生净磁矩，呈现铁磁性。这与双交换理论[16]相符。

为了进一步讨论在无应变条件下 $Zn_{15}CeO_{15}$ 和 $Zn_{14}CeO_{16}$ 体系的磁性来源，计算得到无应变条件下 $Zn_{15}CeO_{15}$ 和 $Zn_{14}CeO_{16}$ 体系的净自旋密度，如图 5-37 所示。图中蓝色和绿色部分的区域表示体系的自旋向上或向下的净磁矩。从图 5-37（a）中可以看出，$Zn_{15}CeO_{15}$ 体系的总磁矩主要由自旋极化 Ce 原子所贡献。从图 5-37（b）中可以看出，$Zn_{14}CeO_{16}$ 体系的总磁矩主要由自旋极化 Ce 原子所贡献，而 O 原子的自旋极化也有贡献，并且与 Ce 原子自旋极化方向正好相反。这与体系原子磁矩和分波态密度分析的结果相一致。

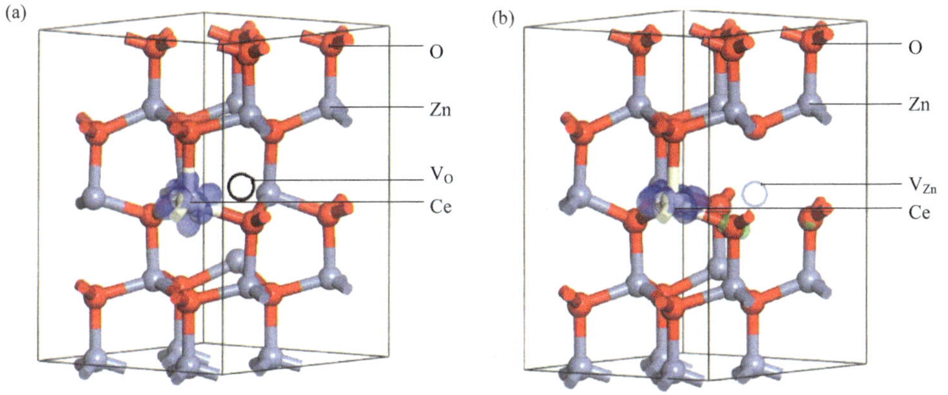

图 5-37 无应变条件下体系的净自旋密度

（a）$Zn_{15}CeO_{15}$；（b）$Zn_{14}CeO_{16}$

为了讨论不同应变条件对 $Zn_{15}CeO_{15}$ 和 $Zn_{14}CeO_{16}$ 体系总磁矩的影响，计算了不同应变条件下 $Zn_{15}CeO_{15}$ 和 $Zn_{14}CeO_{16}$ 体系的总磁矩，如表 5-6 所示。从表 5-6 中可以看出，对于 $Zn_{15}CeO_{15}$ 体系，无论是在压应变还是拉应变的条件下，随着应变程度的增加，体系的总磁矩减小；同时，当压应变为 -5% 时，体系的总磁矩突变为 0，体系发生磁性猝灭，表现为反铁磁性。对于 $Zn_{14}CeO_{16}$ 体系，无论在压应变还是拉应变的条件下，随着应变程度的增加，体系的总磁矩减小；同时，当压应变为 -4% 和 -5% 或拉应变为 4% 和 5% 时，体系的总磁矩突变为 0，体系发生磁性猝灭，表现为反铁磁性。结果表明，在不同应变条件下，$Zn_{15}CeO_{15}$ 和 $Zn_{14}CeO_{16}$ 体系的磁性会在铁磁性和反铁磁性之间转变，表明 $Zn_{15}CeO_{15}$ 和 $Zn_{14}CeO_{16}$ 体系为一种潜在的单相多铁性材料，在磁性开关领域有一定的应用价值。

为了讨论应变对 Ce 掺杂与 O 空位或 Zn 空位共存的 ZnO 体系居里温度的影响，计算了不同应变条件下 $Zn_{15}CeO_{15}$ 和 $Zn_{14}CeO_{16}$ 体系的 ΔE 和居里温度。在计算 ΔE 的过程中，对于 $Zn_{15}CeO_{15}$ 体系：

$$\Delta E(Zn_{15}CeO_{15})=\frac{E_{AFM}(Zn_{30}Ce_2O_{30})-E_{FM}(Zn_{30}Ce_2O_{30})}{2} \tag{5-16}$$

对于 $Zn_{14}CeO_{16}$ 体系：

$$\Delta E(Zn_{14}CeO_{16})=\frac{E_{AFM}(Zn_{28}Ce_2O_{32})-E_{FM}(Zn_{28}Ce_2O_{32})}{2} \tag{5-17}$$

式中，$E_{AFM}(Zn_{30}Ce_2O_{30})$ 和 $E_{FM}(Zn_{30}Ce_2O_{30})$ 表示与 $Zn_{15}CeO_{15}$ 体系浓度相同的 $Zn_{30}Ce_2O_{30}$ 体系在不同应变条件下的反铁磁态和铁磁态能量，eV；$E_{AFM}(Zn_{28}Ce_2O_{32})$ 和 $E_{FM}(Zn_{28}Ce_2O_{32})$ 表示与 $Zn_{14}CeO_{16}$ 体系浓度相同的 $Zn_{28}Ce_2O_{32}$ 体系在不同应变条件下的反铁磁态和铁磁态能量，eV。根据式（5-16）和式（5-17）计算得到不同应变条件下 $Zn_{15}CeO_{15}$ 和 $Zn_{14}CeO_{16}$ 体系的 ΔE 和居里温度，如表 5-6 所示。

表 5-6 不同应变条件下 $Zn_{15}CeO_{15}$ 和 $Zn_{14}CeO_{16}$ 体系的总磁矩、反铁磁态与铁磁态之间的能量差 ΔE 以及体系的居里温度 T_C

应变	$Zn_{15}CeO_{15}$			$Zn_{14}CeO_{16}$		
	磁矩 /μ_B	ΔE/meV	T_C/K	磁矩 /μ_B	ΔE/meV	T_C/K
-5%	0	-15.3	—	0	-21.8	—
-4%	1.0100	21.7	217	0	-17.1	—
-3%	1.0150	27.4	274	0.7025	22.7	227
-2%	1.0134	31.2	312	0.7040	25.5	255
-1%	1.0141	33.4	334	0.7297	31.2	312
0	1.0145	34.8	348	0.7473	33.9	339
1%	1.0136	34.5	345	0.5987	32.9	329
2%	1.0135	34.0	340	0.4887	29.1	291
3%	1.0122	32.2	322	0.4065	27.7	277
4%	1.0118	30.7	307	0	-9.1	—
5%	1.0099	25.9	259	0	-13.9	—

从表 5-6 中可以看出，在无应变条件下，$Zn_{15}CeO_{15}$ 和 $Zn_{14}CeO_{16}$ 体系的居里温度都在室温以上。此外，对于 $Zn_{15}CeO_{15}$ 体系，无论在压应变还是拉应变的条件下，随着应变程度的增加，体系的居里温度降低；同时，当压应变为 -3% 和 -4% 以及拉应变为 5% 时，体系的居里温度降低到室温以下，当压应变为 -5% 时，体系的反铁磁态和铁磁态之间的能量差 ΔE 小于 0，体系表现为反铁磁性，这与总磁矩分析的结果相一致。对于 $Zn_{14}CeO_{16}$ 体系，无论在压应变还是拉应变的条件下，随着应变程度的增加，体系的居里温度降低；同时，当压应变为 -2% 和 -3% 或拉应变为 2% 和 3% 时，体系的居里温度降低到室温以下，当压应变为 -4% 和 -5% 或拉应变为 4% 和 5% 时，体系的反铁磁态和铁磁态之间的能量差 ΔE 小于 0，体系表现为反铁磁性，这与总磁矩分析的结果相一致。

关于应变对 $Zn_{15}CeO_{15}$ 体系磁性的影响，可以由以下原因来解释：随着压应变的增加，体系中磁性原子之间的距离减小，电子云重叠更严重，使原本自旋方向相同的两个未配对的自旋电子之间的排斥作用增强，体系的能量升高。当压应变增加到 -5% 时，为了体系的能量最低，原本自旋方向相同的两个自旋电子中的一个发生自旋翻转，与另一个自旋电子所产生的自旋磁矩相抵消，导致体系从铁磁态转变为反铁磁态。

关于应变对 $Zn_{14}CeO_{16}$ 体系磁性的影响，可以由以下原因来解释：随着压应变的增加，体系中磁性原子之间的距离减小，电子云重叠更严重，使原本自旋方向相同的两个未配对的自旋电子之间的排斥作用增强，体系的能量升高。当压应变增加到 -5% 时，为了使体系的能量最低，原本自旋方向相同的两个自旋电子中的一个发生自旋翻转，与另一个自旋电子所产生的自旋磁矩相抵消，导致体系从铁磁态转变为反铁磁态。此外，随着拉应变的增加，体系中磁性原子之间的距离增大，电子云重叠减弱，使原本存在于两个磁性原子之间的磁交换作用减弱。当拉应变增加到 4% 和 5% 时，体系中的磁交换作用完全消失，导致体系从长程有序的铁磁态转变为无序的反铁磁态。

以上结果表明，可以通过应变对 Ce 掺杂与 O 空位或 Zn 空位共存的 ZnO 体系的磁矩、居里温度以及铁磁性 - 反铁磁性进行调控。这对设计和制备 Ce 掺杂 ZnO 磁性材料有一定的参考价值。

本小节中，采用基于密度泛函理论的第一性原理计算的方法，在不同双轴应变条件下计算了 Ce 掺杂与 O 空位或 Zn 空位共存的 ZnO 体系的晶体结构、形成能、能带结构、态密度、磁性以及吸收光谱，研究了应变对

Ce 掺杂与 O 空位或 Zn 空位共存的 ZnO 体系电子结构、吸收光谱和磁性的影响。

研究表明，当 Ce 原子与 O 空位之间的间距为 0.3801nm 时，Ce 掺杂与 O 空位共存 ZnO 体系形成能最低，掺杂最容易，体系最稳定。当 Ce 原子与 Zn 空位之间的间距为 0.3249nm 时，Ce 掺杂与 Zn 空位共存 ZnO 体系形成能最低，掺杂最容易，体系最稳定。压应变使得 Ce 掺杂与 O 空位或 Zn 空位共存的 ZnO 体系稳定性先减弱后增强，当压应变为 -1% 的时候，体系形成能最高，最不稳定，Ce 掺杂和 O 空位或 Zn 空位共存最不容易；拉应变使得 Ce 掺杂与 O 空位或 Zn 空位共存的 ZnO 体系的稳定性增强。

压应变使得 Ce 掺杂与 O 空位或 Zn 空位共存的 ZnO 体系的带隙变宽，静介电常数减小，复介电函数的虚部整体向高能级方向移动，吸收光谱蓝移，这对设计和制备新型 ZnO 基短波长发光二极管有一定的参考价值；拉应变使得体系的带隙变窄，静介电常数增加，复介电函数的虚部整体向低能级方向移动，吸收光谱红移，这对设计和制备新型 ZnO 基光催化剂有一定的参考价值。

无应变条件下，Ce 掺杂与 O 空位或 Zn 空位共存的 ZnO 体系均表现出室温铁磁性。压应变和拉应变使得 Ce 掺杂与 O 空位或 Zn 空位共存的 ZnO 体系的总磁矩减小，居里温度降低。压应变和拉应变均使得体系的总磁矩减小，居里温度降低。对于 Ce 掺杂和 O 空位共存的 ZnO 体系，当应变程度为 -2%、-1%、0、1%、2%、3% 和 4% 时，体系表现为铁磁性，居里温度达到室温以上；当压应变为 -3% 和 -4% 以及拉应变为 5% 时，体系的居里温度降低到室温以下；当压应变为 -5% 时，体系从铁磁性转变为反铁磁性。对于 Ce 掺杂和 Zn 空位共存的 ZnO 体系，当应变程度为 -1%、0 和 1% 时，体系表现为铁磁性，居里温度达到室温以上；当压应变为 -2% 和 -3% 或拉应变为 2% 和 3% 时，体系的居里温度降低到室温以下；当压应变为 -4% 和 -5% 或拉应变为 4% 和 5% 时，体系从铁磁性转变为反铁磁性。这对设计和制备新型 Ce 掺杂和点空位共存 ZnO 稀磁半导体和磁性开关有一定的参考价值。

参考文献

[1] Mariappan R , Ponnuswamy V , Suresh P, et al. Nanostructured $Ce_xZn_{1-x}O$ thin films:

Influence of Ce doping on the structural, optical and electrical properties [J]. Journal of Alloys and Compounds, 2014, 588: 170-176.

[2] Ma X G, Wu Y, Lv Y H, et al. Correlation effects on lattice relaxation and electronic structure of ZnO within the GGA plus U Formalism [J]. Journal of Physical Chemistry C, 2013, 117 (49) : 26029-26039.

[3] Foreman J V , Simmons J G, Baughman W E, et al. Localized excitons mediate defect emission in ZnO powders [J]. Journal of Applied Physics, 2013, 113 (13) .

[4] Zhang Y G, Zhang G B, WangY X. First-principles study of the electronic structure and optical properties of Ce-doped ZnO [J]. Journal of Applied Physics, 2011, 109 (6) .

[5] Parangusan H, Ponnamma D, Al-Maadeed M A A. Effect of cerium doping on the optical and photocatalytic properties of ZnO nanoflowers [J]. Bulletin of Materials Science, 2019, 42 (4) .

[6] Shukla S K, Agorku E S, Mittal H, et al. Synthesis, characterization and photoluminescence properties of Ce^{3+}-doped ZnO-nanophosphors [J]. Chemical Papers, 2014, 68 (2) : 217-222.

[7] Sharma D K, Sharma K K, Kumar V, et al. Effect of Ce doping on the structural, optical and magnetic properties of ZnO nanoparticles [J]. Journal of Materials Science-Materials in Electronics, 2016, 27 (10) : 10330-10335.

[8] Tan C, Xu D, Zhang K, et al. Electronic and magnetic properties of rare-earth metals doped ZnO monolayer [J]. Journal of Nanomaterials, 2015.

[9] Bechambi O, Touati A, Sayadi S, et al. Effect of cerium doping on the textural, structural and optical properties of zinc oxide: Role of cerium and hydrogen peroxide to enhance the photocatalytic degradation of endocrine disrupting compounds [J]. Materials Science in Semiconductor Processing, 2015, 39: 807-816.

[10] Li M, Zhang J, Zhang Y. First-principles calculation of compensated (2N, W) codoping impacts on band gap engineering in anatase TiO_2 [J]. Chemical Physics Letters, 2012, 527: 63-66.

[11] Roth A P, Webb J B, Williams D F. Absorption edge shift in ZnO thin films at high carrier densities [J]. Solid State Commun, 1981, 39: 1269–1271.

[12] Hou Q, Zhao C, Guo S, et al. Effect on electron structure and magneto-optic property of heavy W-doped anatase TiO_2 [J]. Plos One, 2015, 10 (5) .

[13] Wang J, Fang T, Zhang L, et al. Effects of oxygen doping on optical band gap and band edge positions of Ta_3N_5 photocatalyst: A GGA+U calculation [J]. Journal of Catalysis, 2014, 309: 291-299.

[14] Jain S C, Mcgregor J M, Roulston D J. Band-gap narrowing in novel Ⅲ - Ⅴ semiconductors [J]. Journal of Applied Physics, 1990, 68 (7) : 3747-3749.

[15] 张丽丽，夏桐，刘桂安，等．第一性原理方法研究 N-Pr 共掺杂 ZnO 的电子结构和光学性质［J］. 物理学报，2019, 68.

[16] Zener C. Interaction between the d-shells in the transition metals. Ⅱ. Ferromagnetic compounds of manganese with perovskite structure［J］. Physical Review, 1951, 82 (3) : 403-405.

[17] Pickett W E, Moodera J S. Half metallic magnets［J］. Physics Today, 54 (5) : 39-44.

[18] Sato K, Dederics P H, Katayama-Yoshida H. Curie temperatures of Ⅲ-Ⅴ diluted magnetic semiconductors calculated from first principles［J］. Europhysics Letters, 2003, 61 (3) : 403-408.

[19] Sato K, Bergqvist L, Kudrnovsky J, et al. First-principles theory of dilute magnetic semiconductors［J］. Reviews of Modern Physics, 2010, 82 (2) : 1633-1690.

[20] Theivarasu C, Indumathi T. Effect of rare earth metal ion Ce^{3+} on the structural, optical and magnetic properties of ZnO nanoparticles synthesized by the co-precipitation method［J］. Journal of Materials Science-Materials in Electronics, 2017, 28 (4) : 3664-3671.

[21] Gao D, Zhang J, Lyu B, et al. Poly (quaternary ammonium salt-epoxy) grafted onto Ce doped ZnO composite: An enhanced and durable antibacterial agent［J］. Carbohydrate Polymers, 2018, 200: 221-228.

[22] Lee Y H, Kim D H, Kim T W. Efficiency enhancement of inverted organic photovoltaic cells due to an embedded Ce-doped ZnO electron transport layer synthesized by using a sol-gel process［J］. Journal of Sol-Gel Science and Technology, 2015, 76 (3) : 644-650.

[23] Li X N, Keyes B, Asher S, et al. Hydrogen passivation effect in nitrogen-doped ZnO thin films［J］. Applied Physics Letters, 2005, 86 (12) .

[24] Minegishi K, Koiwai Y, Kikuchi Y, et al. Growth of p-type zinc oxide films by chemical vapor deposition［J］. Japanese Journal of Applied Physics Part 2-Letters & Express Letters, 1997, 36 (11A) : L1453-L1455.

[25] Ye Z Z, Lu J G, Chen H H, et al. Preparation and characteristics of p-type ZnO films by DC reactive magnetron sputtering［J］. Journal of Crystal Growth, 2003, 253 (1-4) : 258-264.

[26] Saravanakumar B, Mohan R, Thiyagarajan K, et al. Investigation of UV photoresponse property of Al, N co-doped ZnO film［J］. Journal of Alloys and Compounds, 2013, 580: 538-543.

[27] Hou Q Y, Guo S Q, Zhao C W. First-principle study of the effects of oxygen vacancy on the electronic structure and the absorption spectrum of ZnO［J］. Acta Physica Sinica, 2014, 63 (14) .

[28] Obeid M M, Jappor H R, Al-Marzoki K, et al. Unraveling the effect of Gd doping

on the structural, optical, and magnetic properties of ZnO based diluted magnetic semiconductor nanorods [J]. Rsc Advances, 2019, 9 (57) : 33207-33221.

[29] Obeid M M, Jappor H R, Al-Marzoki K, et al. Electronic and magnetic properties of single-layer boron phosphide associated with materials processing defects [J]. Computational Materials Science, 2019, 170.